U0216073

重大版·建筑

高等学校
土木工程专业教材

GAODENG XUEXIAO
TUMU GONGCHENG ZHUANYE JIAOCAI

第2版

钢 结 构

GANG JIE GOU

主　编 ■ 肖光宏

副主编 ■ 郭　建　刘晓渝　陈辉强

参　编 ■ 向阳开　彭在萍

重庆大学出版社

—— 内容提要 ——

　　本书为高等学校土木工程专业教材,共6章,主要内容包括:概述、钢结构的材料、钢结构的连接、钢梁、轴心受力构件以及拉弯和压弯构件。本书主要讲述了钢结构的特点和设计方法、钢结构材料的工作性能、钢结构连接的计算和构造要求,以及钢结构基本构件的工作性能、受力分析和设计要点等。

　　本书可作为土木工程本科专业(包括工民建、道路、桥梁、水利、港海等方面)的基础教材,同时也可供从事土木工程的工程技术人员参考使用。

图书在版编目(CIP)数据

钢结构／肖光宏主编. —— 2 版. —— 重庆：重庆大学出版社,2020.1

高等学校土木工程专业教材

ISBN 978-7-5624-6323-8

Ⅰ.①钢… Ⅱ.①肖… Ⅲ.①钢结构—高等学校—教材 Ⅳ.①TU391

中国版本图书馆 CIP 数据核字(2019)第 115435 号

高等学校土木工程专业教材

钢 结 构

(第 2 版)

主　编　肖光宏

副主编　郭　建　刘晓渝　陈辉强

策划编辑:刘颖果　林青山

责任编辑:陈　力　　版式设计:刘颖果

责任校对:王　倩　　责任印制:张　策

*

重庆大学出版社出版发行

出版人:饶帮华

社址:重庆市沙坪坝区大学城西路 21 号

邮编:401331

电话:(023) 88617190　88617185(中小学)

传真:(023) 88617186　88617166

网址:http://www.cqup.com.cn

邮箱:fxk@ cqup.com.cn(营销中心)

全国新华书店经销

重庆华林天美印务有限公司印刷

*

开本:787mm × 1092mm　1/16　印张:15　字数:387千

2011年8月第1版　2020年1月第2版　2020年1月第4次印刷

印数:7 001—10 000

ISBN 978-7-5624-6323-8　定价:39.00元

前　言

　　"钢结构"是土木工程、水利工程以及港航工程专业的一门专业技术基础课,学生在学习了"材料力学""结构力学"等必修课的基础上,通过本课程的学习,旨在使学生能够深入理解钢结构设计的基本概念,熟练掌握钢结构设计原理和计算方法,自如运用钢结构设计基本理论和设计方法。

　　本书共分6章,主要内容包括:概述、钢结构的材料、钢结构的连接、钢梁、轴心受力构件以及拉弯和压弯构件。本书主要讲述了钢结构的特点和设计方法、钢结构材料的工作性能、钢结构连接的计算和构造要求以及钢结构基本构件(钢梁、轴心受力构件、拉弯和压弯构件)的工作性能、受力分析和设计要点等。为了使学生更好地理解钢结构的基本概念和掌握基本设计理论及方法,书中附有较多的例题,章后还设有思考题及习题。

　　本书内容丰富,教师授课时,可根据具体情况选择讲授重点及学生自学章节。本书依据《钢结构设计标准》(GB 50017—2017)进行编写,在相关的地方还介绍了《公路钢结构桥梁设计规范》(JTG D64—2015)等有关内容。本书可作为土木工程、水利工程、港航工程等本科专业基础教材,经过一定删节也可作为高职教材,另外还可供从事土木工程的工程技术人员参考使用。

　　本书由重庆交通大学肖光宏任主编,由重庆大学郭建、重庆交通大学刘晓渝和陈辉强任副主编,参加本书编写的还有重庆交通大学的向阳开、彭在萍等人。具体编写分工如下:第1章由向阳开、刘晓渝编写,第2章由刘晓渝、肖光宏编写,第3章由刘晓渝、陈辉强编写,第4章由彭在萍编写,第5章和附录由肖光宏、刘晓渝编写,第6章由郭建编写。本版是在第1版的基础上,由陈辉强根据《钢结构设计标准》(GB 50017—2017)和《公路钢结构桥梁设计规范》(JTG D64—2015)对全书进行了修改。

　　本书的完成得到了重庆交通大学校教务处和土木工程学院有关领导的鼓励和支持,也得到了教研室同行的帮助与支持,在此表示衷心感谢。

　　由于水平有限,编写时间仓促,教材中疏漏谬误之处在所难免,敬请读者批评指正。

编者

2019 年 3 月

目　录

第 1 章　绪论 ··· 1

1.1　钢结构的特点及应用 ····························· 1

1.2　钢结构的设计方法 ································· 3

1.3　钢结构的发展 ····································· 7

思考题 ··· 8

第 2 章　钢结构的材料 ··· 9

2.1　钢材的主要性能 ··································· 9

2.2　影响钢材力学性能的因素 ························ 14

2.3　钢材的疲劳 ······································ 18

2.4　建筑钢材的类别及钢材的选用 ···················· 22

2.5　钢结构的防腐和防火 ····························· 26

思考题 ·· 32

第 3 章　钢结构的连接 ·· 33

3.1　连接的类型 ······································ 33

3.2　焊缝连接 ·· 34

3.3　对接焊缝的构造与计算 ··························· 39

3.4　角焊缝的构造与计算 ····························· 44

3.5　焊接残余应力和焊接残余变形 ···················· 60

3.6　螺栓连接的排列和构造要求 ······················ 64

3.7　普通螺栓连接的性能和计算 ······················ 66

3.8　高强度螺栓连接的构造和计算 ···················· 78

思考题 ·· 84

第 4 章　钢梁 ··· 88

4.1　钢梁的形式和应用 ································ 88

4.2　钢梁的强度及刚度 ································ 89

4.3　钢梁的整体稳定性 ································ 94

1

4.4 型钢梁的设计 ·········· 99

4.5 焊接组合梁的截面选择和截面改变 ·········· 101

4.6 焊接组合梁的翼缘焊缝和梁的拼接 ·········· 105

4.7 薄板的稳定性和组合梁腹板加劲肋的设计 ·········· 108

4.8 梁的支承 ·········· 122

思考题 ·········· 131

第5章 轴心受力构件 ·········· 133

5.1 概 述 ·········· 133

5.2 轴心受力构件的强度和刚度 ·········· 134

5.3 实腹式轴心受压构件的整体稳定 ·········· 136

5.4 实腹式轴心受压构件的局部稳定 ·········· 145

5.5 实腹式轴心受压构件的设计 ·········· 150

5.6 格构式轴心受压构件设计 ·········· 154

思考题 ·········· 162

第6章 拉弯和压弯构件 ·········· 165

6.1 概 述 ·········· 165

6.2 拉弯和压弯构件的强度和刚度 ·········· 166

6.3 实腹式压弯构件的整体稳定 ·········· 168

6.4 实腹式压弯构件的局部稳定 ·········· 173

6.5 实腹式压弯构件的设计 ·········· 176

6.6 格构式压弯构件的设计 ·········· 179

思考题 ·········· 182

附录 ·········· 185

附录1 钢材和连接的强度设计值 ·········· 185

附录2 受弯构件的容许挠度 ·········· 188

附录3 截面塑性发展系数 ·········· 189

附录4 轴心受压构件的稳定系数 ·········· 191

附录5 柱的计算长度系数 ·········· 194

附录6 疲劳计算的构件和连接分类 ·········· 198

附录7 型钢表 ·········· 200

附录8 螺栓和锚栓规格 ·········· 223

附录9 各种截面回转半径近似值 ·········· 224

附录10 梁的整体稳定系数 ·········· 226

参考文献 ·········· 231

第1章 绪 论

1.1 钢结构的特点及应用

1.1.1 钢结构的特点

钢结构是钢材制成的工程结构,通常由型钢和钢板等制成的梁、桁架、柱、板等构件组成,各部分之间用焊缝、螺栓或铆钉连接。有些钢结构还部分采用钢丝绳或钢丝束。

钢结构与钢-混凝土混合结构、木结构和砖石等砌体结构都是工程结构的不同分支。它们之间有许多共同性,如在结构体系、内力分析和设计程序等方面大体是相同的。但由于材料性质的不同、原材料和构件截面形状的不同,也有其特殊性,例如在结构形式、构件计算方法、构件连接方法和构造处理方法等方面都有显著差别。学习钢结构时应注意它的特殊点。

钢结构具有下述优缺点。

①强度高,自重轻。尽管钢材的密度较大,但其强度较高,弹性模量亦高,因而钢结构构件所需截面较小,钢材容重与其设计强度的比值也就相对较小,所以自重轻,便于运输、安装和拆卸。特别适用于大跨度和高耸结构(如桥梁、高耸建筑),也适用于活动结构(如钢闸门、工地活动板房等)。

②材质均匀,可靠性高。钢材组织均匀,其物理力学特性接近于各向同性。钢材由钢厂生产,生产过程控制严格,质量比较稳定。同时,钢材的抵抗变形能力较强,是一种理想的弹塑性材料,与一般变形固体力学对材料性能所做的基本假定吻合度高。因此,钢结构的实际工作性能比较符合目前采用的理论计算结果,钢结构可靠性较高。

③塑性和韧性好。钢结构的抗拉和抗压强度相同,塑性和韧性均好,适于承受冲击和动力荷载,有较好的抗震性能。

④便于机械化制造。钢结构由轧制型材和钢板在工厂制成,便于机械化制造,生产效率高,速度快,成品精确度较高,质量易于保证,是工程结构中工业化程度最高的一种结构。

⑤安装方便,施工期限短。钢结构安装方便,施工期限短,可尽快地发挥投资的经济效益。

⑥密封性好。钢结构的密封性较好,容易做成密不漏水和密不漏气的常压和高压容器结构和大直径管道。

⑦耐热性较好。结构表面温度在 200 ℃ 以内时,钢材强度变化很小,因而钢结构适用于热

车间。但结构表面长期受辐射热达 150 ℃时,应采用隔热板加以防护。

⑧耐火性差。钢结构耐火性较差,钢材表面温度达 300～400 ℃以后,其强度和弹性模量显著下降,600 ℃时几乎降到零。当耐火要求较高时,需要采取保护措施,如在钢结构外面包混凝土或其他防火板材,或在构件表面喷涂一层含隔热材料和化学助剂等的防火涂料,以提高耐火等级。

⑨耐锈蚀性差。钢结构耐锈蚀性较差,特别在潮湿相有腐蚀性介质的环境中,容易锈蚀,需要定期维护,增加了维护费用。

1.1.2 钢结构的应用范围

由于钢材和钢结构有上述特点,钢结构广泛应用于各种工程结构中。目前,钢结构的合理应用范围大体如下所述。

①大跨径结构。随着结构跨度增大,结构自重在全部荷载中所占的比重也就越大,减轻自重可获得明显的经济效益。对于大跨度结构,钢结构质量轻的优点显得特别突出。我国上海可容纳 8 万人的体育馆是一平面为椭圆形的建筑,采用了由径向悬挑格架和环向桁架组成的空间钢屋盖结构。长轴为 288.4 m,短轴为 274.4 m,屋盖最大悬挑跨度达 73.5 m。2005 年建成通车的润扬长江大桥,其中南汊主桥采用单孔双铰钢箱梁悬索桥,主跨径 1 490 m,为建成时中国第一、世界第三;2018 年建成通车的举世瞩目的港珠澳大桥,是目前世界上最长的跨海大桥,创造了 6 个世界之最,被英国《卫报》誉为"新世界七大奇迹"之一。

②高层建筑。高层建筑已成为现代化城市的一个标志。钢材强度高和钢结构质量轻的特点对高层建筑具有重要意义。强度高则构件截面尺寸小,可提高有效使用面积;质量轻可大大减轻构件、基础和地基所承受的荷载,降低基础工程等的造价。在当今世界上最高的 50 幢建筑中,钢结构和钢筋混凝土混合结构占 80% 以上。1974 年建成的纽约西尔斯大厦,共 110 层,总高度达 443 m,为全钢结构建筑。近年来,我国的高层建筑钢结构如雨后春笋般地拔地而起,1997 年建成的上海金茂大厦,为 88 层,总高度为 420.5 m;同年 8 月在上海浦东开工兴建的上海环球金融中心,为 98 层,总高度为 492 m;2016 年落成的上海中心,为 119 层,总高度达到 632 米,是目前中国第一、世界第六的高耸建筑。这表明完全由我国自己来建造超高层钢结构是可以做到的。

③工业建筑。当工业建筑的跨度和柱距较大,或者设有大吨位吊车,结构需承受大的动力荷载时,往往部分或全部采用钢结构。为了缩短施工工期,尽快发挥投资效益,近年来我国的普通工业建筑也大量采用钢结构。

④轻型结构。称使用荷载较小或跨度不大的结构为轻型结构。自重是这类结构的主要荷载,常采用冷弯薄壁型钢或小型钢制成的轻型钢结构。

⑤高耸结构。如塔架和桅杆等,它们的高度大,构件的横截面尺寸较小,风荷载和地震常常起主要作用,自重对结构的影响较大,因此常采用钢结构。

⑥活动式结构。如水工钢闸门、升船机等,可充分发挥钢结构质量轻的特点,降低启闭设备的造价和运转所耗费的动力。

⑦可拆卸或移动的结构。如施工用的建筑和钢栈桥、流动式展览馆、移动式平台等,可发挥钢结构质量轻、便于运输和安装方便的优点。

⑧容器和大直径管道。如贮液(气)罐、输(油、气、原料)管道、水工压力管道等。三峡水利枢纽工程中的发电机组采用的压力钢管内径达 12.4 m。

⑨地震区抗震要求高的结构。

⑩急需早日交付使用的工程。这类工程可发挥钢结构施工工期短和质量轻便于运输的特点。

综上所述,钢结构是在各种工程中广泛应用的一种重要的结构形式。随着我国经济建设的发展和钢产量的提高,钢结构将会发挥日益重要的作用。

1.2 钢结构的设计方法

1.2.1 钢结构设计的基本要求

任何结构都是为了完成所要求的某些功能而设计的。工程结构必须具备下列功能:

①安全性。结构在正常施工和正常使用条件下,承受可能出现的各种作用的能力,并在偶然事件发生时和发生后,仍保持必要的整体稳定性的能力。

②适用性。结构在正常使用条件下,满足预定使用要求的能力。

③耐久性。结构在正常维护条件下,随时间变化仍能满足预定功能要求的能力。

结构的安全性、适用性、耐久性总称为结构的可靠性。

结构设计(计算)的目的是在满足各种预定功能的前提下,做到技术先进、安全适用、经济合理和确保质量。要实现这一目的,必须借助于合理的设计方法。钢结构目前有两种设计方法,即容许应力设计法和极限状态设计法。

1.2.2 钢结构设计方法

1)容许应力设计法

容许应力设计法是一种传统的设计方法,这种方法是把影响结构的各种因素都当作不变的定值,将材料可以使用的最大强度除以一个笼统的安全系数作为容许达到的最大应力——容许应力。其表达式为:

$$\sigma \leqslant \frac{f_y}{K} = \left[\sigma \right] \tag{1.1}$$

式中 f_y——钢材的屈服强度;

K——安全系数。

这种方法的优点是表达简洁、计算比较简单,曾长期被采用。但容许应力设计法的缺点是:由于笼统地采用了一个安全系数,将使各构件的安全度各不相同,从而使整个结构的安全度一般取决于安全度最小的构件。容许应力设计法目前仍被许多国家采用。我国的公路和桥梁钢结构规范也采用这种方法。建筑钢结构中不能按极限平衡或弹塑性分析的结构也仍然采用该方法,如对钢构件或连接的疲劳强度计算。

2)极限状态设计法

(1)概述

因影响结构功能的各种因素如荷载大小、材料强度、截面尺寸、计算模型、施工质量等都是不确定的随机变量,因此结构设计只能作出一定的概率保证。

随着概率论在建筑结构中的广泛应用,概率设计法在 20 世纪 60 年代末期有了重大突破,表现在提出了一次二阶矩法。该方法既有确定的极限状态,又可给出不超过该极限状态的概率,因而是一种较为完善的概率极限状态设计方法。但由于在分析中简化了基本变量关系的变化,将一些复杂关系进行了线性化,因此该法仍为近似的概率极限状态设计法。《钢结构设计标准》(GB 50017—2017)即采用这一方法。完全的、真正的全概率法,目前尚不具备条件,还需进行深入的研究。

(2)概率极限状态设计法

• 结构的极限状态

当整个结构或结构的一部分超过某一特定状态就不能满足设计规定的某一功能要求时,此特定状态为该功能的极限状态。

极限状态可分为下述两类。

①承载能力极限状态。这种极限状态对应结构或结构构件达到最大承载能力或出现不适于继续承载的变形,包括下述几个方面:

a. 整个结构或结构的一部分作为刚体失去平衡(如倾覆等)。

b. 结构构件或连接因超过材料强度而被破坏(包括疲劳破坏),或因过度变形而不适于继续承载。

c. 结构转变为机动体系。

d. 结构或结构构件丧失稳定(如压屈等)。

e. 地基丧失承载能力而破坏(如失稳等)。

②正常使用极限状态。这种极限状态对应结构或结构构件达到正常使用或耐久性能的某项规定限值,包括下述几个方面。

a. 影响正常使用或外观的变形。

b. 影响正常使用或耐久性能的局部损坏(包括裂缝)。

c. 影响正常使用的振动。

d. 影响正常使用的其他特定状态。

结构的工作性能可用结构的功能函数 Z 来描述,设计结构时可取荷载效应 S 和结构抗力 R 两个基本随机变量来表达结构的功能函数,即

$$Z = g(R,S) = R - S \tag{1.2}$$

显然,Z 也是随机变量,有以下 3 种情况:

$Z > 0$,结构处于可靠状态;

$Z = 0$,结构达到极限状态;

$Z < 0$,结构处于失效状态。

可见,结构的极限状态是结构由可靠转变为失效的临界状态。

由于 R 和 S 受到许多随机性因素影响而具有不确定性,$Z \geqslant 0$ 不是必然性的事件。因此科学的设计方法是以概率为基础来度量结构的可靠性。

 • 可靠度

按照概率极限状态设计法,结构的可靠度定义为结构在规定的时间内和规定的条件下,完成预定功能的概率。它是对结构可靠性的定量描述。这里的"完成预定功能"指对某项规定功能而言结构不失效。结构在规定的设计使用年限内应满足的功能有:

①在正常施工和正常使用时,能承受可能出现的各种作用。

②在正常使用时具有良好的工作性能。

③在正常维护下具有足够的耐久性能。

④在设计规定的偶然事件发生时及发生后,仍能保持必需的整体稳定性。

规定的设计使用年限(设计基准期)是指设计规定的结构或结构构件不需进行大修即可按其预定目的使用的年限。我国建筑结构的设计基准期为 50 年。

若以 P_r 表示结构的可靠度,则有

$$P_r = P(Z \geqslant 0) \tag{1.3}$$

记 P_f 为结构的失效概率,则有

$$P_f = P(Z < 0) \tag{1.4}$$

显然

$$P_r = 1 - P_f \tag{1.5}$$

因此结构可靠度的计算可转换为失效概率的计算。可靠的结构设计指的是使失效概率小到可以接受程度的设计,绝对可靠的结构(失效概率等于零)是不存在的。由于与 Z 有关的多种影响因素都是不确定的,其概率分布很难求得,目前只能用近似概率设计方法,同时采用可靠指标表示失效概率。

 • 可靠指标

为了使结构达到安全可靠与经济上的最佳平衡,必须选择一个结构的最优失效概率或目标可靠指标,但这是一项非常复杂困难的工作。目前我国与其他许多国家一样,采用"校准法"求得,即通过对原有规范作反演分析,找出隐含在现有工程中相应的可靠指标值,经过综合分析,确定设计规范采用的目标可靠指标值。《建筑结构可靠性设计统一标准》(GB 50068—2018)规定结构构件承载能力极限状态的可靠指标不应小于表 1.1 中的规定。钢结构连接的承载能力极限状态经常是强度破坏而不是屈服,可靠指标应比构件高,一般推荐用 4.5。

表 1.1 结构构件承载能力极限状态的可靠指标

破坏类型	安全等级		
	一级	二级	三级
延性破坏	3.7	3.2	2.7
脆性破坏	4.2	3.7	3.2

● 概率极限状态设计表达式

结构构件的极限状态设计表达式,应根据各种极限状态的设计要求,采用有关的荷载代表值、材料性能标准值、几何参数标准值及各种分项系数表达。

①承载能力极限状态。结构构件应采用荷载效应的基本组合和偶然组合进行设计。

a. 基本组合。

Ⅰ. 对于基本组合,应按下列极限状态设计表达式中最不利值确定:

由可变荷载效应控制的组合:

$$\gamma_0 \left(\gamma_G S_{G_k} + \gamma_{Q_1} S_{Q1k} + \sum_{i=2}^{n} \gamma_{Q_i} \psi_{ci} S_{Q_{ik}} \right) \leqslant R \tag{1.6}$$

由永久荷载效应控制的组合:

$$\gamma_0 \left(\gamma_G S_{G_k} + \sum_{i=1}^{n} \gamma_{Q_i} \psi_{ci} S_{Q_{ik}} \right) \leqslant R \tag{1.7}$$

式中　γ_0——结构重要性系数,应按下列规定采用:对安全等级为一级或设计使用年限为100年及以上的结构构件,不应小于1.1;对安全等级为二级或设计使用年限为50年的结构构件,不应小于1.0;对设计使用年限为25年的结构构件,不应小于0.95;对安全等级为三级或设计使用年限为5年的结构构件,不应小于0.9。

γ_G——永久荷载分项系数,应按下列规定采用:当永久荷载效应对结构构件的承载能力不利时,对由可变荷载效应控制的组合应取1.2,对由永久荷载效应控制的组合应取1.35;当永久荷载效应对结构构件的承载能力有利时,一般情况下取1.0。

$\gamma_{Q_1}, \gamma_{Q_i}$——第1个和第$i$个可变荷载分项系数,应按下列规定采用:当可变荷载效应对结构构件的承载能力不利时,在一般情况下应取1.4,对标准值大于4.0 kN/m² 的工业房屋楼面结构的活荷载取1.3;当可变荷载效应对结构构件的承载能力有利时,应取为0。

S_{G_k}——永久荷载标准值的效应。

S_{Q1k}——在基本组合中起控制作用的第1个可变荷载标准值的效应。

$S_{Q_{ik}}$——第i个可变荷载标准值的效应。

ψ_{ci}——第i个可变荷载的组合值系数,其值不应大于1。

R——结构构件的抗力设计值,$R = R_k/\gamma_R$,R_k 为结构构件抗力标准值。

γ_R——抗力分项系数,对于 Q235 钢,$\gamma_R = 1.087$;对于 Q345、Q390 和 Q420 钢,$\gamma_R = 1.111$。

Ⅱ. 对于一般排架、框架结构,可以采用简化设计表达式:

由可变荷载效应控制的组合:

$$\gamma_0 \left(\gamma_G S_{G_k} + \psi \sum_{i=1}^{n} \gamma_{Q_i} S_{Q_{ik}} \right) \leqslant R \tag{1.8}$$

式中　ψ——简化设计表达式中采用的荷载组合系数,一般情况下可取 $\psi = 0.9$,当只有一个可变荷载时,取 $\psi = 1.0$。

由永久荷载效应控制的组合仍按式(1.7)采用。

b. 偶然组合。对于偶然组合,极限状态设计表达式宜按下列原则确定:偶然作用的代表值不乘以分项系数;与偶然作用同时出现的可变荷载,应根据观测资料和工作经验采用适当的代表值。

②正常使用极限状态。结构构件应根据不同的设计目的,分别选用荷载效应的标准组合、频遇组合和准永久组合进行设计,使变形、裂缝等荷载效应的设计值符合式(1.9)的要求:

$$V_d < C \tag{1.9}$$

式中 V_d——变形、裂缝等荷载效应的设计值;

C——设计对变形、裂缝等规定的相应限值。

钢结构的正常使用极限状态只涉及变形验算,仅需考虑荷载的标准组合:

$$V_{G_k} + V_{Q_{1k}} + \sum_{i=2}^{n} \psi_{ci} V_{Q_{ik}} \leq [V] \tag{1.10}$$

式中 V_{G_k}——永久荷载的标准值在结构或结构构件中产生的变形值;

$V_{Q_{1k}}$——起控制作用的第1个可变荷载的标准值在结构或结构构件中产生的变形值(该值使计算结果为最大);

$V_{Q_{ik}}$——其他第i个可变荷载标准值在结构或结构构件中产生的变形值;

$[V]$——结构或结构构件的容许变形值。

对于轴心受力和偏心受力构件,正常使用极限状态用构件的长细比λ来保证,以免构件过细,易于弯曲和颤动,对构件和连接工作不利。

验算公式为:

$$\lambda = \frac{l_0}{i} \leq [\lambda] \tag{1.11}$$

式中 $[\lambda]$——构件的容许长细比,按规范规定采用;

l_0——构件的计算长度;

$i = \sqrt{I/A}$——构件的截面回转半径,其中I和A分别是截面惯性矩和截面面积。

1.3 钢结构的发展

中华人民共和国成立以后,随着经济建设的发展,钢结构得到一定程度的应用。但由于受到钢产量的制约,钢结构仅在重型厂房、大跨度公共建筑、铁路桥梁以及塔桅结构中采用。随着我国改革开放进程的逐步深入,特别是近20年经济发展,钢结构在诸多领域都得到了长足发展。

在大跨径结构方面,钢结构桥梁的建设和发展是举世瞩目的。如"世界最高桥梁"的贵州北盘江大桥,主跨采用钢桁架梁斜拉桥方案,已于2016年12月建成通车;位于重庆城区的朝天门长江大桥,西连江北五里店,东接南岸弹子石,主跨长552 m,全长1 741 m,若含前后引桥段则长达4 881 m,其主跨为世界跨径最大的拱桥;湘西矮寨特大悬索桥,主跨达到1 176 m,创四项世界第一,是世界上首次采用塔、梁完全分离结构设计方案的大桥;横跨杭州湾的跨海大桥,北起浙江省嘉兴市海盐郑家埭,南至宁波市慈溪水路湾,杭州湾跨海大桥是继上海浦东东海大桥之后,我国改革开放后第二座跨海跨江大桥;港珠澳大桥东接香港、西接珠海和澳门,总长55 km,是目前世界上最长的跨海大桥;苏通长江大桥,其主桥采用双塔双索面钢箱梁斜拉桥,其主孔跨度1 088 m,在同类桥梁中位列世界第一。这些桥梁的建成标志着我国已有能力建造多种形式的现代化桥梁。此外,大跨度会展中心、体育场馆、机场航站楼等建筑也有了前所未有的发展。在大跨度建筑中,网架、网壳等结构的广泛应用,已受到世界各国的瞩目。上海体育馆马鞍形环形大悬挑空间钢结构屋盖和上海浦东国际机场航站楼张弦梁屋盖等钢结构的建成,更标志着我国的大跨度空间钢结构已进入世界先进行列。高层和超高层房屋、多层房屋、单层轻型房屋、大型客机检修库、自动化高架仓库、粮仓、海上采油平台以及水工枢纽中的闸门、升船机等都已采用钢结构。目前已建和在建的高层和超高层钢结构比比皆是,如地上88层、地下3层、高365 m的上海金茂大厦,上海环球金融中心,台北101大厦以及2014年年底建成的上海中心大厦,无不标志着我国的超高层钢结构建设已进入世界前列。

自1996年以来,我国钢产量已连续20余年稳居世界第一,2004年钢产量达到2.7亿t,而2013年就已突破10亿t。钢结构在诸多领域都得到了长足发展,钢结构产业正在成为国民经济的重要产业之一。在钢材产能过剩的大背景下,国家政策大力支持钢结构的发展,从"节约用钢"→"合理用钢"→"积极用钢";在大跨径结构方面,钢结构桥梁的建设和发展举世瞩目。此外,大跨度会展中心、体育场馆、机场航站楼等建筑也得到了前所未有的发展。

第十二届全国人民代表大会第四次会议和党的十九大都强调了基础设施建设的重要性,提出要积极推广绿色建筑和建材,大力发展钢结构和装配式建筑,提高建筑工程标准和质量。一系列政策指导意见释放出相同的信号:钢结构的发展将形成以政府为引导、市场为主导的新型推广应用机制,最终实现部品完整、上下贯通的钢结构产业链,钢结构的发展再次迎来了春天。因此,我国钢结构正处于迅速发展的前期,但是仍存在一些新的问题亟待解决。

①高性能钢材的应用。逐步发展高强度低合金钢材,除Q235钢、Q345钢外,Q390钢和Q420钢在钢结构中的应用尚有待进一步研究,并应不断研制新品种的钢材。

②钢结构设计方法的改进。概率极限状态设计方法还有待发展,因为它计算的可靠度还只是构件或某一截面的可靠度,而不是结构体系的可靠度,同时也不适用于疲劳计算的反复荷载或动力荷载作用下的结构。结构的优化设计问题也有待进一步研究。

③结构形式的革新。促进结构形式改革的重要因素之一是推广高强钢索的应用,如索膜结构和张拉整体结构的出现。钢-混凝土混合结构的应用也日益推广,但结构的革新仍有待进一步发展。

④钢结构的加工制造。钢结构制造工业的机械化水平还需要进一步提高。

思 考 题

1.1　钢结构有哪些优缺点? 在我国,钢结构主要应用于哪些领域?

1.2　工程结构必须具备哪些功能?

1.3　结构有哪两种极限状态? 举例描述极限状态设计表达式中各字母的含义。

1.4　钢结构还存在哪些问题有待解决?

1.5　目前我国钢结构设计采用的方法是什么?

第2章 钢结构的材料

2.1 钢材的主要性能

2.1.1 对钢结构用材的基本要求

钢材的种类繁多,性能差别很大,适用于钢结构的钢材只有碳素钢及合金钢中的少数几种。用作钢结构的钢材必须符合下列要求:

1)较高的强度

较高的强度是指具有较高的抗拉强度 f_u 和屈服点 f_y。f_y 是衡量结构承载能力的指标,f_y 高可减轻结构自重,节约钢材和降低造价;f_u 是衡量钢材经过较大变形后的抗拉能力,它直接反映钢材内部组织的优劣,同时提高 f_u 值可以增加结构的安全保障,二者的差值可衡量钢结构的安全储备。

2)足够的变形能力

足够的变形能力是指具有较好的塑性和韧性。塑性好,结构在静载和动载作用下具有足够的应变能力,可减轻结构脆性破坏的倾向,同时可通过较大的塑性变形调整局部应力;韧性好,则结构具有较好的抵抗重复荷载作用的能力。

3)良好的工艺性能

钢材的工艺性能包括冷加工、热加工和可焊性能。良好的工艺性能不但易于加工成各种形式的结构,而且不致因加工而对结构的强度、塑性和韧性等造成较大的不利影响。

此外,根据结构的具体工作条件,有时还要求钢材具有适应低温、腐蚀性环境和疲劳荷载作用的能力。

2.1.2 钢材的破坏形式

钢材有两种性质完全不同的破坏形式,即塑性破坏和脆性破坏。

塑性破坏是由于变形过大,超过了材料或构件可能的应变能力而产生的,而且仅在构件的应力达到了钢材的抗拉强度 f_u 后才发生。在塑性破坏前,构件发生较大的塑性变形,断裂后的断口呈纤维状,色泽发暗。在塑性破坏前,构件塑性变形较大,且变形持续的时间较长,容易及时被发现而采取补救措施,不致引起严重后果。另外,塑性变形后出现内力重分布,使结构中原来受力不等的部分应力趋于均匀,因而提高了结构的承载能力和安全性。

脆性破坏前塑性变形很小,甚至没有塑性变形,计算应力可能小于钢材的屈服点 f_y,断裂从应力集中处开始。冶金和机械加工过程中产生的缺陷,特别是缺口和裂纹,常是断裂的发源地。破坏前没有任何预兆,破坏是突然发生的,断口平直并呈有光泽的晶粒状。由于脆性破坏前没有明显的预兆,无法及时察觉和采取补救措施,而且个别构件的断裂常会引起整体结构塌毁,后果严重,损失较大。因此,在设计、施工和使用过程中,应特别注意防止钢结构的脆性破坏。

2.1.3　钢材的主要机械性能

1)单向均匀拉伸时钢材的性能

钢材标准试件在常温、静载情况下,单向均匀受拉试验时的 σ-ε 曲线如图 2.1 所示,由此曲线可获得钢材的性能指标。

(1)强度性能

图 2.1 所示的 σ-ε 曲线可分为以下 5 个阶段:

①弹性阶段(OPE 段)。

图 2.1 中 σ-ε 曲线的 OP 段为直线,表示钢材具有完全弹性性质,这时应力可由弹性模量 E 定义,即 $\sigma = E\varepsilon$,而 $E = \tan \alpha$,在钢结构的设计中统一取 $E = 2.06 \times 10^5 \text{ N/mm}^2$,$P$ 点对应的应力 f_p 称为比例极限。

曲线 PE 段仍具有弹性,但呈非线性,即为非线性弹性阶段,这时的模量称为切线模量,$E_t = d_\sigma / d_\varepsilon$,$E$ 点的应力 f_e 称为弹性极限。弹性极限和比例极限相距很近,实际上很难区分。因此,通常将弹性极限内的线段(OPE 段)近似看成直线,并且仅在此阶段内卸载时,材料才不会留下残余变形。

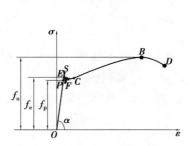

图 2.1　碳素结构钢的应
力-应变曲线

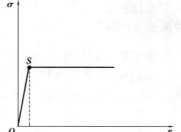

图 2.2　理想弹塑性体的应
力-应变曲线

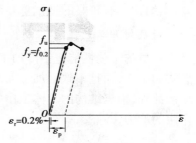

图 2.3　高强度钢的应
力-应变曲线

②弹塑性阶段(ES 段)。

随着荷载的增加,曲线出现 ES 段,这时表现为非弹性性质,即卸荷曲线成为与 OP 平行的直线,留下永久性的残余变形。

③屈服阶段（SC 段）。

对于低碳钢,出现明显的屈服台阶 SC 段,即在应力保持不变的情况下,应变继续增加。进入塑性流动范围时,曲线波动较大,以后逐渐趋于平稳,其最高点 S 和最低点 F 分别称为上屈服点和下屈服点。上屈服点和试验条件(加荷速度、试件形状、试件对中的准确性)有关;下屈服点稳定,设计中以下屈服点为依据,即以下屈点对应的应力规定为钢材的屈服强度 f_y。

对于没有缺陷和残余应力影响的试件,比例极限和屈服点比较接近,且屈服点前的应变很小(低碳钢约为 0.15%)。为了简化计算,通常假定屈服点前钢材为完全弹性的,屈服点后则为完全塑性,这样就可把钢材视为理想的弹一塑性体,其应力-应变曲线表现为双直线,如图 2.2 所示。当应力达到屈服点后,将使结构产生很大的在使用上不容许的残余变形(低碳钢 $\varepsilon_c = 2.5\%$),表明钢材的承载力达到了最大限度。因此,在设计时取屈服点为钢材可以达到的最大应力。

高强度钢没有明显的屈服点和屈服台阶,如图 2.3 所示。这类钢的屈服条件是根据试验分析结果人为规定的,故称为条件屈服点(或屈服强度)。条件屈服点是以卸荷后试件中残余应变为 0.2% 所对应的应力定义的,可用 $f_{0.2}$ 表示。

④强化阶段（CB 段）。

当应力超过屈服台阶后,钢材内部组织得到调整,强度逐渐提高,材料出现应变硬化,曲线上升,直至曲线最高处的 B 点,这点的应力 f_u 称为抗拉强度或极限强度,作为材料的强度储备。此时钢材的塑性变形非常大,应变值 ε 达到 20% 甚至更大,故无实际意义,设计时以屈服点 f_y 作为强度限值时,抗拉强度 f_u 成为材料的强度储备。

⑤颈缩阶段（BD 段）。

当应力达到 B 点时,试件局部开始出现横向收缩,发生颈缩现象,随后变形剧增,直至 D 点而断裂。

（2）塑性性能

试件被拉断时的绝对变形值与试件原标距之比的百分数,称为伸长率。当试件标距长度与试件直径 d(圆形试件)之比为 10 时,以 δ_{10} 表示;当比值为 5 时,以 δ_5 表示。同一试件的 δ_5 比 δ_{10} 要偏大一些,通常应用 δ_5 的情况较普遍。伸长率代表材料在单向拉伸时的塑性应变的能力,伸长率大的钢材,对调整构件中局部超屈服应力、结构中塑性内力重分布和减少脆性破坏都有重要意义。伸长率按式(2.1)计算。

$$\delta = \frac{L_1 - L_0}{L_0} \times 100\% \qquad (2.1)$$

式中　L_1——试件拉断后标距的长度;

　　　L_0——试件原标距长度。

断面收缩率是衡量钢材塑性性能的另一指标,即材料受拉力断裂时断面缩小的面积与原面积之比值,用 ψ 表示,按式(2.2)计算。

$$\Psi = \frac{A_0 - A_1}{A_0} \times 100\% \qquad (2.2)$$

式中　A_0——试件原始截面积;

　　　A_1——试件拉断后颈缩处的截面积。

（3）物理性能

钢材在单向受压（粗而短的试件）时，受力性能基本和单向受拉时相同。受剪的情况也相似，但屈服点 f_{vy} 及抗剪强度 f_{vu} 均较受拉时小，剪变模量 G 也低于弹性模量 E。

钢材和钢铸件的弹性模量 E、剪变模量 G、线性膨胀系数 α 和质量密度 ρ 列于表 2.1 中。

表 2.1　钢材和钢铸件的物理性能指标

弹性模量 E /($N \cdot mm^{-2}$)	剪变模量 G /($N \cdot mm^{-2}$)	线性膨胀系数 α /($℃^{-1}$)	质量密度 ρ /($kg \cdot m^{-3}$)
206×10^3	79×10^3	12×10^{-6}	7 850

2）冷弯性能

冷弯性能由冷弯试验来确定，如图 2.4 所示。试验时按照有关规定的弯心直径在试验机上采用冲头加压，使试件弯成180°，如试件外表面不出现裂纹和分层，即为合格。冷弯试验不仅能直接检验钢材的弯曲变形能力和塑性性能，还能检验钢材内部的冶金缺陷，因此，冷弯性能是鉴定钢材在弯曲状态下的塑性应变能力和钢材质量的综合指标。

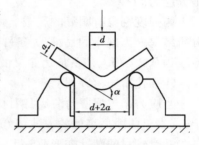

图 2.4　钢材冷弯试验示意图

3）冲击韧性

冲击韧性是钢材抵抗冲击荷载的能力，它用材料断裂时所吸收的总能量（包括弹性和非弹性）来量度，其值为图 2.1 中 σ-ε 曲线与横坐标所包围的总面积，总面积越大韧性越高，故韧性是钢材强度和塑性性能的综合指标。通常钢材强度提高，韧性降低，表示钢材趋于脆性。

钢材的冲击韧性数值随试件缺口形式和试验机型号不同而异。现行国家标准《碳素结构钢》（GB 700—2006）规定采用国际上通用的夏比（Chapy）V 形缺口试件[图 2.5（a）]在夏比试验机上进行试验，试件折断消耗的功用 A_{KV} 表示，单位为 J。我国过去一直采用梅氏（Mesnager）试件[图 2.5（b）]在梅氏试验机上进行试验，所得结果以单位截面积上所消耗的冲击功 a_K 表示，单位为 J/cm^2。由于夏比试件比梅氏试件具有更为尖锐的缺口，更接近构件中可能出现的

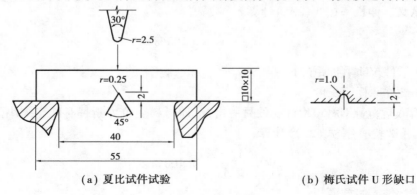

（a）夏比试件试验　　　　　　　　　（b）梅氏试件 U 形缺口

图 2.5　冲击韧性试验示意图

严重缺陷,近年来用 A_{KV} 表示材料冲击韧性的方法日趋普遍。

由于低温对钢材的脆性破坏有显著影响,在寒冷地区建造的结构不但要求钢材具有常温(20 ℃)的冲击韧性指标,还要求具有 0 ℃和负温(– 20 ℃或 – 40 ℃)的冲击韧性指标,以保证结构具有足够的抗脆性破坏能力。

2.1.4　钢材的可焊性

可焊性是指采用一般焊接工艺就可完成合格的(无裂纹的)焊缝的性能。

钢材的可焊性受碳含量和合金元素含量的影响。碳含量在 0.12% ~ 0.20% 范围内的碳素钢,可焊性最好。碳含量再高可造成焊缝和热影响区变脆。Q235B 的碳含量就定在这一适宜范围。Q235A 的碳含量略高于 B 级,且不作为交货条件,这一钢号通常不能用于焊接构件。提高钢材强度的合金元素大多也对可焊性有不利影响。衡量低合金钢的可焊性可以用下列公式计算其碳当量:

$$C_E = C + \frac{Mn}{6} + \frac{1}{5}(Cr + Mo + V) + \frac{1}{15}(Ni + Cu) \tag{2.3}$$

式中, C_E 为碳当量; Mn,Cr,Mo,V,Ni,Cu 分别为锰、铬、钼、钒、镍和铜元素。

当 C_E 不超过 0.38% 时,钢材的可焊性很好,Q235 钢和 Q345 钢属于这一类。当 C_E 大于 0.38% 但未超过 0.45% 时,钢材淬硬倾向逐渐明显,需要采用适当的预热措施并注意控制施焊工艺。预热的目的在于使焊缝和热影响区缓慢冷却,以免因淬硬而开裂。当 C_E 大于 0.45% 时,钢材的淬硬倾向明显,需采用较高的预热温度和严格的工艺措施来获得合格的焊缝。《钢结构焊接规范》(GB 50661—2011)给出常用结构钢材最低施焊温度表。厚度不超过 40 mm 的 Q235 钢和厚度不超过 25 mm 的 Q345 钢,在温度不低于 0 ℃时一般不需预热。除碳当量外,预热温度还和钢材厚度及构件变形受到约束的程度有直接关系。因此,重要结构施焊时实际采用的焊接方法最好由工艺试验确定。

综上所述,钢材可焊性的优劣实际上是指钢材在采用一定的焊接方法、焊接材料、焊接工艺参数及一定的结构形式等条件下,获得合格焊缝的易难程度。可焊性稍差的钢材,要求更为严格的工艺措施。

2.1.5　钢材性能的鉴定

由前可知,反映钢材质量的主要力学指标有:屈服强度、抗拉强度、伸长率、冷弯性能及冲击韧性。此外,钢材的工艺性能和化学成分也是反映钢材性能的重要内容。根据《钢结构工程施工质量验收规范》(GB 50205—2001)的规定,对进入钢结构工程实施现场的主要材料需进行进场验收,即检查钢材的质量合格证明文件、中文标识及检验报告,确认钢材的品种、规格、性能是否符合现行国家标准和设计要求。对属于下列情况之一的钢材,应进行抽样复验,其复验结果应符合现行国家产品标准和要求。

①国外进口钢材。

②钢材混批。

③板厚等于或大于 40 mm,且设计有 Z 向性能要求的厚板。

④建筑结构安全等级为一级,大跨度钢结构中主要受力构件所采用的钢材。

⑤设计有复验要求的钢材。

⑥对质量有疑义的钢材。

复检时各项试验都应按有关的国家标准《金属拉伸试验方法》(GB/T 228—2010),《金属材料　夏比摆锤冲击试验方法》(GB/T 229—2007)和《金属材料弯曲试验方法》(GB/T 232—2010)的规定进行。试件的取样则按国家标准《钢及钢产品力学性能试验取样位置及试样制备》(GB/T 2975—2018)和《钢的成品化学成分允许偏差》(GB/T 222—2006)的规定进行。做热轧型钢的力学性能试验时,原则上应该从翼缘上切取试样。这是因为翼缘厚度比腹板大,屈服点比腹板低,并且翼缘是受力构件的关键部位。钢板的轧制过程使它的纵向力学性能优于横向,因此,采用纵向试样或横向试样,试验结果会有差别。国家标准中要求钢板、钢带的拉伸和弯曲试验取横向试件,而冲击韧性试验则取纵向试件。

钢材质量的抽样检验应由具有相应资质的质检单位进行。

2.2　影响钢材力学性能的因素

2.2.1　化学成分

钢是由各种化学成分组成的,化学成分及其含量对钢的性能(特别是力学性能)将产生重要影响。铁(Fe)是钢材的基本元素,纯铁质软,在碳素结构钢中约占 99%;碳和其他元素仅占 1%,但对钢材的力学性能却产生着决定性的影响。其他元素包括硅(Si)、锰(Mn)、硫(S)、磷(P)、氮(N)、氧(O)等。低合金钢中还含有少量(低于 5%)合金元素,如铜(Cu)、钒(V)、钛(Ti)、铌(Nb)、铬(Cr)等。

在碳素结构钢中,碳是仅次于纯铁的主要元素,它直接影响钢材的强度、塑性、韧性和可焊性等。随着碳含量的增加,钢的强度提高,而塑性、韧性和疲劳强度下降,同时恶化钢的可焊性和抗腐蚀性。因此,尽管碳是使钢材获得足够强度的主要元素,但在钢结构中采用的碳素结构钢,对碳的质量分数要加以限制,一般不应超过 0.22%,在焊接结构中还应低于 0.20%。

硫和磷(特别是硫)是钢中的有害成分,它们会降低钢材的塑性、韧性、可焊性和疲劳强度。在高温时,硫使钢变脆,称之为热脆;在低温时,磷使钢变脆,称之为冷脆。一般硫、磷的质量分数应不超过 0.045%。但是,磷可提高钢材的强度和抗锈性,可使用的高磷钢,磷的质量分数可达 0.12%,这时应减少钢材中的含碳量,以保持一定的塑性和韧性。

氧和氮都是钢中的有害杂质。氧的作用和硫类似,使钢热脆;氮的作用和磷类似,使钢冷脆。由于氧、氮容易在熔炼过程中逸出,一般不会超过极限含量,故通常不要求做含量分析。

硅和锰是钢中的有益元素,都是炼钢的脱氧剂。它们使钢材的强度提高,含量适宜时,对塑性和韧性无显著的不良影响。在碳素结构钢中,硅的质量分数应不大于 0.3%,锰的质量分数为 0.3% ~ 0.8%。对于低合金高强度结构钢,锰的质量分数可达 1.0% ~ 1.6%,硅的质量分数可达 0.55%。

钒和钛是钢中的合金元素,能提高钢的强度和抗腐蚀性能,又不显著降低钢的塑性。

铜在碳素结构钢中属于杂质成分,它可以显著地提高钢的抗腐蚀性能,也可以提高钢的强度,但对可焊性有不利影响。

2.2.2　钢材的冶炼和轧制

钢材的生产需经过冶炼、浇铸、轧制和矫正等工序才能完成,多道工序对钢材的力学性能有一定的影响。钢材常见的冶金缺陷包括偏析、非金属夹杂、气孔、裂纹及分层等。偏析是指钢材中化学成分不一致和不均匀,特别是硫、磷偏析严重将造成钢材的性能恶化;非金属夹杂是指钢中含有硫化物与氧化物等杂质,如硫化物易导致钢材热脆,氧化物则严重降低钢材力学性能及工艺性能;气孔是浇铸钢锭时,由氧化铁与碳作用所生成的一氧化碳气体不能充分逸出而形成的;裂纹将严重影响钢材的冲击韧性、冷弯性能及抗疲劳性能;分层是钢材在厚度方向不密合,形成多层的现象,分层将大大降低钢材的冲击韧性、冷弯性能、抗脆断能力及疲劳强度,尤其是在承受垂直于板面的拉力时易产生层状撕裂。冶金缺陷对钢材性能的影响,不仅表现在结构或构件受力时,也表现在加工制作过程中。

轧制是在高温和压力作用下将钢锭热轧成钢板和型钢的生产工艺。它不仅能改变钢的形状和尺寸,而且能消除钢锭中的小气泡、裂纹、疏松等缺陷,使金属组织更加致密,改善钢材的内部组织,从而改善钢材的力学性能。钢材的力学性能与轧制方向和压缩比相关,如压缩比大的小型钢材薄板、小型钢等的强度、塑性、冲击韧性等性能优于压缩比小的大型钢材,故规范中钢材的力学性能标准往往根据其性能进行分段。另外,顺着轧制方向的力学性能优于垂直于轧制方向的力学性能。轧制后是否热处理及处理方式也将影响钢材的力学性能,如轧制后采用淬火后回火的调质工艺处理,不仅可以改善钢材的组织,消除残余应力,还可显著地提高钢材强度。

2.2.3　复杂应力和应力集中

钢材的工作性能和力学性能指标都是以轴心受拉杆件中应力沿截面均匀分布的情况作为基础的。实际上钢结构的构件中可能存在孔洞、槽口、凹角、截面突然改变以及钢材内部缺陷等。此时,构件中的应力分布将不再保持均匀,而是在某些区域产生局部高峰应力,在另外一些区域则应力降低,形成所谓应力集中现象,如图 2.6 所示。

高峰区的最大应力与净截面的平均应力之比称为应力集中系数。研究表明,在应力高峰区域总是存在着同号的双向或三向应力,这是因为由高峰拉应力引起的截面横向收缩受到附近低应力区的阻碍,而引起垂直于内力方向的拉应力 σ_y,在较厚的构件里还产生 σ_z,使材料处于复杂受力状态。由能量强度理论得知,这种同号的平面或立体应力场有使钢材变脆的趋势。

应力集中系数越大,变脆的倾向越严重。但由于建筑钢材塑性较好,在一定程度上能使应力进行重分配,应力分布严重不均的现象趋于平缓。故受静荷载作用的构件在常温下工作时,在计算中可不考虑应力集中的影响。但在负温环境或动力荷载作用下工作的结构,应力集中的不利影响将十分突出,往往是引起脆性破坏的根源,故在设计中应采取措施避免或减小应力集中,并选用质量优良的钢材。

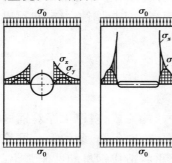
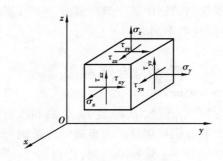

图 2.6　孔洞及槽孔处的应力集中　　　　图 2.7　复杂应力状态

在单向拉伸试验中,应力达到屈服点,钢材即进入塑性状态。在复杂应力状态下(图2.7),钢材由弹性状态转入塑性状态的条件是按能量强度理论计算的折算应力 σ_{eq} 与单向应力下的屈服点相等,即

$$\sigma_{eq} = \sqrt{\sigma_x^2 + \sigma_y^2 + \sigma_z^2 - (\sigma_x\sigma_y + \sigma_y\sigma_z + \sigma_z\sigma_x) + 3(\tau_{xy}^2 + \tau_{yz}^2 + \tau_{zx}^2)} = f_y \qquad (2.4)$$

当 $\sigma_{eq} < f_y$ 时,为弹性状态。

由式(2.4)可以看出,如果三向应力同号,且绝对值又接近时,即使三向应力都很大,远远大于屈服点,但由于差值不大,折算应力小,材料就不易进入塑性状态,可能直至材料破坏还未进入塑性状态,因此同号应力状态容易产生脆断。相反,如果存在异号应力,且同号的两个应力又相差较大时,就较容易进入塑性状态,可能最大应力尚未达到 σ_z 时,材料就已进入塑性了,说明钢材处于异号应力状态时,容易发生塑性破坏。

如三向应力中一向应力很小或为零时,则属于平面应力状态,此时式(2.4)为

$$\sigma_{eq} = \sqrt{\sigma_x^2 + \sigma_y^2 - \sigma_x\sigma_y + 3\tau_{xy}^2} = f_y \qquad (2.5)$$

在一般的梁中,只存在正应力 σ 和剪应力 τ,则

$$\sigma_{eq} = \sqrt{\sigma^2 + 3\tau^2} = f_y \qquad (2.6)$$

当只有剪应力时,$\sigma = 0$,由此得

$$\sigma_{eq} = \sqrt{3}f_{vy} = f_y$$

$$f_{vy} = \frac{f_y}{\sqrt{3}} = 0.58f_y \qquad (2.7)$$

因此,《钢结构设计标准》(GB 50017—2017)规定钢材抗剪设计强度为抗拉设计强度的0.58倍。

2.2.4　温度的影响

钢材性能随温度改变的总的趋势是温度升高,钢材强度降低,应变增大;反之,随着温度的

降低,钢材强度略有增加,同时钢材会因塑性和韧性降低而变脆。

（1）"蓝脆"现象

一般在 200 ℃以内钢材的性能变化不大,钢材的强度随温度的上升强度微降,塑性微增,性能有小幅波动。但在 250 ℃左右时,钢材的抗拉强度有所提高,而塑性和冲击韧性变差,钢材变脆,钢材在此温度范围内破坏时常呈脆性破坏特征,称为"蓝脆"（表面氧化呈蓝色）。在蓝脆温度范围内进行热加工,钢材易产生裂纹。温度超过 300 ℃以后,屈服点和极限强度明显下降,达到 600 ℃时强度几乎等于零。钢材力学性能随温度上升的变化曲线如图 2.8 所示。当温度在 260 ~ 320 ℃时,在应力持续不变的情况下,钢材以很缓慢的速度继续变形,此种现象称为徐变现象。当钢结构长期受辐射热达 150 ℃以上,或可能受灼热熔化金属时,钢结构应考虑设置隔热保护层。

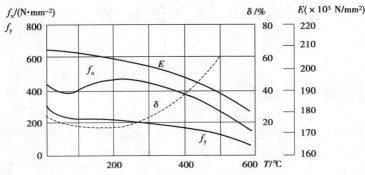

图 2.8　温度对钢材力学性能的影响曲线

（2）低温冷脆

当温度从常温开始下降时,钢材的强度稍有提高,但脆性倾向变大,塑性和冲击韧性下降。当温度下降到某一数值时（冷脆临界温度）,钢材的冲击韧性突然显著下降,使钢材产生脆性断裂,该现象称为低温冷脆。如图 2.9 所示为钢材冲击韧性与温度的关系曲线。随着温度的降低,冲击韧性迅速下降,材料将由塑性破坏转变为脆性破坏,这一转变是在温度区间 $T_1 \sim T_2$ 完成的,该区间称为钢材的脆性转变温度区,在此区间内曲线的反弯点对应的温度 T_0 称为转变温度。冷脆临界温度 T_1 与钢材韧性有关,韧性越好的钢材其冷脆临界温度越低。钢材在整个使用过程中,可能出现的最低温度应高于钢材的冷脆临界温度。

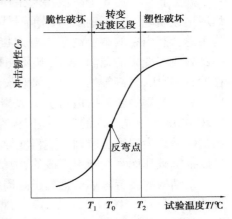

图 2.9　冲击韧性与温度的关系曲线

2.2.5　钢材的硬化

冷拉、冷弯、冲孔、机械剪切等冷加工使钢材产生很大塑性变形,从而提高了钢的屈服点,同时降低了钢的塑性和韧性,这种现象称为冷作硬化（或应变硬化）。

在高温时熔化于铁中的少量碳和氮,随着时间的增长逐渐从纯铁中析出,形成自由碳化物和氮化物,使钢材的强度提高,塑性、韧性下降,这种现象称为时效硬化,俗称老化。时效硬化的过程一般很长,但如在材料塑性变形后加热,可使时效硬化发展特别迅速,这种方法称为人工时效。

此外还有应变时效,是应变硬化(冷作硬化)后又加时效硬化。

一般钢结构中,不利用硬化所提高的强度,有些重要结构要求对钢材进行人工时效后检验其冲击韧性,以保证结构具有足够的抗脆性破坏能力。另外,应将局部硬化部分用刨边或扩钻予以消除。

2.3 钢材的疲劳

2.3.1 疲劳断裂的概念

钢结构的疲劳断裂是裂纹在连续重复荷载作用下不断扩展以至断裂的脆性破坏,塑性变形极小,破坏前没有明显破坏预兆,危险性较大。出现疲劳断裂时,截面上的应力低于材料的抗拉强度,甚至低于屈服强度。

疲劳破坏经历3个阶段:裂纹的形成、裂纹的缓慢扩展和最后迅速断裂。对于钢结构,实际上只有后两个阶段,因为结构中总会有内在的微小缺陷。对焊接构件,裂纹的起源常在焊趾处或焊缝中的孔洞、夹渣以及欠焊等处;对非焊接构件,在冲孔、剪切、气割等处也存在微观裂纹。

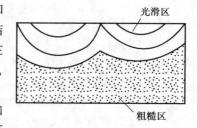

图 2.10 断口示意

疲劳断裂的断口一般可分为光滑区和粗糙区两部分,如图 2.10 所示。光滑区的形成是因为裂纹多次开合的缘故,而粗糙区是因为裂纹扩展到一定程度导致截面削弱过甚以致不足以抵抗破坏而突然断裂形成的,类似于拉伸试件的断口,比较粗糙。

钢结构的疲劳破坏通常属于高周疲劳,即结构应变小,破坏前荷载循环次数多。《钢结构设计标准》(GB 50017—2017)规定,直接承受动力荷载重复作用的钢结构构件(如吊车梁、吊车桁架等)及其连接,当应力变化的循环次数 $n \geq 5 \times 10^4$ 时,应进行疲劳计算。

2.3.2 与疲劳破坏有关的几个概念

1)应力集中

应力集中是影响疲劳性能的重要因素。应力集中越严重,钢材越容易发生疲劳破坏。应力集中的程度由构造细节所决定,包括微小缺陷、孔洞、缺口、凹槽及截面的厚度和宽度是否有变化等,对焊接结构表现为零件之间相互连接的方式和焊缝的形式。因此,对于相同的连接形式,构造细节处理的不同,也会对疲劳强度产生较大影响。根据试验研究结果,《钢结构设计标准》(GB 50017—2017)将构件和连接形式按应力集中的影响程度由低到高分为 8 类(见附表6),第 1 类是没有应力集中的主体金属,第 8 类是应力集中最严重的角焊缝,第 2 至第 7 类则是有不同程度应力集中的主体金属。

2)应力循环特征

连续重复荷载之下应力从最大到最小重复一周称为一个循环。应力循环特征常用应力比 $\rho = \sigma_{min}/\sigma_{max}$ 来表示,拉应力取正值,压应力取负值,如图 2.11 所示。当 $\rho = -1$ 时称为完全对称循环,如图 2.11(a)所示;$\rho = 0$ 时称为脉冲循环,如图 2.11(b)所示;$\rho = 1$ 时为静荷载,如图 2.11(c)所示;$0 < \rho < 1$ 时为同号应力循环,如图 2.11(d)所示;$-1 < \rho < 0$ 时为异号应力循环,如图 2.11(e)所示。

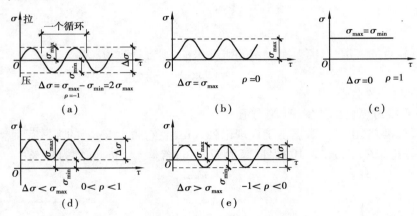

图 2.11　疲劳应力谱

3)应力幅

应力幅表示应力变化的幅度,用 $\Delta\sigma = \sigma_{max} - \sigma_{min}$ 表示,应力幅总是正值。应力幅在整个应力循环过程中保持常量的循环称为常幅应力循环,如图 2.12(a)所示;若应力幅是随时间随机变化的,则称为变幅应力循环,如图 2.12(b)所示。

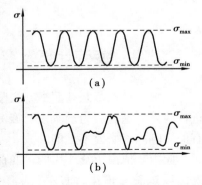

图 2.12　疲劳应力谱

焊接结构的疲劳计算宜以应力幅为准则,原因在于结构内部的残余应力。裂纹的起源常在焊趾或焊缝内部缺陷处,而焊缝处及其近旁残余拉应力高达屈服强度 f_y。因此,对于焊接结构,只要应力幅相同,对构件疲劳的实际效果就相同,而和应力循环特征 ρ 或平均应力无关。应力幅才是决定疲劳的关键,这就是应力幅准则。

对于非焊接结构,由试验可知,对于 $\rho \geq 0$ 的应力循环,该准则完全适用;对于 $\rho < 0$ 的应力循环,该准则偏于安全。因此规范取式(2.8)计算非焊接结构应力幅:

$$\Delta\sigma = \sigma_{max} - 0.7\sigma_{min} \tag{2.8}$$

式(2.8)在应力循环同号时稍偏安全。

4)疲劳寿命(致损循环次数)

疲劳寿命指在连续反复荷载作用下应力的循环次数,一般用 n 表示。应力幅越大,产生疲劳破坏的应力循环次数越少;应力幅越小,产生疲劳破坏的应力循环次数越多,当应力幅小到一定程度,即使经无限多次应力循环也不会产生疲劳破坏。

2.3.3 疲劳曲线($\Delta\sigma$-n 曲线)

对不同的构件和连接用不同的应力幅进行常幅循环应力试验,即可得到疲劳破坏时不同的循环次数 n,将足够多的试验点连接起来就可得到 $\Delta\sigma$-n 曲线[图 2.13(a)]即疲劳曲线,采用双对数坐标时,所得结果呈直线关系[图 2.13(b)]。

其方程为

$$\log n = b - m \log \Delta\sigma \tag{2.9}$$

考虑到试验点的离散性,需要有一定的概率保证,则方程改为:

$$\log n = b - m \log \Delta\sigma - 2\sigma_n \tag{2.10}$$

式中 b——n 轴上的截距;

m——直线对纵坐标的斜率(绝对值);

σ_n——标准差,由试验数据由统计理论公式得出,它表示 $\log n$ 的离散程度。

若 $\log n$ 呈正态分布,式(2.10)保证率是 97.7%;若呈 t 分布,则约为 95%。

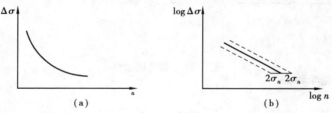

图 2.13 $\Delta\sigma$-n 曲线

2.3.4 疲劳计算及容许应力幅

一般钢结构都是按照概率极限状态进行设计的,但对疲劳,部分规范规定按容许应力原则进行验算。这是因为现阶段对疲劳裂缝的形成、扩展以至断裂这一过程的极限状态定义,以及有关影响因素研究不足的缘故。

应力幅值由重复作用的可变荷载产生,所以疲劳验算按可变荷载标准值进行。由于验算方法以试验为依据,而疲劳试验中已包含了动力的影响,故计算荷载时不再乘以吊车动力系数。

常幅疲劳按式(2.11)进行验算:

$$\Delta\sigma \leq \left[\Delta\sigma\right] \tag{2.11}$$

式中 $\Delta\sigma$——对焊接部位为应力幅 $\Delta\sigma = \sigma_{max} - \sigma_{min}$,对非焊接结构为折算应力幅 $\Delta\sigma = \sigma_{max} -$

$0.7\sigma_{\min}$,应力以拉为正,压为负;

　　[$\Delta\sigma$]——常幅疲劳的容许应力幅,按构件和连接的类别以及预期的循环次数由式(2.13)计算。

由式(2.10)可得:

$$\Delta\sigma = \left(\frac{10^{b-2\sigma_n}}{n}\right)^{\frac{1}{m}} = \left(\frac{C}{n}\right)^{\frac{1}{m}} \tag{2.12}$$

取此 $\Delta\sigma$ 作为容许应力幅,并将 m 调成整数,记为 β,则

$$\left[\Delta\sigma\right] = \left(\frac{C}{n}\right)^{\frac{1}{\beta}} \tag{2.13}$$

式中　n——应力循环次数;

　　　　C,β——参数,根据附表6的构件和连接类别按表2.2采用。

表2.2　参数 C,β 值

构件和连接类别	1	2	3	4	5	6	7	8
C	1940×10^{12}	861×10^{12}	3.26×10^{12}	2.18×10^{12}	1.47×10^{12}	0.96×10^{12}	0.65×10^{12}	0.41×10^{12}
β	4	4	3	3	3	3	3	3

　　由式(2.13)可知,只要确定了系数 C 和 β,就可根据设计基准期内可能出现的应力循环次数 n 确定容许应力幅[$\Delta\sigma$],或根据设计应力幅水平预估应力循环次数 n。

　　如为全压应力循环,不出现拉应力,则对这一部位不必进行疲劳计算。

2.3.5　变幅疲劳

　　大部分结构实际所承受的循环应力都不是常幅的。以吊车梁为例,吊车运行时并不总是满载,小车在吊车桥上所处的位置也在变化,吊车的运行速度及吊车的维修情况也经常不同。因此吊车梁每次的荷载循环都不尽相同。吊车梁实际处于欠载状态的变幅疲劳下。对于重级工作制(A6级、A7级、A8级)吊车梁和重级、中级工作制(A4级、A5级)的吊车桁架,规范规定其疲劳可作为常幅疲劳按式(2.14)计算:

$$\alpha_{\mathrm{f}}\Delta\sigma \leqslant \left[\Delta\sigma\right]_{2\times10^6} \tag{2.14}$$

式中　$\Delta\sigma$——变幅疲劳的最大应力幅;

　　　　$\left[\Delta\sigma\right]_{2\times10^6}$——循环次数 $n=2\times10^6$ 次的容许应力幅,由式(2.13)计算;

　　　　α_{f}——中、重级吊车荷载折算成 $n=2\times10^6$ 时的欠载效应等效系数,根据对国内吊车荷载谱的调查统计结果,重级工作制硬钩吊车为1.0,重级工作制软钩吊车为0.8,中级工作制吊车为0.5。

2.4 建筑钢材的类别及钢材的选用

2.4.1 建筑钢材的类别

钢材的种类繁多,在建筑工程中采用的是碳素结构钢、低合金高强度结构钢、优质碳素结构钢和高强钢丝钢索。

1)碳素结构钢

根据现行的国家标准《碳素结构钢》(GB 700—2006)的规定,碳素结构钢的牌号由代表屈服点的字母 Q、屈服点的数值、质量等级符号和脱氧方法符号 4 个部分按顺序组成。

碳素结构钢分为 Q195、Q215、Q235、Q255 和 Q275 共 5 种,屈服强度越大,其含碳量、强度和硬度越大,塑性越低。其中 Q235 在使用、加工和焊接方面的性能都比较好,是钢结构常用钢材之一。

质量等级分为 A、B、C、D 4 级,由 A 到 D 表示质量由低到高。不同质量等级钢对化学成分和力学性能的要求不同。A 级无冲击功规定,对冷弯试验只在需方有要求时才进行,其碳、锰、硅含量也可以不作为交货条件;B 级、C 级、D 级分别要求保证 20 ℃、0 ℃、−20 ℃时夏比 V 形缺口冲击功 A_{KV} 不小于 27 J(纵向),都要求提供冷弯试验的合格保证,以及碳、锰、硅、硫和磷等含量的保证。

所有钢材交货时供方应提供屈服点、极限强度和伸长率等力学性能的保证。

按脱氧方法分,碳素钢可分为沸腾钢、镇静钢和特殊镇静钢,并分别用 F、Z 和 TZ 表示。对 Q235,A、B 级钢可以是 Z 或 F,C 级钢只能是 Z,D 级钢只能是 TZ,Z 和 TZ 可以省略不写。如 Q235 AF 表示屈服强度为 235 N/mm^2 的 A 级沸腾钢;Q235C 表示屈服强度为 235 N/mm^2 的 C 级镇静钢。

2)低合金高强度结构钢

低合金钢是在冶炼过程中添加一种或几种少量合金元素,其总量低于 5% 的钢材。低合金钢因含有合金元素而具有较高的强度。根据现行国家标准《低合金高强度结构钢》(GB/T 1591—2018)的规定,其牌号由代表屈服强度"屈"的汉语拼音首字母 Q、规定的最小上屈服强度数值、交货状态代号、质量等级符号(B、C、D、E)4 个部分组成,常用的低合金钢有 Q355、Q390、Q420、Q460 等。低合金钢交货时,供方应提供屈服强度、极限强度、伸长率和冷弯试验等力学性能保证,还要提供碳、锰、硅、硫、磷、钒、铝和铁等化学成分含量的保证。

交货状态为热轧时,其代号 AR 或 WAR 可省略;交货状态为正火或正火轧制状态时,其代号均用 N 表示。如 Q355ND,表示规定的最小上屈服强度为 355 MPa 的、交货状态为正火或正火轧制的、质量等级为 D 级的低合金钢。

碳素结构钢和低合金钢都可以采取适当的热处理(如调质处理)以进一步提高其强度。

例如用于制造高强度螺栓的 45 号优质碳素钢以及 40 硼(40B)、20 锰钛硼(20 MnTiB)就是通过调质处理提高强度的。

3)优质碳素结构钢

以不进行热处理或热处理(退火、正火或高温回火)状态交货,要求热处理状态交货的应在合同中注明,未注明者,按不进行热处理交货。如用于高强度螺栓的 45 号优质碳素结构钢需经热处理,强度较高,对塑性和韧性又无显著影响。

4)高强钢丝和钢索

悬索结构和斜张拉结构的钢索、桅杆结构的钢丝绳等通常都采用由高强钢丝组成的平行钢丝束、钢绞线和钢丝绳。高强钢丝是由优质碳素钢经过多次冷拔而成,分为光面钢丝和镀锌钢丝两种类型。钢丝强度的主要指标是抗拉强度,其值在 1 570 ~ 1 700 N/mm^2 的范围内,而屈服强度通常不作要求。根据国家有关标准,对钢丝的化学成分有严格要求,硫、磷的质量分数不得超过 0.03% ,铜的质量分数不超过 0.2% ,同时对铬、镍的含量也有控制要求。高强钢丝的伸长率较小,最低为 4% ,但高强钢丝(和钢索)却有一个不同于一般结构钢材的特点——松弛,即在保持长度不变的情况下所承受拉力随时间延长而略有降低。

平行钢丝束由 7 根、19 根、37 根或 61 根钢丝组成。钢丝束内各钢丝受力均匀,弹性模量接近一般受力钢材。

2.4.2　钢材的选择

钢材选用应遵循技术可靠、经济合理的原则,综合考虑结构的重要性、荷载特征、结构形式与工作环境、钢材厚度等因素,选用合适的钢材牌号和材性。

1)结构的重要性

结构和构件按其用途、部位和破坏后果的严重性,可以分为重要、一般和次要 3 类,同类别的结构或构件应选用不同的钢材。例如大跨度结构应选用质量好的钢材;一般屋架、梁和柱等属于一般的结构,楼梯、栏杆、平台等则是次要的结构,可采用质量等级较低的钢材。

2)荷载性质

结构承受的荷载可分为静力荷载和动力荷载两种。对承受动力荷载的结构,应选用塑性、冲击韧性好的质量高的钢材,如 Q345C 或 Q235C;对承受静力荷载的结构,可选用一般质量的钢材,如 Q235BF。

3)连接方法

钢结构的连接有焊接和非焊接之分。焊接结构由于在焊接过程中不可避免地会产生焊接应力、焊接变形和焊接缺陷,因此,应选择碳、硫、磷含量较低,塑性、韧性和可焊性都较好的钢材。对非焊接结构,如高强度螺栓连接的结构,这些要求就可放宽。

4)结构的工作环境

结构所处的环境如温度变化、腐蚀作用等对钢材性能的影响很大。在低温下工作的结构,尤其是焊接结构,应选用具有良好抗低温脆断性能的镇静钢,结构可能出现的最低温度应高于钢材的冷脆转变温度。当周围有腐蚀性介质时,应对钢材的抗锈蚀性作相应要求。

5)钢材厚度

厚度大的钢材由于轧制时压缩比小,不但强度低,而且塑性、冲击韧性和可焊性也较差。因此,厚度大的焊接结构应采用材质较好的钢材。

2.4.3　钢材质量等级的选用规定

①A 级钢仅可用于结构工作温度高于 0 ℃的不需要验算疲劳的结构,且 Q235A 钢不宜用于焊接结构。

②需验算疲劳的焊接结构用钢材应符合下列规定:

a. 当工作温度高于 0 ℃时,其质量等级不应低于 B 级。

b. 当工作温度不高于 0 ℃但高于 −20 ℃时,Q235、Q345 钢不应低于 C 级,Q390、Q420 及 Q460 钢不应低于 D 级。

c. 当工作温度不高于 −20 ℃时,Q235 和 Q345 钢不应低于 D 级,Q390、Q420 及 Q460 钢应选用 E 级。

③需验算疲劳的非焊接结构,其钢材质量等级要求可较上述焊接结构降低一级但不应低于 B 级。吊车起重量不小于 50 t 的中级工作制吊车梁,其质量等级要求应与需要验算疲劳的构件相同。

④工作温度不高于 −20 ℃的受拉构件及承重构件的受拉板材应符合下列规定:

a. 所用钢材厚度或直径不宜大于 40 mm,质量等级不宜低于 C 级。

b. 当钢材厚度或直径不小于 40 mm 时,其质量等级不宜低于 D 级。

c. 重要承重结构的受拉板材应满足现行国家标准《建筑结构用钢板》(GB/T 19879—2015)的要求。

2.4.4　连接材料的选用

连接材料的选用应符合下述规定:

①焊条或焊丝的型号和性能应与相应母材的性能相适应,其熔敷金属的力学性能应符合设计规定,且不应低于相应母材标准的下限值。

②对直接承受动力荷载或需要验算疲劳的结构,以及低温环境下工作的厚板结构,宜采用低氢型焊条。

③连接薄钢板采用的自攻螺钉、钢拉铆钉(环槽铆钉)、射钉等应符合有关标准的规定。

2.4.5　型钢的规格

钢结构构件一般宜直接选用型钢,这样可减少制造工作量,降低造价。型钢尺寸不够合适或构件很大时则用钢板制作。构件间或直接连接或附以连接钢板进行连接。所以,钢结构中的元件是型钢及钢板。型钢有热轧及冷成型两种,如图 2.14 及图 2.15 所示。现分别介绍如下:

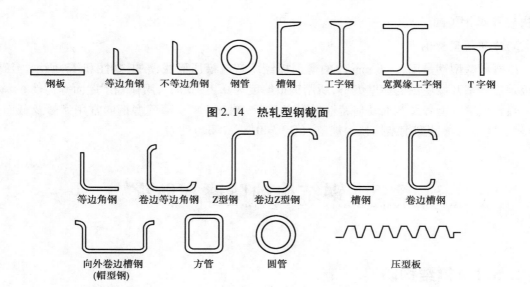

图 2.14　热轧型钢截面

图 2.15　冷弯薄壁型钢的截面形式

1）热轧钢板

热轧钢板分厚板及薄板两种，厚板厚度为 4.5~60 mm，薄板厚度为 0.35~4 mm。前者广泛用于组成焊接构件和连接钢板，后者是冷弯薄壁型钢的原料。在图纸中钢板用"厚(mm)×宽(mm)×长(mm)"前面附加钢板横断面的方法表示，如：−12×800×2 100 等。

2）热轧型钢

（1）角钢

角钢有等边和不等边两种。等边角钢(也称等肢角钢)，以边宽和厚度表示，如∟100×10 为肢宽 100 mm、厚 10 mm 的等边角钢。不等边角钢(也称不等肢角钢)则以两边宽度和厚度表示，如∟100×80×8 等。

（2）槽钢

我国槽钢有两种尺寸系列，即热轧普通槽钢与热轧轻型槽钢。前者的表示法如〔30a，指槽钢外廓高度为 30 cm 且腹板厚度为最薄的一种；后者的表示法如〔25c，表示外廓高度为 25 cm。

（3）工字钢

工字钢与槽钢相同，也分成上述的两个尺寸系列：普通型和轻型。与槽钢一样，工字钢外轮廓高度的厘米数即为型号，普通型者当型号较大时腹板厚度分 a、b 及 c 3 种，两种工字钢表示法如 I32c，I32Q 等。

（4）H 型钢和剖分 T 型钢

热轧 H 型钢分为 3 类，即宽翼缘 H 型钢(HW)、中翼缘 H 型钢(HM)和窄翼缘 H 型钢(HN)。其表示方法是先用符号 HW、HM 和 HN 表示 H 型钢的类别，后面加"高度(mm)×宽度(mm)"。剖分 T 型钢也分为 3 类，即宽翼缘剖分 T 型钢(TW)、中翼缘剖分 T 型钢(TM)和窄翼缘剖分 T 型钢(TN)。剖分 T 型钢是由对应的 H 型钢沿腹板中部对等剖分而成，其表示方法与 H 型钢类同。

3)冷弯薄壁型钢

冷弯薄壁型钢是用 2~6 mm 厚的薄钢板经冷弯或模压而成型的,如图 2.15 所示。压型钢板是近年来开始使用的薄壁型材,所用钢板厚度为 0.4~2 mm,用作轻型屋面等构件。

热轧型钢的型号及截面几何特性见附表 7.1~附表 7.7。薄壁型钢的常用型号及截面几何特性见《冷弯薄壁型钢结构技术规范》(GB 50018—2002)的附录。

2.5 钢结构的防腐和防火

2.5.1 钢结构防腐

钢材表面与环境中的腐蚀介质接触时会发生化学或电化学反应而锈蚀,使钢材的性能发生退化,甚至破坏。实际工程中有很多钢构件的破坏就是由腐蚀引起的。《钢结构设计标准》(GB 50017—2017)规定不能因钢材的锈蚀而人为加大板件厚度。因此,在设计钢结构工程时,除在结构选型、截面组成以及钢材材质上予以注意外,尚应根据结构构件的重要性和所处环境采用相应的防腐措施。

钢结构的防腐方法一般有两种:一是改变钢材的组织结构,在钢材冶炼过程中加入铜、镍、铬、锡等元素,提高钢材的抗腐蚀能力;二是在钢材表面覆盖各种保护层,把钢材与腐蚀介质隔离。第一种方法造价较高,使用范围较小,例如不锈钢;第二种方法造价较低,效果较好,应用范围广。

覆盖的保护层分为金属保护层和非金属保护层两种,可通过化学方法、电化学方法和物理方法实现。要求保护层致密无孔,不透过介质,同时与基体钢材结合强度高,附着黏结力强,硬度高,耐磨性好,且能均匀分布。对于金属保护层,可采用电镀、热浸、扩散、喷镀和复合金属等方法实现,如常用的镀锌檩条、彩色压型钢板等。对于非金属覆盖层,又可分为有机和无机两种,工程中常用有机涂料进行涂装。其施工过程分为表面除锈和涂料施工两道工序。涂料、除锈等级以及防腐蚀构造要求应符合现行国家标准《工业建筑防腐蚀设计规范》(GB 50046—2008)和《涂覆涂料前钢材表面处理 表面清洁度的目视评定 第 1 部分:未涂覆过的钢材表面和全面清除原有涂层后的钢材表面的锈蚀等级和处理等级》(GB/T 8923.1—2011)的规定。

1)除锈方法

钢材的除锈好坏,是关系到涂料能否获得良好防护效果的关键因素之一,但这点往往被施工单位忽略。如果除锈不彻底,将严重影响涂料的附着力,并使漆膜下的金属继续生锈扩展,使涂层破坏、失效。因此,必须彻底清除金属表面的铁锈、油污和灰尘等,使金属表面露出灰白色,以增强漆膜与构件的黏结力。

目前除锈的方法主要有 4 种,如下所述。

（1）手工除锈

手工除锈工效低,除锈不彻底,影响油漆的附着力,使结构容易透锈。这种除锈方法仅在条件有限时采用,要求认真细致,直到露出金属表面为止。人工除锈应满足表 2.3 的质量标准。

表 2.3　人工除锈质量分级

级　别	钢材除锈表面状态
st2	彻底用铲刀铲刮,用钢丝刷擦,用机械刷子刷擦和砂轮研磨等。除去疏松的氧化皮、锈和污物,最后用清洁干燥的压缩空气或干净的刷子清理表面,表面应具有淡淡的金属光泽
st3	非常彻底用铲刀铲刮,用钢丝刷擦或用机械刷子刷擦和砂轮研磨等。表面除锈要求与 st2 相同,但更为彻底,除去灰尘后,该表面应具有明显的金属光泽

（2）喷砂、喷丸除锈

将钢材或构件通过喷砂机将其表面的铁锈清除干净,露出金属本色。这种除锈方法比较彻底、效率较高,目前已经普遍采用。喷砂除锈应满足表 2.4 的质量标准。

表 2.4　喷砂除锈质量分级

级　别	钢材除锈表面状态
sa1	轻度喷射除锈,应除去疏松的氧化皮、锈和污物
sa2	彻底地喷射除锈,应除去几乎所有的氧化皮、锈和污物,最后用清洁干燥的压缩空气或干净的刷子清理表面,表面应稍呈灰色
sa2 $\frac{1}{2}$	非常彻底地喷射除锈,达到氧化皮、锈和污物仅剩轻微点状或条状痕迹的程度,除去灰尘后,该表面应具有明显的金属光泽,最后用清洁干燥的压缩空气或干净的刷子清理表面
sa3	喷射除锈到出白,应完全除去氧化皮、锈和污物,最后表面用清洁干燥的压缩空气或干净的刷子清理,该表面应具有均匀的金属光泽

（3）酸洗除锈

将构件放入酸洗槽内,除去油污和铁锈,使其表面全部呈铁灰色。酸洗后必须清洗干净,保证钢材表面无残余酸液存在。为防止构件酸洗后再度生锈,可采用压缩空气吹干后立即涂一层硼钡底漆。

（4）酸洗磷化处理

构件酸洗后,再用 2% 左右的磷酸做磷化处理。处理后的钢材表面有一层磷化膜,可防止钢材表面过早返锈,同时能与防腐涂料结合紧密,提高涂料的附着力,从而提高其防腐性能。其工艺过程为:去油→酸洗→清洗→中和→清洗→磷化→热水清洗→涂油漆。

综合来看,除锈效果以酸洗磷化处理效果最好,喷砂除锈、酸洗除锈次之,人工除锈最差。

2）防锈涂料的选取

涂料(俗称油漆)是一种含油或不含油的胶体溶液,涂在构件表面上后,可以结成一层薄膜来保护钢结构。防腐涂料一般由底漆和面漆组成,底漆主要起防锈作用,故称防锈底漆,它的漆膜粗糙,与钢材表面附着力强,并与面漆结合良好。面漆主要是保护下面的底漆,对大气和湿气有抗气候性和不透水性,它的漆膜光泽,既增加建筑物的美观,又有一定的防锈性能,并增强对紫外线的防护。

涂料的选择以货源广、成本低为前提,选取时应注意以下问题:

①根据结构所处的环境,选择合适的涂料。即根据室内外的温度和湿度、侵蚀介质的种类和浓度,选用涂料的品种。对于酸性介质,可采用耐酸性好的酚醛树脂漆;对于碱性介质,则应选用耐碱性好的环氧树脂漆。

②注意涂料的正确配套,使低漆和面漆之间具有良好的黏结力。

③根据结构构件的重要性(是主要承重构件或次要构件)分别选用不同品种的涂料,或用相同品种的涂料调整涂覆层数。

④考虑施工条件的可能性,采用刷涂或喷涂方法。

⑤选择涂料时,除考虑结构使用性能、经济性和耐久性外,尚应考虑施工过程中的稳定性、毒性以及需要的温度条件等。此外,对涂料的色泽也应予以注意。

建筑钢结构常用的底漆和面漆分别见表 2.5 和表 2.6。

表2.5 常用的防锈漆

名 称	型 号	性 能	使用范围	配套要求
红丹油性防锈漆	Y53-1	防锈能力强,漆膜坚韧,施工性能好,但干燥较慢	室内外钢结构防锈打底用,但不能用于有色金属铝、锌等表面,它们有电化学作用	与油性瓷漆,酚醛瓷漆或醇酸瓷漆配套用,不能与过氯乙烯漆配套
铁红油性防锈漆	Y53-2	附着力强,防锈性能仅次于红丹油性防锈漆,耐磨性差	适用于防锈要求不高的钢结构表面防锈打底	与酯胶瓷漆、酚醛瓷漆配套使用
红丹酚醛防锈漆	F53-1	防锈性能好,漆膜坚固,附着力强,干燥较快	同红丹油性防锈漆	与酚醛瓷漆、醇酸瓷漆配套使用
铁红酚醛防锈漆	F53-3	附着力强,漆膜较软,耐磨性差,防锈性不如红丹酚醛防锈漆	适用于防锈要求不高的钢结构表面防锈打底	与酚醛瓷漆配套使用
红丹醇酸防锈漆	C53-1	防锈性能好,漆膜坚固,附着力强,干燥较快	同红丹油性防锈漆	与醇酸瓷漆、酚醛瓷漆和酯胶瓷漆等配套使用
铁红醇酸底漆	C06-1	具有良好的附着力和防锈性能,在一般气候下耐久性好,但在湿热性气候和潮湿条件下耐久性差些	适用于一般钢结构表面防锈打底	与醇酸瓷漆、硝基瓷漆和过氯乙烯瓷漆等配套使用

续表

名　称	型　号	性　能	使用范围	配套要求
各色硼钡酚醛防锈漆	F53-9	具有良好的抗大气腐蚀性能,干燥快,施工方便,逐步取代一部分红丹防锈漆	适用于室内外钢结构防锈打底	与酚醛瓷漆、醇酸瓷漆等配套使用
乙烯磷化底漆	X06-1	对钢材表面附着力极强,在表面形成钝化膜,延长有机涂层的寿命	适用于钢材结构表面防锈打底,可省去磷化和钝化处理,不能代替底漆使用。可增强涂层附着力	不能与碱性涂料配套使用
铁红过氯乙烯底漆	G06-4	有一定的防锈性及耐化学性,但附着力不太好,与乙烯磷化底漆配套使用可耐海洋性和湿热气候	适用于沿海地区和湿热条件下的钢结构表面防锈打底	与乙烯磷化底漆和过氯乙烯防腐漆配套使用
铁红环氧酯底漆	H06-2	漆膜坚韧耐久,附着力强,耐化学腐蚀,绝缘性良好。与磷化底漆配套使用,可提高漆膜的防潮、防盐雾及防锈性能	适用于沿海地区和湿热条件下的钢结构表面防锈打底	与磷化底漆和环氧瓷漆、环氧防腐漆配套使用

表 2.6　常用面漆

名　称	型　号	性　能	使用范围	配套要求
各色油性调和漆	Y03-1	耐候性较酯胶调和漆好,但干燥时间较长,漆膜较软	适用于室内一般钢结构	
各色酯胶调和漆	T03-1	干燥性能比油性调和漆好,漆膜较硬,有一定的耐水性	适用作一般钢结构的面漆	
各色酚醛瓷漆	F04-1	漆膜坚硬,有光泽,附着力较好,但耐候性较醇酸瓷漆差	适用作室内一般钢结构的面漆	与红丹防锈漆、铁红防锈漆配套使用
各色醇酸瓷漆	C04-42	具有良好的耐候性和较好的附着力,漆膜坚韧,有光泽	适用作室外钢结构面漆	先涂 1~2 道 C06-1 铁红醇酸底漆,再涂 C06-10 醇酸底漆 2 道,再涂该漆
各色纯醇酸酚醛漆	F04-11	漆膜坚硬,耐水性、耐候性及耐化学性均比 F04-1 酚醛瓷漆好	适用作防潮和干湿交替的钢结构面漆	与各种防锈漆、酚醛底漆配套使用

续表

名　称	型　号	性　能	使用范围	配套要求
灰酚醛防锈漆	F53-2	耐候性较好,有一定的防水性能	适用作室内外钢结构面漆	与红丹或铁红类防锈漆配套使用

3)涂料施工方法及涂层厚度

涂料施工气温应为 15~35 ℃,且宜在天气晴朗、通风良好、干净的室内进行。钢结构的底漆一般在工厂里进行,待安装结束后再进行面漆施工。

涂料施工一般可以分为涂刷法和喷涂法两种。

(1)涂刷法

涂刷法是用漆刷将涂料均匀地涂刷在结构表面,涂刷时应达到漆膜均匀,色泽一致,无皱皮、流坠,分色线清楚整齐的要求。这是最常用的施工方法之一。

(2)喷涂法

喷涂法是将涂料灌入高压空气喷枪内,利用喷枪将涂料喷涂在构件的表面上,这种方法效率高、速度快、施工方便。

涂装的厚度按结构使用要求取用,无特殊要求时可按表 2.7 选用。

表 2.7　涂装厚度

涂层等级	控制厚度/μm
一般性涂层	80~100
装饰性涂层	100~150

4)构造要求

①钢结构除必须采取防锈措施外,尚应在构造上尽量避免出现难于检查、清刷和油漆之处以及能积留湿气和大量灰尘的死角或凹槽。闭口截面构件应沿全长和端部焊接封闭。

②设计使用年限大于或等于 25 年的建筑物,对使用期间不能重新油漆的结构部位应采取特殊的防锈措施。

③柱脚在地面以下的部分应采用强度等级较低的混凝土包裹(保护层厚度不应小于 50 mm),并应使包裹的混凝土高出地面不小于 150 mm。当柱脚底面在地面以上时,则柱脚底面应高出地面不小于 100 mm。

2.5.2　钢结构防火

钢结构的防火要求应根据建筑物的耐火等级确定耐火极限。使钢结构失去承载能力的温度称为临界温度。耐火极限即钢结构从受火作用到达到临界温度所需要的时间,它与钢构件的吸热程度、传热速度和表面积大小等因素有关。无保护的钢结构的耐火极限为 0.5 h,因此,钢结构必须进行防火处理。钢结构的防火设计应符合现行国家标准《建筑设计防火规范》

（GB 50016—2018）的要求。

钢结构的防火措施主要有 3 种：喷涂防火覆面材料、用防火板材围护钢结构构件以及用水喷淋系统进行防护。水喷淋系统是一种最有效的防火方法，但造价较贵，一般用于钢结构的公共建筑和人流密集、对人身安全威胁较大的场合。这里主要介绍用防火覆面材料和防火板围护的方法。

防火材料应选择绝热性好，具有一定抗冲击能力，能牢固地附着在构件表面上，又不腐蚀钢材，且经国家检测机构检测合格的钢结构防火涂料或不燃性板型材。

钢结构的防火方法主要有以下几种：

（1）外包层

钢结构的防火外包层一般可用混凝土现浇成型，也可采用喷涂防火材料或围护防火板材等形式。现浇的实体混凝土外包层通常可用钢丝网或钢筋来加强，以限制收缩裂缝并保证外壳强度。另外，也可以在钢结构表面涂抹砂浆形成保护层。防火保护层的厚度应直接采用实际构件的耐火试验数据。当构件的截面形状和尺寸与试验标准构件不同时，应按《钢结构防火涂料应用技术规范》（CECS 24：90）的方法推算保护层厚度。当采用黏结强度小于 0.05 MPa 的钢结构防火涂料时，涂层内应设置与钢构件相连的钢丝网。

（2）膨胀材料

膨胀材料一般为涂层，在常温下十分稳定，受火后起泡、膨胀数十倍，并形成隔热性极佳的碳化层，其耐火极限可以达 30 min 以上。施工时，要先进行除锈、涂防锈漆等防腐措施，然后涂刷防火涂料，最后涂刷外保护层。

常用的膨胀涂料有：

①TN-LF 钢结构膨胀防火涂料。该涂料为水溶性有机与无机相结合的乳胶膨胀防火涂料，不含石棉，遇火时能迅速膨胀 5～10 倍，形成一层较结实的防火隔热层。当涂层厚度为 4 mm 时，耐火时间在 1.5 h 以上，可用于各类钢结构中。

②GJ-1 型钢结构薄层膨胀防火涂料。该涂料涂层薄而耐火极限高，其 4 mm 厚的涂层就相当于厚浆型防火涂料 30 mm 的耐火极限，主要用于大型工字钢、角钢和网架等各种主要承重构件的防火。

③MG-10 钢结构防火涂料。该涂料为水性厚浆型双组分防火涂料，遇火膨胀，以隔挡高温火焰对基材的烧蚀。外释气体及烟雾少，无毒性，适用于钢结构建筑物及钢构件的防火保护。

（3）充水（水套）

空心型钢组成的钢结构内充水是防火的有效措施，这种方法能使钢结构在火灾时保持较低的温度。水在构件内循环，受热的水可经冷却后再循环，或由支管引入冷水进行循环。这种方法在国外已用在钢柱子的保护上。

思 考 题

2.1　低碳钢有哪几项主要机械性能？各项指标可用来衡量钢材哪些方面的性能？

2.2　结构钢材的破坏形式有哪几类？各有什么特征？

2.3　试述引起钢结构发生脆性破坏的因素。

2.4　请解释下列名词：

(1)韧性；(2)时效硬化；(3)疲劳破坏；(4)伸长率。

2.5　碳、硫、磷、氧、氮对钢材性能有什么影响？

2.6　温度对钢材性能有什么影响？

2.7　在选择结构用钢时应考虑哪些因素？

第3章 钢结构的连接

3.1 连接的类型

钢结构一般都是由各种型钢和钢板等连接成基本构件,再装配成空间整体结构。连接的构造和计算是钢结构设计的重要组成部分。连接方法是否合适、制造工艺是否合理,对于保证钢结构建造的质量、速度和工程造价影响很大。

钢结构采用的连接方法有焊接连接、铆钉连接和螺栓连接,如图3.1所示。

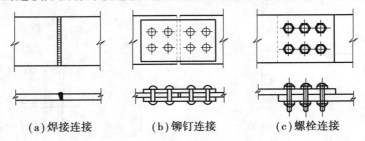

(a)焊接连接　　　(b)铆钉连接　　　(c)螺栓连接

图3.1 钢结构的连接方法

1)焊接连接

焊接是现代钢结构的主要连接方法。它的主要优点是不削弱构件截面(不必钻孔)、可省去拼接板,因而构造简单、节约钢材、制造加工方便、密封性能好。缺点是由于焊件连接处局部受高温,在热影响区形成的材质较差、冷却又很快,同时,由于热影响区的不均匀收缩,易使焊件产生焊接残余应力以及残余变形,甚至可能造成裂缝,导致脆性破坏。

2)铆钉连接

铆钉连接的优点是塑性及韧性较好,质量也易检查和保证,可用于承受动载的重型结构。但是,由于铆接工艺复杂,连接件受钉孔削弱及需要拼接板,因此,费钢又费工。近30年以来在钢结构中已很少采用。

3)螺栓连接

螺栓连接就是先在连接件上钻孔,然后装入预制的螺栓,拧紧螺母即成,安装时不需要特殊设备,操作简单,又便于拆卸,故螺栓连接常用于结构的安装连接,需经常装拆的结构以及临时固定连接中。螺栓又分为普通螺栓和高强螺栓。高强螺栓连接紧密,耐疲劳,承受动载可靠,成本也不太高。目前在一些重要的永久性结构的安装连接中,它已成为代替铆接的优良连接方法。

以下着重讲述钢结构中最常用的焊接方法、构造和计算问题,然后讲述经常遇到的普通螺栓连接和高强螺栓连接的设计方法。

3.2 焊缝连接

3.2.1 焊缝连接方法

1)电弧焊

电弧焊是钢结构中最常用的一种焊接方法,质量比较可靠。电弧焊是利用通电后在焊条与焊件之间产生强大的电弧,提供热源,熔化焊条,并与焊件熔化部分结合成焊缝,将2个焊件连成整体。电弧焊按操作方法又可分为手工电弧焊(图3.2)和(半)自动埋弧焊(图3.3),前者施焊灵活,后者生产效率高、焊缝质量好。

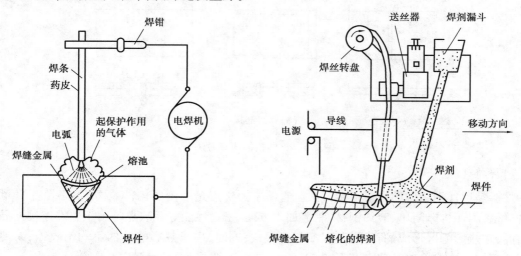

图3.2 手工焊示意图   图3.3 自动焊示意图

手工电弧焊所用焊条应与焊件钢材(或称主体金属)相适应,一般为:对 Q235 钢,采用 E43 型焊条(E4300 ~ E4328);对 Q345 钢,采用 E50 型焊条(E5000 ~ E5048);对 Q390 钢和 Q420 钢,采用 E55 型焊条(E5500 ~ E5518)。在焊条型号中,字母 E 表示焊条,前两位数字为熔敷金属的最小抗拉强度(以 9.8 N/mm² 计,分别为 420 N/mm²、490 N/mm²、540 N/mm²),第3、4 位数字表示适用焊接位置、电流以及药皮类型等。不同钢种的钢材相焊接时,例如 Q235 钢与 Q345 钢相焊接,宜采用低组配方案,即采用与低强度钢材相适应的焊条。埋弧焊所用焊丝和焊剂应与主体金属强度相适应,即要求焊缝与主体金属等强度。

2) 电阻焊

电阻焊是利用电流通过焊件接触点表面时的电阻所产生的热量来熔化焊件金属,再利用压力使其焊合。它适用于焊接厚度为 6 ~ 12 mm 的钢板。

3) 电渣焊

电渣焊是利用电流通过熔渣所产生的热阻来熔化金属,使之焊合。特别适用于焊接 40 mm 厚度以上的焊件,而且焊件可以不开坡口。

4) 气体保护焊

气体保护焊是用焊枪中喷出的惰性气体及自动送入焊丝代替焊剂和焊条的一种焊接方法。主要用于手工操作,与手工电弧焊相比较,速度快、焊接变形小。

3.2.2　焊缝缺陷及焊缝质量控制

1) 焊缝缺陷

焊缝缺陷指焊接过程中产生于焊缝金属或附近热影响区钢材表面或内部的缺陷。常见的缺陷有裂纹、焊瘤、烧穿、弧坑、气孔、夹渣、咬边、未熔合、未焊透等(图 3.4),以及焊缝尺寸不符合要求、焊缝成形不良等。裂纹是焊缝连接中最危险的缺陷。产生裂纹的原因很多,如钢材的化学成分不当;焊接工艺条件(如电流、电压、焊速、施焊次序等)选择不合适;焊件表面油污未清除干净等。

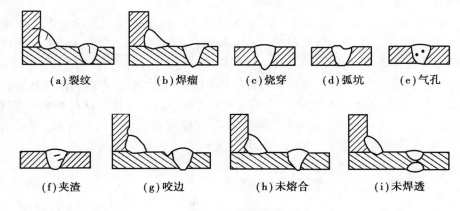

(a)裂纹　　(b)焊瘤　　(c)烧穿　　(d)弧坑　　(e)气孔

(f)夹渣　　(g)咬边　　(h)未熔合　　(i)未焊透

图 3.4　焊缝缺陷

2) 焊缝质量等级与检验

(1) 质量等级

焊缝的质量等级应根据结构的重要性、荷载特性、焊缝形式、工作环境以及应力状态等情况,按下述原则选用。

①在承受动荷载且需要进行疲劳验算的构件中,凡要求与母材等强连接的焊缝应焊透,其质量等级应符合下列规定:

a.作用力垂直于焊缝长度方向的横向对接焊缝或 T 形对接与角接组合焊缝,受拉时应为一级,受压时不应低于二级。

b. 作用力平行于焊缝长度方向的纵向对接焊缝不应低于二级。

c. 重级工作制(A6~A8)和起重量 $Q \geqslant 50$ t 的中级工作制(A4、A5)吊车梁的腹板与上翼缘之间以及吊车桁架上弦杆与节点板之间的 T 形连接部位焊缝应焊透,焊缝形式宜为对接与角接的组合焊缝,其质量等级不应低于二级。

②在工作温度等于或低于 −20 ℃ 的地区,构件对接焊缝的质量等级不得低于二级。

③不需要疲劳验算的构件中,凡要求与母材等强的对接焊缝宜焊透,其质量等级受拉时不应低于二级,受压时不宜低于二级。

④部分焊透的对接焊缝、采用角焊缝或部分焊透的对接与角接组合焊缝的 T 形连接部位,以及搭接连接角焊缝,其质量等级应符合下列规定:

a. 直接承受动荷载且需要疲劳验算的结构和吊车起重量等于或大于 50 t 的中级工作制吊车梁以及梁柱、牛腿等重要节点不应低于二级。

b. 其他结构可为三级。

(2)质量检验

焊缝缺陷的存在将削弱焊缝的受力面积,在缺陷处引起应力集中,故对连接的强度、冲击韧性及冷弯性能等均有不利影响。因此,焊缝质量检验极为重要。

焊缝质量检验一般可用外观检查及无损检验,前者检查外观缺陷和几何尺寸,后者检查内部缺陷。无损检验目前广泛采用超声波检验,使用灵活、经济,对内部缺陷反应灵敏,但不易识别缺陷性质,有时还用磁粉检验、荧光检验等较简单的方法作为辅助;目前最明确可靠的检验方法是 X 射线或 γ 射线透照或拍片,X 射线应用较广。

《钢结构工程施工质量验收规范》(GB 50205—2011)规定焊缝按其检验方法和质量要求分为一级、二级和三级。三级焊缝只要求对全部焊缝作外观检查且符合三级质量标准;一级、二级焊缝则除外观检查外,还要求一定数量的超声波检验并符合相应级别的质量标准。

钢结构中一般采用三级焊缝,可满足通常的强度要求,但其对接焊缝的抗拉强度有较大的变异性,《钢结构设计标准》(GB 50017—2017)规定其设计值只为主体钢材的85%左右,因而对有较大拉应力的对接焊缝以及直接承受动力荷载构件的较重要的对接焊缝,宜采用二级焊缝;对抗动力和疲劳性能有较高要求处可采用一级焊缝。

3.2.3　焊缝连接形式及焊缝形式

1)焊缝连接形式

焊缝连接形式按被连接钢材的相互位置可分为对接、搭接、T 形连接和角部连接 4 种,如图 3.5 所示。这些连接所采用的焊缝主要有对接焊缝和角焊缝。

对接连接主要用于厚度相同或接近相同的两构件的相互连接。图 3.5(a)所示为采用对接焊缝的对接连接,由于相互连接的两构件在同一平面内,因而传力均匀平缓,没有明显的应力集中,且用料经济,但是焊件边缘需要加工,被连接两板的间隙和坡口尺寸有严格的要求。

图 3.5(b)所示为用双层盖板和角焊缝的对接连接,这种连接传力不均匀、费料,但施工简便,所连接两板的间隙大小无须严格控制。

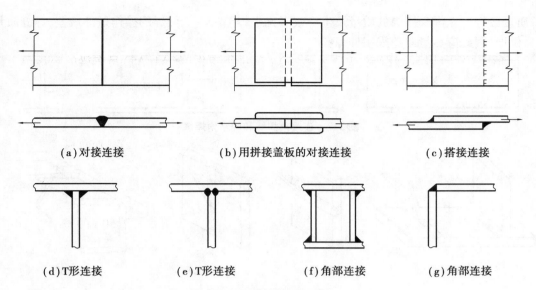

（a）对接连接　　　　（b）用拼接盖板的对接连接　　　　（c）搭接连接

（d）T形连接　　　（e）T形连接　　　（f）角部连接　　　（g）角部连接

图 3.5　焊缝连接的形式

图 3.5（c）所示为用角焊缝的搭接连接，特别适用于不同厚度构件的连接。传力不均匀、材料较费，但构造简单、施工方便，目前还广泛应用。

T形连接省工省料，常用于制作组合截面。当采用角焊缝连接时［图 3.5（d）］，焊件间存在缝隙，截面突变，应力集中现象严重，疲劳强度较低，可用于不直接承受动力荷载结构的连接中。对于直接承受动力荷载的结构，如重级工作制吊车梁，其上翼缘与腹板的连接，应采用如图 3.5（e）所示的 K 形坡口焊缝进行连接。

角部连接［图 3.5（f）、（g）］主要用于制作箱形截面。

2）焊缝形式

对接焊缝按所受力的方向分为正对接焊缝［图 3.6（a）］和斜对接焊缝［图 3.6（b）］。角焊缝［图 3.6（c）］可分为正面角焊缝、侧面角焊缝和斜焊缝。

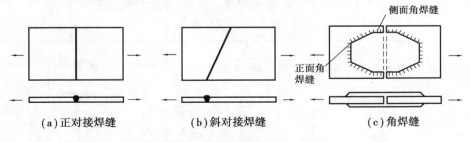

（a）正对接焊缝　　　　（b）斜对接焊缝　　　　（c）角焊缝

图 3.6　焊缝形式

焊缝沿长度方向的布置分为连续角焊缝和间断角焊缝两种，如图 3.7 所示。连续角焊缝的受力性能较好，为主要的角焊缝形式。间断角焊缝的起、灭弧处容易引起应力集中，重要结构应避免采用，只能用于一些次要构件的连接或受力很小的连接中。间断角焊缝的间断距离 l 不宜过长，以免连接不紧密，潮气侵入引起构件锈蚀。一般在受压构件中应满足 $l \leqslant 15t$，在受拉构件中 $l \leqslant 30t$，t 为较薄焊件的厚度。

焊缝按施焊位置分为平焊、横焊、立焊及仰焊，如图 3.8 所示。平焊（又称俯焊）施焊方便,质量最好。立焊和横焊的质量及生产效率比平焊差一些。仰焊的操作条件最差,焊缝质量不易保证,因此应尽量避免采用仰焊。

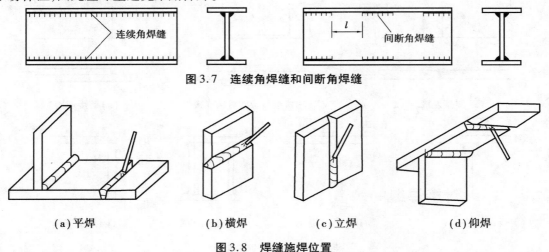

图3.7　连续角焊缝和间断角焊缝

（a）平焊　　　　（b）横焊　　　　（c）立焊　　　　（d）仰焊

图3.8　焊缝施焊位置

3.2.4　焊缝图纸表示

为了在工程图纸中既简单明了又准确无误地表达所设计的焊缝,需要用统一的焊缝代号表示。焊缝代号由引出线、图形符号和辅助符号3个部分组成。引出线由横线和带箭头的斜线组成。箭头指到图形上的相应焊缝处,横线的上面和下面用来标注图形符号和焊缝尺寸,当引出线的箭头指向焊缝所在的一面时,应将图形符号和焊缝尺寸等标注在水平横线的上面;当箭头指向对应焊缝所在的另一面时,则应将图形符号和焊缝尺寸标注在水平横线的下面。必要时,可在水平横线的末端加一尾部作为其他说明之用。图形符号表示焊缝的基本形式,如用△表示角焊缝,用 V 表示 V 形坡口的对接焊缝。辅助符号表示焊缝的辅助要求,如用旗形表示现场安装焊缝等。表3.1列出了一些常用焊缝代号,可供设计制图时参考。

表3.1　焊缝代号

	角焊缝				对接焊缝	塞焊缝	三面焊缝
	单面焊缝	双面焊缝	安装焊缝	相同焊缝			
形式		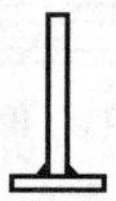			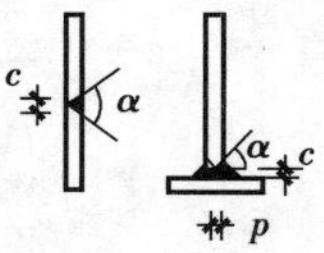	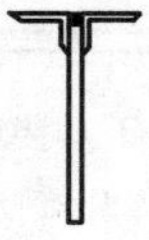	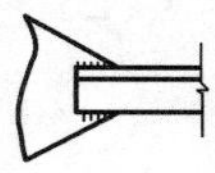
标注方法	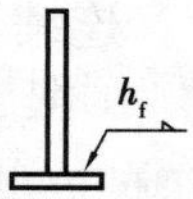	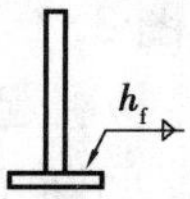	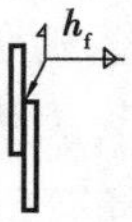	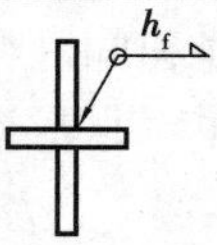	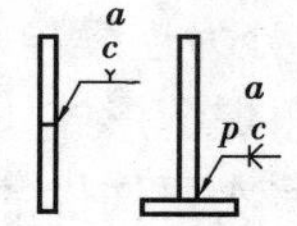		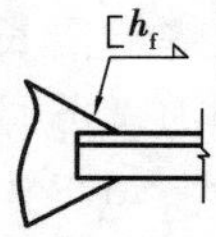

当焊缝分布比较复杂或用上述标注方法不能表达清楚时,在标注焊缝代号的同时,可在图

形上加栅线表示(图3.9),甚至可加注必要的说明,直至表达无歧义。

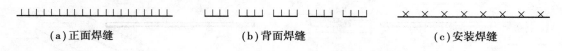

(a)正面焊缝　　　　　　(b)背面焊缝　　　　　　(c)安装焊缝

图3.9　用栅线表示焊缝

3.3　对接焊缝的构造与计算

3.3.1　对接焊缝的构造

对接焊缝的焊件常需做成坡口,故又称坡口焊缝。坡口形式与焊件厚度有关。当焊件厚度很小($t \leqslant 10$ mm)时,可用直边缝。对于一般厚度($t = 10 \sim 20$ mm)的焊件可采用具有斜坡口的单边V形或V形焊缝。斜坡口和离缝c共同组成一个焊条能够运转的施焊空间,使焊缝易于焊透;钝边p有托住熔化金属的作用。对于较厚的焊件($t > 20$ mm),则采用U形、K形和X形坡口,如图3.10所示。对于V形缝和U形缝需对焊缝根部进行补焊。对接焊缝坡口形式的选用,应根据板厚和施工条件按现行标准《气焊、焊条电弧焊、气体保护和高能束焊的推荐坡口》(GB/T 985.1—2008)和《埋弧焊的推荐坡口》(GB/T 985.2—2008)的要求进行。

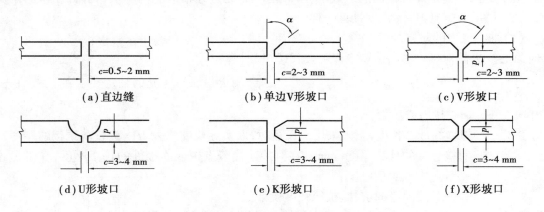

(a)直边缝　　　　(b)单边V形坡口　　　　(c)V形坡口

(d)U形坡口　　　　(e)K形坡口　　　　(f)X形坡口

图3.10　对接焊缝的坡口形式

在对接焊缝的拼接处,当焊件的宽度不同时,应做成平缓过渡,减小应力集中。即分别在宽度方向或厚度方向从一侧或两侧做成坡度不大于1:2.5的斜角(图3.11)。

在焊缝的起灭弧处,常会出现弧坑等缺陷,这些缺陷对承载力影响极大,故焊接时一般应设置引弧板(图3.12),焊后将它割除。对受静力荷载的结构设置引弧板有困难时,允许不设置引弧板,此时可令焊缝计算长度等于实际长度减2t(此处t为较薄焊件厚度)。

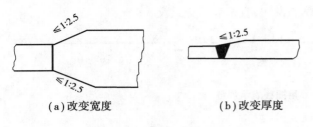

(a)改变宽度　　　　　　(b)改变厚度

图3.11　钢板拼接

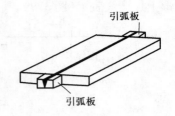

引弧板

引弧板

图3.12　用引弧板焊接

3.3.2　对接焊缝的计算

对接焊缝分为焊透和不焊透两种。

1)焊透的对接焊缝的计算

对接焊缝的强度与所用钢材的牌号、焊条型号及焊缝质量的检验标准等因素有关。

如果焊缝中不存在任何缺陷,焊缝金属的强度是高于母材的。但由于焊接技术问题,焊缝中可能有气孔、夹渣、咬边、未焊透等缺陷。实验证明,焊接缺陷对受压、受剪的对接焊缝影响不大,故可认为受压、受剪的对接焊缝与母材强度相等,但受拉的对接焊缝对缺陷甚为敏感。当缺陷面积与焊件截面积之比超过5%时,对接焊缝的抗拉强度将明显下降。由于三级检验的焊缝允许存在的缺陷较多,故其抗拉强度为母材强度的85%,而一、二级检验的焊缝的抗拉强度可认为与母材强度相等。

由于对接焊缝是焊件截面的组成部分,焊缝中的应力分布情况基本上与焊件原来的情况相同,故计算方法与构件的强度计算一样。

(1)轴心受力的对接焊缝

轴心受力的对接焊缝(图3.13),可按式(3.1)计算:

$$\sigma = \frac{N}{l_w h_e} \leq f_t^w \text{ 或 } f_c^w \tag{3.1}$$

式中　N——轴心拉力或压力;

　　　　l_w——焊缝的计算长度,当未采用引弧板时,取实际长度减去$2t$(t为较薄钢板的厚度);

　　　　h_e——对接连接的计算厚度(mm),在对接连接节点中取连接件的较小厚度,在T形连接节点中取腹板厚度;

　　　　f_t^w, f_c^w——对接焊缝的抗拉、抗压强度设计值。

由于一、二级检验的焊缝与母材强度相等,故只有三级检验的焊缝才需按式(3.1)进行抗拉强度验算。如果用直缝不能满足强度要求时,可采用如图3.13(b)所示的斜对接焊缝。计算证明,焊缝与作用力间的夹角θ满足$\tan \theta \leq 1.5$时,斜焊缝的强度不低于母材强度,可不再进行验算。

【例3.1】　试验算图3.13所示钢板的对接焊缝的强度。图中$a = 540$ mm,$t = 22$ mm,轴心力的设计值$N = 2\,150$ kN。钢材为Q235B,手工焊,焊条为E43型,三级检验标准的焊缝,施焊时加引弧板。

【解】　直缝连接其计算长度$l_w = 54$ cm。

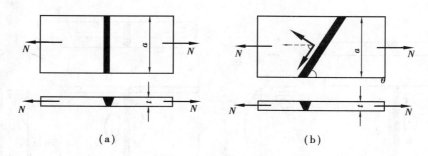

（a）   （b）

图 3.13 对接焊缝受轴心力

焊缝正应力 $\sigma = \dfrac{N}{l_w h_e} = \dfrac{2\,150 \times 10^3}{540 \times 22}$ N/mm^2 = 181 N/mm^2 > f_t^w = 175 N/mm^2

不满足要求，改用斜对接焊缝，取截割斜度为 1.5∶1，即 $\theta = 56°$，焊缝长度为

$$l_w = \frac{a}{\sin\theta} = \frac{540}{\sin 56°}\ \text{mm} = 650\ \text{mm}$$

故此时焊缝的正应力 $\sigma = \dfrac{N \sin\theta}{l_w h_e} = \dfrac{2\,150 \times 10^3 \times \sin 56°}{650 \times 22}$ N/mm^2

$$= 125\ \text{N/mm}^2 < f_t^w = 175\ \text{N/mm}^2$$

剪应力 $\tau = \dfrac{N \cos\theta}{l_w h_e} = \dfrac{2\,150 \times 10^3 \times \cos 56°}{650 \times 22}$ N/mm^2 = 84 N/mm^2 < f_v^w = 120 N/mm^2

这说明当 $\tan\theta \leqslant 1.5$ 时，焊缝强度能够保证，可不必计算。

（2）承受弯矩和剪力共同作用的对接焊缝

图 3.14（a）所示是对接接头受到弯矩和剪力的共同作用，由于焊缝截面是矩形，正应力与剪应力图形分别为三角形与抛物线形，其最大值应分别满足下列强度条件：

$$\sigma_{\max} = \frac{M}{W_w} = \frac{6M}{l_w^2 h_e} \leqslant f_t^w \tag{3.2}$$

$$\tau_{\max} = \frac{V S_w}{I_w h_e} = \frac{3}{2}\frac{V}{l_w h_e} \leqslant f_v^w \tag{3.3}$$

式中　W_w——焊缝截面抵抗矩；

　　　S_w——焊缝截面面积矩；

　　　I_w——焊缝截面惯性矩。

在对接和 T 形连接中［图 3.14（b）］，承受弯矩和剪力共同作用的对接焊缝或对接角接组合焊缝，其最大正应力和剪应力应按式（3.3）和式（3.4）分别进行计算。但在同时受有较大正应力和剪应力处（如梁腹板横向对接焊缝的端部）应按式（3.4）计算折算应力：

$$\sqrt{\sigma_1^2 + 3\tau_1^2} \leqslant 1.1 f_t^w \tag{3.4}$$

式中　σ_1，τ_1——验算点处的焊缝正应力和剪应力；

　　　1.1——考虑到最大折算应力只在局部出现，而将强度设计值适当提高的系数。

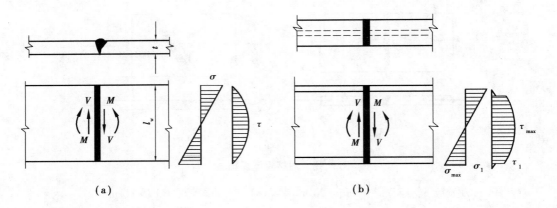

图 3.14　对接焊缝受弯矩和剪力联合作用

（3）承受轴心力、弯矩和剪力共同作用的对接焊缝

当轴心力与弯矩、剪力共同作用时,焊缝的最大正应力应为轴心力和弯矩引起的应力之和（图 3.15）,计算公式见式（3.5）。

$$\sigma_{\max} = \frac{M}{W_w} + \sigma^N = \frac{6M}{l_w^2 h_e} + \frac{N}{l_w h_e} \leq f_t^w \tag{3.5}$$

式中　σ^N——轴心力产生的正应力。

剪应力按式（3.3）验算,折算应力仍按式（3.4）验算。

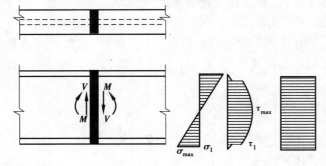

图 3.15　对接焊缝受轴心力、弯矩和剪力联合作用

【例 3.2】　验算图 3.16 所示 Q235B 热轧普通工字钢 I20a 的对接焊缝强度。对接截面承受弯矩 $M = 45$ kN·m,剪力 $V = 80$ kN,采用手工焊焊条 E43 型（按Ⅱ级焊缝质量检验）。

【解】　由型钢表可查得:$I_x = 2\ 369$ cm^4,$W_x = 236.9$ cm^3,$S_x = 136.1$ cm^3。

又:$I_w = I_x$,$W_w = W_x$,$S_w = S_x$。

由附表 1.2 查得:$f_c^w = f_t^w = 215$ N/mm^2,$f_v^w = 125$ N/mm^2。

$$\sigma_{\max}^M = \frac{M}{W_w} = \frac{45 \times 10^6}{236.9 \times 10^3}\ \text{N/mm}^2 = 189.95\ \text{N/mm}^2 < f_t^w = 215\ \text{N/mm}^2$$

$$\tau_{\max} = \frac{VS_w}{I_w h_e} = \frac{80 \times 10^3 \times 136.1}{2\ 369 \times 7 \times 10}\ \text{N/mm}^2 = 66.45\ \text{N/mm}^2 < f_v^w = 125\ \text{N/mm}^2$$

此外,还要验算腹板边缘 A 点对接焊缝的折算应力:

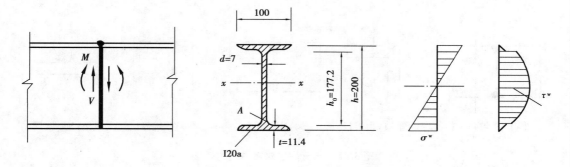

图 3.16　工字钢对接焊缝示意图

$$\sigma_A^M = \frac{My_A}{I} = \frac{45 \times 10^6 \times 8.86}{2\,369 \times 10^3}\ \text{N/mm}^2 = 167.5\ \text{N/mm}^2$$

A 点以下翼缘焊缝截面对中和轴的面积矩：

$$S_w = 1.14 \times 10 \times (10 - 0.57)\ \text{cm}^3 = 107.5\ \text{cm}^3$$

$$\tau_A^w = \frac{80 \times 10^3 \times 107.5}{2\,369 \times 7 \times 10}\ \text{N/mm}^2 = 51.86\ \text{N/mm}^2$$

所以 $\sqrt{(\sigma_A^M)^2 + 3(\tau_A^w)^2} = \sqrt{167.5^2 + 3 \times 51.86^2}\ \text{N/mm}^2 = 190.06\ \text{N/mm}^2 < 1.1 \times$ 215 N/mm^2 = 236.5 N/mm^2，对接焊缝满足强度要求。

2）部分焊透的对接焊缝

当受力很小，焊缝主要起联系作用；或焊缝受力虽然较大，但采用焊透的对接焊缝将使强度不能充分发挥时，可采用不焊透的对接焊缝。比如用 4 块较厚的板焊成箱形截面的轴心受压构件，显然用图 3.17(a) 所示焊透的对接焊缝是不必要的；如采用角焊缝[图 3.17(b)]，外形又不平整；采用不焊透的对接焊缝[图 3.17(c)]，可以省工省料，较为美观大方。

（a）焊透的对接焊缝　　（b）角焊缝　　（c）不焊透的对接焊缝

图 3.17　箱形截面轴心受压构件的焊缝连接

部分焊透的对接焊缝必须在设计图上注明坡口的形式和尺寸。坡口形式分 V 形、单边 V 形、U 形和 J 形，如图 3.17 所示。由图可见，不焊透的对接焊缝实际上可视为在坡口内焊接的角焊缝，故其强度计算方法与前述直角角焊缝相同，但偏安全地取 $\beta_f = 1.0$。

对于双边 V 形坡口[图 3.18(a)]，$\alpha \geq 60°$ 时，焊缝有效厚度 h_e 取等于焊缝根部至焊缝表面（不考虑余高）的最短距离 s，即 $h_e = s$；当 $\alpha < 60°$ 时，考虑到焊缝根部处不易焊满，故将 h_e 降低，即 $h_e = 0.75s$。

对于单边 V 形和 K 形坡口，当 $\alpha = 45° \pm 5°$ 时，$h_e = s - 3$ mm。

对于 U 形和 J 形坡口，当 $\alpha = 45° \pm 5°$ 时，$h_e = s$。

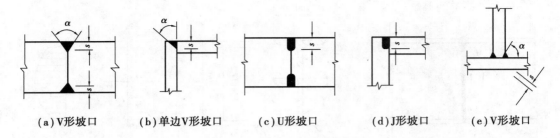

（a）V形坡口　　（b）单边V形坡口　　（c）U形坡口　　（d）J形坡口　　（e）V形坡口

图3.18　部分焊透对接焊缝的截面

当熔合线处焊缝截面边长等于或接近于最短距离 s 时[图3.18(b)、(c)、(d)]，应验算焊缝在熔合线上的抗剪强度，其强度设计值取0.9倍角焊缝的强度设计值。

部分焊透对接焊缝的最小有效厚度为 $1.5\sqrt{t}$ ，t 为坡口所在焊件的较大厚度(mm)。

3.4　角焊缝的构造与计算

3.4.1　受力情况和构造要求

对于不在同一平面上的焊件搭接或顶接须用角焊缝。例如，两块钢板的搭接[图3.19(a)、(c)]，角钢和板的搭接[图3.19(b)]，组合梁腹板和翼缘的顶接[图3.19(d)]等。由于角焊缝施焊时板边不需要加工坡口，施焊比较方便，故它也是钢结构中基本的焊缝连接形式之一，在工厂制造和现场安装中角焊缝应用广泛。

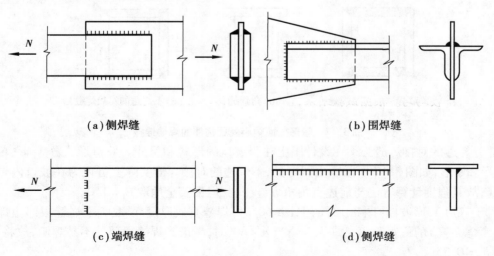

（a）侧焊缝　　　　　　　　　　　　　　　（b）围焊缝

（c）端焊缝　　　　　　　　　　　　　　　（d）侧焊缝

图3.19　角焊缝的连接形式

1)角焊缝的受力情况

角焊缝主要采用直角角焊缝(图 3.20),两焊脚边的夹角为 90°。有时也采用斜角角焊缝(图 3.21),但夹角大于 120°或小于 60°时,除管结构外,不宜用作受力焊缝。

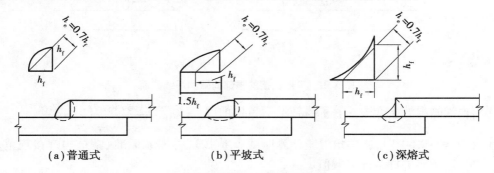

（a）普通式　　　　　　（b）平坡式　　　　　　（c）深熔式

图 3.20　直角角焊缝截面形式

直角角焊缝截面形式又分为普通式、平坡式和深熔式,如图 3.20 所示。普通式焊缝较为常用,其截面为等腰三角形,斜边上的凸出部分作为额外补强,计算时不予考虑。但是,普通式焊缝截面传力不太平顺,焊根处应力集中影响比较严重,在动载作用下容易出现裂缝。因此,在承受动载的构件的连接中,以采用力线弯折比较平缓的平坡式或深熔式截面较为有利。

侧焊缝主要承受纵向剪应力,剪切破坏通常发生在焊缝截面三角形的最小厚度的平面上(和两焊脚边成 $\alpha/2$ 角),如图 3.21 所示。故直角角焊缝计算的有效厚度 $h_e = h_f \cos 45° \approx 0.7h_f$。

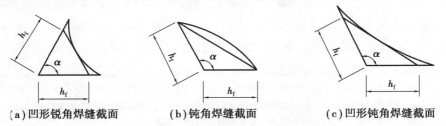

（a）凹形锐角焊缝截面　　　（b）钝角焊缝截面　　　（c）凹形钝角焊缝截面

图 3.21　T 形连接的斜角角焊缝

在正面焊缝中,受力方向与焊缝垂直,在焊缝各截面上产生正应力和剪应力,因力线弯折甚剧,常在焊缝根部形成很大的应力高峰,其应力集中程度要比侧焊缝严重。但是沿焊缝长度上应力分布比较均匀。根据试验结果,正面焊缝的破坏形式可能是拉断或剪断,不同于侧焊缝的纵向剪切破坏,其静载破坏强度要高于侧焊缝的抗剪强度,但因考虑应力集中、传力偏心和焊缝塑性较差等不利影响,故规范规定:当直接承受动载的连接计算时正面焊缝与侧焊缝采用统一的强度设计值来验算强度。正面焊缝有效厚度也与侧焊缝相同,对直角焊缝取 $h_e = 0.7h_f$(图 3.20),h_f 为角焊缝的焊边长度,称为焊脚尺寸。在施工图上都以焊脚尺寸 h_f 表示角焊缝的设计尺寸。

两焊脚边夹角 60°$\leqslant \alpha \leqslant$135° T 形连接的斜角角焊缝[图 3.21(b)、(c)],其强度应按式(3.10)—式(3.12)计算,但取 $\beta_f = 1.0$,其计算厚度 h_e(图 3.22)的计算应符合下列规定:

①当根部间隙 b, b_1 或 $b_2 \leqslant 1.5$ mm 时,$h_e = h_f \cos \dfrac{\alpha}{2}$;

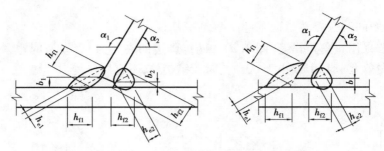

图 3.22　T形连接的根部间隙和焊缝截面

②当根部间隙 b，b_1 或 $b_2 > 1.5$ mm 但 ≤5 mm 时，$h_e = \left[h_f - \dfrac{b（或 b_1，b_2）}{\sin \alpha} \right] \cos \dfrac{\alpha}{2}$；

③当 $30° \leqslant \alpha \leqslant 60°$ 时，斜角角焊缝计算厚度 h_e 应按现行国家标准《钢结构焊接规范》（GB 50661—2011）的有关规定计算取值。

2）角焊缝的构造要求

角焊缝的主要尺寸是焊脚尺寸 h_f 和焊缝计算长度 l_w，它们应该满足下列构造要求：

①角焊缝的最小焊脚尺寸应按表 3.2 进行确定。

表 3.2　角焊缝的最小焊脚尺寸

母材厚度/mm	角焊缝的最小焊脚尺寸 h_f/mm
$t \leqslant 6$	3
$6 < t \leqslant 12$	5
$12 < t \leqslant 20$	6
$t > 20$	8

注：①采用不预热的非低氢焊接方法进行焊接时，t 等于焊接连接部位中较厚件厚度，宜采用单道焊缝；采用预热的非低氢焊接方法或低氢焊接方法进行焊接时，t 等于焊接连接部位中较薄件厚度。
　　②焊缝尺寸 h_f 不要求超过焊接连接部位中较薄件厚度的情况除外。

②角焊缝的最大焊脚尺寸：$h_f \leqslant 1.2 t_{min}$，$t_{min}$ 为薄焊件厚度（mm）[图 3.23（a）]。对板件厚度为 t 的板边焊缝[图 3.23（b）]，还应满足 $h_f \leqslant t$（当 $t \leqslant 6$ mm 时）或 $h_f \leqslant t - (1 \sim 2)$ mm（当 $t > 6$ mm 时）。

制定这一规定的原因：若焊缝 h_f 过大，易使母材形成"过烧"现象，同时也会产生过大的焊接应力，导致焊件翘曲变形。

③最小焊缝计算长度 $l_w \geqslant 40$ mm 及 $8h_f$。制定这一规定的原因是避免起落弧的弧坑相距太近而造成应力集中过大。当板边仅有两条侧焊缝时（图 3.23），则每条侧焊缝长度 $l_w \geqslant$ 侧缝间距 b（b 为板宽）。同时要求 $b \leqslant 16 t_{min}$（$t_{min} > 12$ mm 时，t_{min} 为搭接板较薄的厚度）或 200 mm（$t_{min} \leqslant 12$ mm 时），这是为了避免焊缝横向收缩时，引起板件拱曲太大。

④当构件承受直接动力荷载时，最大侧焊缝计算长度 $l_w \leqslant 40 h_f$；当构件承受静力或间接动力荷载时，最大侧焊缝计算长度 $l_w \leqslant 60 h_f$。制定这一规定的原因：由外力在侧焊缝内引起的剪应力，在弹性阶段其剪应力沿侧缝长度方向的分布是不均匀的（图 3.24），两端大，中间小。焊

缝越长,两端与中间的应力差值越大,为避免端部先坏,应加以上限制。动载作用下情况更加不利,所以限制更严。若 l_w 超出上述规定,超长部分计算时可不予考虑,或将焊缝的承载力设计值乘以折减系数 α_f,α_f 按照式(3.6)进行计算,且不小于0.5:

$$\alpha_f = 1.5 - \frac{l_w}{120h_f} \tag{3.6}$$

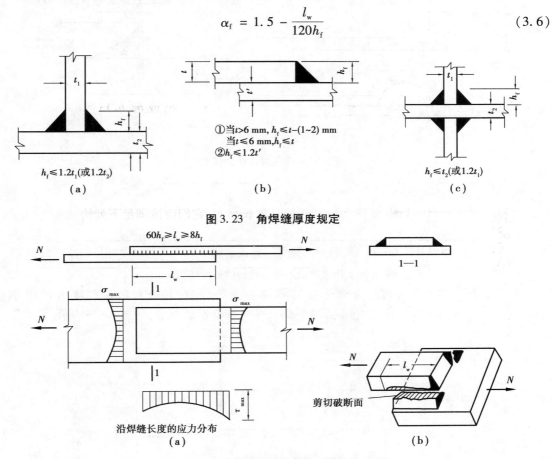

图 3.23　角焊缝厚度规定

图 3.24　侧面角焊缝受力情况和破坏情况

⑤断续角焊缝焊段的最小长度不应小于最小计算长度。

⑥采用角焊缝焊接连接,不宜将厚板焊接到较薄板上。

3)搭接连接角焊缝的尺寸及布置要求

①传递轴向力的部件,其搭接连接的最小长度为较薄件厚度的 5 倍,且不应小于 25 mm(图 3.25),这是为了减少收缩应力以及因传力偏心在板件中产生的次应力。

②只采用纵向角焊缝连接型钢杆件端部时,型钢杆件的宽度不应大于 200 mm,当宽度大于 200 mm 时,应加横向角焊缝或中间塞焊;型钢杆件每一侧纵向角焊缝的长度不应小于型钢杆件的宽度。

③型钢杆件搭接连接采用围焊时,在转角处应连续施焊。杆件端部搭接角焊缝作绕焊时,绕焊长度不应小于焊脚尺寸的 2 倍,并应连续施焊。

④搭接焊缝沿母材棱边的最大焊脚尺寸,当板厚不大于 6 mm 时,应为母材厚度;当板厚

大于 6 mm 时,应为母材厚度减去 1~2 mm(图 3.26)。

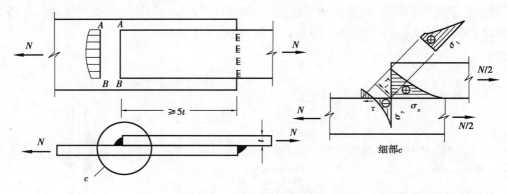

图 3.25　端角焊缝受力情况

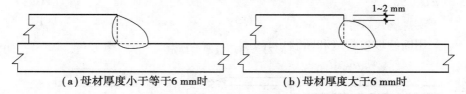

（a）母材厚度小于等于6 mm时　　　（b）母材厚度大于6 mm时

图 3.26　搭接焊缝沿母材棱边的最大焊脚尺寸

⑤用搭接焊缝传递荷载的套管连接可只焊一条角焊缝,其管材搭接长度 L 不应小于 $5(t_1+t_2)$,且不应小于 25 mm。搭接焊缝焊脚尺寸应符合设计要求,如图 3.27 所示。

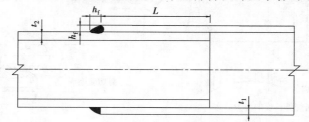

图 3.27　管材套管连接的搭接焊缝最小长度

（h_f——焊脚尺寸,按设计要求）

4)塞焊和槽焊焊缝的尺寸、间距、焊缝高度的规定

①塞焊和槽焊的有效面积应为贴合面上圆孔或长槽孔的标称面积。

②塞焊焊缝的最小中心间隔应为孔径的 4 倍,槽焊焊缝的纵向最小间距应为槽孔长度的 2 倍,垂直于槽孔长度方向的两排槽孔的最小间距应为槽孔宽度的 4 倍。

③塞焊孔的最小直径不得小于开孔板厚度加 8 mm,最大直径应为最小直径加 3 mm 和开孔件厚度的 2.25 倍两值中较大者。槽孔长度不应超过开孔件厚度的 10 倍,最小及最大槽宽规定应与塞焊孔的最小及最大孔径规定相同。

④塞焊和槽焊的焊缝高度应符合下列规定:

a.当母材厚度不大于 16 mm 时,应与母材厚度相同。

b.当母材厚度大于 16 mm 时,不应小于母材厚度的一半和 16 mm 两值中较大者。

塞焊焊缝和槽焊焊缝的尺寸应根据贴合面上承受的剪力计算确定。在次要构件或次要焊接连接中,可采用断续角焊缝。断续角焊缝焊段的长度不得小于 $10h_f$ 或 50 mm,其净距不应大于 $15t$(对受压构件)或 $30t$(对受拉构件),t 为较薄焊件厚度。腐蚀环境中不宜采用断续角焊缝。

5)承受动荷载时,塞焊、槽焊、角焊、对接连接的规定

①承受动荷载不需要进行疲劳验算的构件,采用塞焊、槽焊时,孔或槽的边缘到构件边缘在垂直于应力方向上的间距不应小于此构件厚度的 5 倍,且不应小于孔或槽宽度的 2 倍;构件端部搭接连接的纵向角焊缝长度不应小于两侧焊缝间的垂直间距 a,且在无塞焊、槽焊等其他措施时,间距 a 不应大于较薄件厚度 t 的 16 倍(图 3.28),中间有塞焊焊缝或槽焊焊缝时除外。

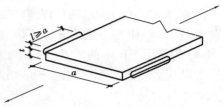

图 3.28　承受动载不需进行疲劳验算时构件端部纵向角焊缝长度及间距要求

②不得采用焊脚尺寸小于 5 mm 的角焊缝。

③严禁采用断续坡口焊缝和断续角焊缝。

④对接与角接组合焊缝和 T 形连接的全焊透坡口焊缝应采用角焊缝加强,加强焊脚尺寸不应大于连接部位较薄件厚度的 1/2,但最大值不得超过 10 mm。

⑤承受动荷载需经疲劳验算的连接,当拉应力与焊缝轴线垂直时,严禁采用部分焊透对接焊缝。

⑥除横焊位置以外,不宜采用 L 形和 J 形坡口。

6)圆形塞焊焊缝和圆孔或槽孔内角焊缝的强度计算

圆形塞焊焊缝的强度按式(3.7)计算,圆孔或槽孔内角焊缝的强度按式(3.8)计算

$$\tau_f = \frac{N}{A_w} \le f_f^w \tag{3.7}$$

$$\tau_f = \frac{N}{h_e l_w} \le f_f^w \tag{3.8}$$

式中　A_w——塞焊圆孔面积;

　　　l_w——圆孔内或槽孔内角焊缝的计算长度。

3.4.2　角焊缝的强度计算

1)角焊缝计算的基本公式

直角角焊缝有两种计算方法:一种是世界各国多年习用的不考虑角焊缝受力方向的单一应力法;另一种是近年来国际上采用的考虑角焊缝受力方向对焊缝承载力影响的折算应力法。后一种计算方法经过针对我国钢材和焊接工艺条件进行的试验,证明了新公式的可靠性,已纳入现行《钢结构设计标准》(GB 50017—2017)中。两种计算方法的主要区别在于对角焊缝有效截面上的应力状态采用的假定不同,因而分析和计算方法也不同。按原方法的应力分析,虽然在轴心力作用下侧焊缝和端焊缝在有效截面上的应力状态不一样,但为了计算方便,假定有效截面上只按均布的单一的角焊缝剪应力控制。按新方法的应力分析,端焊缝能提高 22% 的

承载力,但端焊缝的刚度较大,有脆断倾向。故规范规定:对于承受静载或间接承受动载的连接,宜用新的计算方法,而对于直接承受动载的连接仍采用原来的计算方法。但两种方法均用同一算式,只是对端缝的强度增大系数 β 取值不同,详见于后。

如图 3.29(a)所示的角焊缝连接,在外力 N_x 作用下角焊缝有效截面($h_e l_w = 0.7 h_f l_w$)上产生的应力 $\sigma_\perp$ 和 $\tau_\perp$ 分别为垂直于焊缝长度方向的正应力和剪应力,如图 3.29(b)所示。在外力 N_y 的作用下产生的 $\tau_\parallel$ 为平行于焊缝长度方向的剪应力。三向应力作用于一点,则该点处于复杂应力状态。根据理论分析和试验,可按第四强度理论来计算。该三向应力相互垂直,其强度条件表达式为:

$$\sqrt{\sigma^2 + 3\left(\tau_\perp^2 + \tau_\parallel^2\right)} \leqslant \sqrt{3} f_f^w \tag{3.9}$$

式中　f_f^w——角焊缝的强度设计值(即侧面焊缝的强度设计值),见附表 1.2。$\sqrt{3} f_f^w$ 相当于焊缝单向抗拉强度设计值。

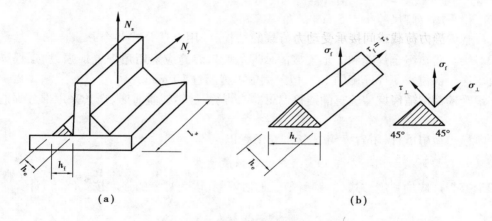

图 3.29　角焊缝有效截面上各种应力

现将式(3.5)转换为便于使用的计算式。如图 3.29(b)所示,令 σ_f 为垂直于焊缝长度方向按焊缝有效截面计算的应力:

$$\sigma_f = \frac{N_x}{0.7 h_f l_w}$$

将 σ_f 分解为正应力 $\sigma_\perp$ 和剪应力 $\tau_\perp$:$\sigma_\perp = \dfrac{\sigma_f}{\sqrt{2}}$,$\tau_\perp = \dfrac{\sigma_f}{\sqrt{2}}$,又把 $\tau_\parallel$ 改称为 τ_f,则 $\tau_f = \tau_\parallel = \dfrac{N_y}{h_e l_w}$。将上述 $\sigma_\perp$,$\tau_\perp$,τ_f 代入式(3.9)中,得

$$\sqrt{\left(\frac{\sigma_f}{\beta_f}\right)^2 + \left(\tau_f\right)^2} \leqslant f_f^w \tag{3.10}$$

式中　σ_f——按焊缝有效截面计算,垂直于焊缝长度方向的应力,N/mm^2;

　　　τ_f——按焊缝有效截面计算,沿焊缝长度方向的剪应力,N/mm^2;

　　　h_e——直角角焊缝的计算厚度(mm),当两焊件间隙 $b \leqslant 1.5$ mm 时,$h_e = 0.7 h_f$;1.5 mm $<$ $b \leqslant 5$ mm 时,$h_e = 0.7(h_f - b)$,h_f 为焊脚尺寸;

　　　l_w——角焊缝的计算长度(mm),根据具体情况进行折减:若未加引弧板,则两面侧焊的

每条焊缝的计算长度等于其实际长度减去 2 倍的焊脚尺寸,即 $l_w = l - 2h_f$;三面围焊的正面角焊缝计算长度则无须折减,两条侧面角焊缝的计算长度等于其实际长度减去 1 倍的焊脚尺寸,即 $l_w = l - h_f$;

f_f^w——角焊缝的强度设计值,N/mm^2;

β_f——正面角焊缝的强度设计值增大系数:对承受静力荷载和间接承受动力荷载的结构,$\beta_f = 1.22$;对直接承受动力荷载的结构,$\beta_f = 1.0$。

式(3.10)就是角焊缝连接计算的基本公式,由该公式可知:对正面焊缝,当只有垂直于焊缝长度方向的轴心力 N_x 时 $(N_y = 0)$,应满足

$$\sigma_f = \frac{N_x}{0.7h_f l_w} \leqslant \beta_f f_f^w \qquad (3.11)$$

对侧面焊缝,当只有平行于焊缝长度方向的轴心力 N_y 时 $(N_x = 0)$,应满足:

$$\tau_f = \frac{N_y}{0.7h_f l_w} \leqslant f_f^w \qquad (3.12)$$

对于承受静力荷载或间接承受动力荷载的结构,采用上述公式并令 $\beta_f = 1.22$。对于直接承受动力荷载的结构,正面焊缝强度虽高,但应力集中现象较严重,又缺乏足够的研究,故规定取 $\beta_f = 1.0$。

在公路桥梁钢结构设计中一般不考虑正面角焊缝强度设计值的提高,通常取 $\beta_f = 1.0$,并引入结构重要性系数,得到《公路钢结构桥梁设计规范》(JTG D64—2015)中的直角角焊缝在各种应力综合作用下,作用力 N 与焊缝长度平行以及作用于 N 与焊缝长度垂直的计算公式,见式(3.13)—式(3.15)。

直角角焊缝在各种力综合作用下,σ_f 和 τ_f 共同作用处的计算公式,整理后可得

$$\sqrt{\sigma_f^2 + \tau_f^2} \leqslant f_t^w \qquad (3.13)$$

作用力 N 与焊缝长度平行,此时垂直于焊缝长度方向的应力 $\sigma_f = 0$,则

$$\tau_f = \frac{N}{h_e \sum l_w} \leqslant f_t^w \qquad (3.14)$$

作用力 N 与焊缝长度垂直,此时平行于焊缝长度方向的应力 $\tau_f = 0$,则

$$\sigma_f = \frac{N}{h_e \sum l_w} \leqslant f_t^w \qquad (3.15)$$

式中　f_t^w——公路钢结构桥梁设计时采用的角焊缝抗拉、抗剪强度设计值。

当角焊缝承受斜向轴心力 N 时(图 3.30),N 与焊缝成角 θ,应先把 N 分解为 N_x(垂直于焊缝长度)和 N_y(平行于焊缝长度),并求出相应的应力 σ_f 和 τ_f。

$$N_x = N \sin \theta, \quad N_y = N \cos \theta$$

$$\sigma_f = \frac{N_x}{0.7h_f l_w}, \quad \tau_f = \frac{N_y}{0.7h_f l_w}$$

再将 σ_f 和 τ_f 代入基本公式 $\sqrt{\left(\dfrac{\sigma_f}{\beta_f}\right)^2 + (\tau_f)^2} \leqslant f_f^w$,即可直接

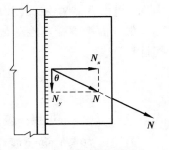

图 3.30　角焊缝倾斜受力

进行强度计算,也可以经过整理按式(3.16)计算:

$$\frac{N}{0.7h_f l_w \beta_{f\theta}} \le f_f^w \qquad (3.16)$$

式中 $\beta_{f\theta}$——斜向角焊缝强度增大系数,当承受静力或间接动力荷载时,由 $\beta_f = \sqrt{1.5} = 1.22$,则相应的 $\beta_{f\theta} = \dfrac{1}{\sqrt{1 - \sin^2\theta/3}}$,其值在 1($\theta = 0°$——侧面缝受力)与 1.22($\theta = 90°$——正面缝受力)之间;当承受直接动力荷载时,由于 $\beta_f = 1.0$,相应的 $\beta_{f\theta} = 1.0$。

对于斜角焊缝(图3.21)的强度仍按上述公式计算,但取 $\beta_f = 1.0$,其有效厚度为:

当 $\alpha > 90°$ 时,$h_e = h_f \cos\dfrac{\alpha}{2}$;

当 $\alpha \le 90°$ 时,$h_e = 0.7h_f$,α 为两焊脚边的夹角。

2)常用连接方式的角焊缝计算

(1)受轴心力焊件的拼接板连接

当焊件受轴心力,且轴力通过连接焊缝群形心时,焊缝有效截面上的应力可认为是均匀分布的。用拼接板将两焊件连成整体,需要计算拼接板和连接一侧(左侧或右侧)角焊缝的强度。

图3.31(a)所示为矩形拼接板,侧面角焊缝连接。此时,外力与焊缝长度方向平行,可按式(3.17)计算:

$$\tau_f = \frac{N}{h_e \sum l_w} \le f_f^w \qquad (3.17)$$

式中 f_f^w——角焊缝的强度设计值,见附录附表1.2;

h_e——角焊缝的有效厚度;

$\sum l_w$——连接一侧角焊缝的计算长度之和。

图3.31(b)所示为矩形拼接板,正面角焊缝连接。此时,外力与焊缝长度方向垂直,可按式(3.18)计算,桥梁钢结构则不考虑正面角焊缝的强度增大系数。

$$\sigma_f = \frac{N}{h_e \sum l_w} \le \beta_f f_f^w \qquad (3.18)$$

图3.31(c)所示为矩形拼接板,三面围焊。可先按式(3.18)计算正面角焊缝所承担的内力 N_1,再由 $N - N_1$ 按式(3.17)计算侧面角焊缝。

如三面围焊受直接动载,由于 $\beta_f = 1.0$,则按轴力由连接一侧角焊缝有效截面面积平均承担计算:

$$\frac{N}{h_e \sum l_w} \le f_t^w \qquad (3.19)$$

式中 $\sum l_w$——连接一侧所有焊缝的计算长度之和。

为使传力线平缓过渡,减小矩形拼接板转角处的应力集中,可改用菱形拼接板,如图3.31(d)所示。菱形拼接板正面角焊缝长度较小,为简化计算,可忽略正面角焊缝及斜焊缝的

β_f 增大系数,不论何种荷载均按式(3.18)计算。

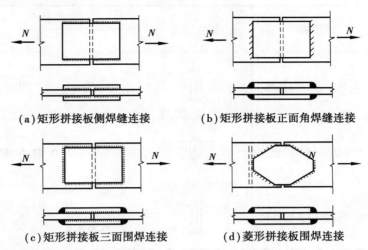

（a）矩形拼接板侧焊缝连接　　　　（b）矩形拼接板正面角焊缝连接

（c）矩形拼接板三面围焊连接　　　　（d）菱形拼接板围焊连接

图 3.31　轴心力作用下角焊缝连接

（2）受轴心力角钢的连接

①当用侧面角焊缝连接角钢时,虽然轴心力通过角钢截面形心,但肢背焊缝和肢尖焊缝到形心的距离 $e_1 \neq e_2$［图 3.32（a）］,受力大小不等。设肢背焊缝受力为 N_1,肢尖焊缝受力为 N_2,由平衡条件得:

$$N_1 = \frac{e_2}{e_1 + e_2} = K_1 N \tag{3.20}$$

$$N_2 = \frac{e_1}{e_1 + e_2} = K_2 N \tag{3.21}$$

式中　K_1, K_2——角钢肢背、肢尖焊缝内力分配系数,见表 3.3。

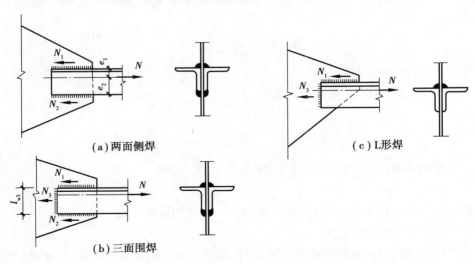

（a）两面侧焊

（b）三面围焊

（c）L形焊

图 3.32　角钢角焊缝上受力分配

表 3.3   角钢角焊缝的内力分配系数

连接情况	连接形式	分配系数	
		K_1	K_2
等肢角钢一肢连接	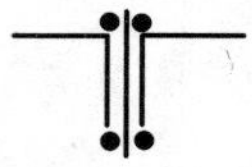	0.70	0.30
不等肢角钢短肢连接	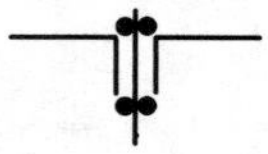	0.75	0.25
不等肢角钢长肢连接	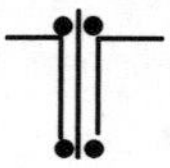	0.65	0.35

按下式验算肢背、肢尖焊缝强度：

$$\frac{N_1}{h_{e1} \sum l_{w1}} \leqslant f_f^w$$

$$\frac{N_2}{h_{e2} \sum l_{w2}} \leqslant f_f^w$$

式中 h_{e1}, h_{e2}——分别为肢背、肢尖焊缝有效厚度；

$\sum l_{w1}, \sum l_{w2}$—— 分别为肢背、肢尖焊缝计算长度之和。

②当采用三面围焊[图 3.32(b)]时,可选定正面角焊缝的焊脚尺寸 h_f,并算出它所能承担的内力：

$$N_3 = 0.7h_f \sum l_{w3} \beta_f f_f^w$$

再通过平衡关系,可以解得：

$$N_1 = \frac{e_2 N}{e_1 + e_2} - \frac{N_3}{2} = K_1 N - \frac{N_3}{2} \tag{3.22a}$$

$$N_2 = \frac{e_1 N}{e_1 + e_2} - \frac{N_3}{2} = K_2 N - \frac{N_3}{2} \tag{3.22b}$$

对于 L 形的角焊缝[图 3.32(c)],同理求得 N_3 后,可得

$$N_1 = N - N_3 \tag{3.23}$$

根据上述方法求得 N_1, N_2 以后,再按式(3.19)计算侧面角焊缝。

（3）弯矩作用下角焊缝计算

当力矩作用平面与焊缝群所在平面垂直时,焊缝受弯,如图 3.33 所示。弯矩在焊缝有效截面上产生和焊缝长度方向垂直的应力 σ_f,此弯曲应力呈三角形分布,边缘应力最大,图 3.33(b)给出焊缝有效截面,计算公式为

$$\sigma_f = \frac{M}{W_w} \leq \beta_f f_f^w \tag{3.24}$$

式中 W_w——角焊缝有效截面的截面模量。

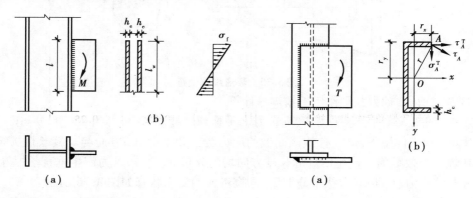

图 3.33 弯矩作用时角焊缝的应力　　图 3.34 扭矩作用时角焊缝的应力

(4)扭矩作用下角焊缝计算

①焊缝群受扭。当力矩作用平面与焊缝群所在平面平行时,焊缝群受扭,如图3.34所示。计算时采取下述假定:被连接件在扭矩作用下绕焊缝有效截面的形心 O 旋转,焊缝有效截面上任一点的应力方向垂直于该点与形心 O 的连线,应力大小与其到形心距离 r 成正比。按上述假定,焊缝有效截面上距形心最远点应力最大,为:

$$\tau_A = \frac{T \cdot r}{J} \tag{3.25}$$

式中 J——焊缝有效截面[图3.29(b)]绕形心 O 的极惯性矩 $J = I_x + I_y$,I_x,I_y 分别为焊缝有效截面绕 x,y 轴的惯性矩;

r——距形心最远点到形心的距离;

T——扭矩设计值。

式(3.25)给出的应力与焊缝长度方向成斜角记为 τ_A,它不便与其他应力叠加,因此需将它分解到 x 轴方向(沿焊缝长度方向)和 y 轴方向(垂直焊缝长度方向)的分应力,即:

$$\tau_A^T = \tau_A\cos\varphi = \frac{T \cdot r_y}{J} \qquad \sigma_A^T = \tau_A\sin\varphi = \frac{T \cdot r_x}{J}$$

r_x,r_y,x,r 如图3.29(b)所示,将 $\tau_f = \tau_A^T$,$\sigma_f = \sigma_A^T$ 代入式(3.10),可得设计公式为:

$$\sqrt{\left(\frac{\sigma_A^T}{\beta_f}\right)^2 + (\tau_A^T)^2} \leq f_f^w \tag{3.26}$$

②环焊缝受扭(图3.35)。扭矩作用下环形角焊缝有效截面只有剪应力沿切线方向(环向)作用,计算公式为:

$$\tau_f = \frac{T \cdot D}{2J} \leq f_f^w \tag{3.27}$$

式中 J——焊缝环形有效截面极惯性矩,焊缝有效厚度 $h_e < 0.1D$ 时,$J \approx 0.25\pi h_e D^3$;

D——可近似地取为管的外径。

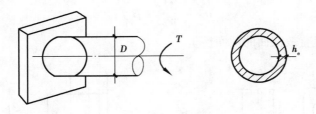

图 3.35　环形焊缝受扭

（5）弯矩、剪力、轴力共同作用下角焊缝计算

将连接（图 3.36）所受水平力 N、垂直力 V 平移到焊缝群形心，得到一弯矩 $M = V \cdot e$、剪力 V 和轴力 N。弯矩作用下，焊缝有效截面上的应力为三角形分布，方向与焊缝长度方向垂直。剪力 V 在焊缝有效截面上产生沿焊缝长度方向均匀分布的应力。N 力产生垂直于焊缝长度方向均匀分布的应力。3 种应力状态叠加后，危险点 A 的受力状态如图 3.36 所示。

$$\sigma_A^M = \frac{M}{W_w} \qquad \tau_A^V = \frac{V}{h_e \sum l_w} \qquad \sigma_A^N = \frac{N}{h_e \sum l_w}$$

在式（3.10）中代入 $\sigma_f = \sigma_A^M + \sigma_A^N$ 和 $\tau_f = \tau_A^V$，则焊缝计算公式为：

$$\sqrt{\left(\frac{\sigma_A^M + \sigma_A^N}{\beta_f}\right)^2 + (\tau_A^V)^2} \leq f_f^w \tag{3.28}$$

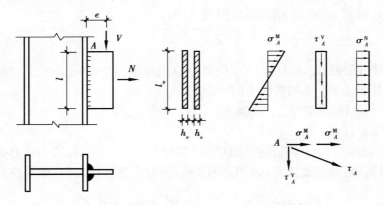

图 3.36　受扭、受剪、受轴心力的角焊缝应力

（6）扭矩、剪力、轴力共同作用下角焊缝计算

计算步骤如下：

①求出焊缝有效截面的形心 O，如图 3.37 所示。

②将连接所受外力平移到形心 O，得一扭矩 $T = V(a + e)$、剪力 V、轴力 N。

③计算 T, V, N 单独作用下危险点 A 的应力：

$$\sigma_A^V = \frac{V}{h_e \sum l_w} \qquad \tau_A^N = \frac{N}{h_e \sum l_w} \qquad \tau_A^T = \frac{T \cdot r_y}{J} \qquad \sigma_A^T = \frac{T \cdot r_x}{J}$$

④验算危险点焊缝强度：

$$\sqrt{\left(\frac{\sigma_A^{\mathrm{T}} + \sigma_A^{\mathrm{V}}}{\beta_{\mathrm{f}}}\right)^2 + (\tau_A^{\mathrm{T}} + \tau_A^{\mathrm{N}})^2} \leqslant f_{\mathrm{f}}^{\mathrm{w}} \qquad (3.29)$$

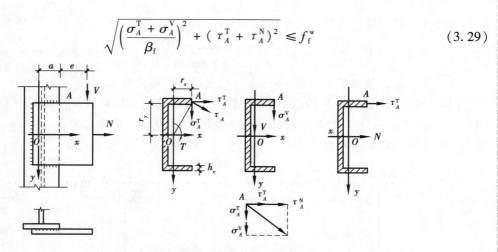

图 3.37　受扭、受剪、受轴心力的角焊缝应力

【例 3.3】　试确定图 3.38 所示承受静态轴心力的三面围焊连接的承载力及肢间焊缝长度。已知角钢为 2L 125×10，与厚度为 8 mm 的节点板连接，其搭接长度为 300 mm，焊脚尺寸 $h_{\mathrm{f}} = 8$ mm，钢材为 Q235B，手工焊，焊条为 E43 型。

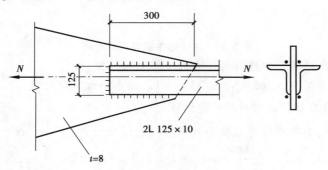

图 3.38　例 3.3 图

【解】　角焊缝强度设计值 $f_{\mathrm{f}}^{\mathrm{w}} = 160$ N/mm²。由表 3.2 知，焊缝内力分配系数为 $K_1 = 0.70$，$K_2 = 0.30$。正面角焊缝的长度等于相连角钢肢的宽度，即 $l_{\mathrm{w3}} = b = 125$ mm。则正面角焊缝所能承受的内力 N_3 为：

$$N_3 = 2h_{\mathrm{e}}l_{\mathrm{w3}}\beta_{\mathrm{f}}f_{\mathrm{f}}^{\mathrm{w}} = 2 \times 0.7 \times 8\ \mathrm{mm} \times 125\ \mathrm{mm} \times 1.22 \times 160\ \mathrm{N/mm^2} = 273.3\ \mathrm{kN}$$

肢背角焊缝所能承受的内力 N_1 为：

$$N_1 = 2h_{\mathrm{e}}l_{\mathrm{w}}f_{\mathrm{f}}^{\mathrm{w}} = 2 \times 0.7 \times 8\ \mathrm{mm} \times (300\ \mathrm{mm} - 8\ \mathrm{mm}) \times 160\ \mathrm{N/mm^2} = 523.3\ \mathrm{kN}$$

由式(3.19a)知：　$N_1 = K_1 N - \dfrac{N_3}{2} = 0.70N - \dfrac{273.3\ \mathrm{kN}}{2} = 523.3\ \mathrm{kN}$

则：　$N = \dfrac{(523.3 + 136.6)\mathrm{kN}}{0.70} = 942.7\ \mathrm{kN}$

由式(3.19b)计算肢尖焊缝承受的内力 N_2 为：

$$N_2 = K_2 N - \frac{N_3}{2} = 0.30 \times 942.7\ \mathrm{kN} - 136.6\ \mathrm{kN} = 146.2\ \mathrm{kN}$$

由此可计算出肢尖焊缝所要求的实际长度为：

$$l_2 = l'_{w2} + h_f = \frac{N_2}{2h_e f_f^w} + h_f = \frac{146.2 \times 10^3 \text{ N}}{2 \times 0.7 \times 8 \text{ mm} \times 160 \text{ N/mm}^2} + 8 \text{ mm} = 89.6 \text{ mm}$$

由计算知该连接的承载力 $N \approx 943$ kN，肢尖焊缝长度应为 90 mm。

【例 3.4】 试验算图 3.39(a)所示牛腿与钢柱连接角焊缝的强度。钢材为 Q235，焊条为 E43 型，手工焊。荷载设计值 $N = 365$ kN，偏心距 $e = 350$ mm，焊脚尺寸 $h_{f1} = 8$ mm，$h_{f2} = 6$ mm。图 3.39(b)为焊缝有效截面。

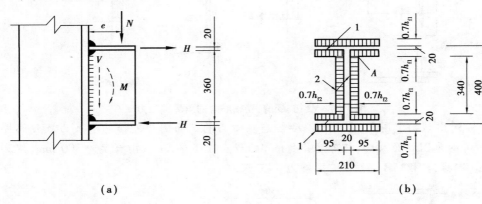

（a）   （b）

图 3.39 工字形牛腿角焊缝计算

【解】 力 N 在角焊缝形心处引起剪力：$V = N = 365$ kN

弯矩：$M = N \cdot e = 365 \text{ kN} \times 0.35 \text{ m} = 127.8 \text{ kN} \cdot \text{m}$。

1）考虑腹板焊缝参加传递弯矩的计算方法

根据图 3.39(b)，全部焊缝有效截面对中和轴的惯性矩为：

$$I_w = 2 \times \frac{4.2 \times 340^3}{12} \text{ mm}^4 + 2 \times 210 \times 5.6 \times 202.8^2 \text{ mm}^4 +$$

$$4 \times 95 \times 5.6 \times 172.8^2 \text{ mm}^4 = 1.88 \times 10^8 \text{ mm}^4$$

翼缘焊缝的最大应力：

$$\sigma_{f1} = \frac{M}{I_w} \cdot \frac{h}{2} = \frac{127.8 \times 10^6}{1.88 \times 10^8} \times 205.6 \text{ N/mm}^2 = 139.8 \text{ N/mm}^2 < \beta_f f_f^w =$$

$$1.22 \times 160 \text{ N/mm}^2 = 190 \text{ N/mm}^2$$

腹板焊缝中设计控制点 A 由于弯矩 M 引起的应力：

$$\sigma_{f2} = \frac{M y_A}{I} = \sigma_{f1} \frac{y_A}{y_1} = \frac{170}{205.6} \times 140 \text{ N/mm}^2 = 115.8 \text{ N/mm}^2$$

由于剪力 V 在腹板焊缝中产生的平均剪应力：

$$\tau_f = \frac{V}{\sum(h_e l_{w2})} = \frac{365 \times 10^3}{2 \times 0.7 \times 6 \times 340} \text{ N/mm}^2 = 127.8 \text{ N/mm}^2$$

则腹板焊缝的强度(A 点为设计控制点)为：

$$\sqrt{\left(\frac{\sigma_{f2}}{\beta_f}\right)^2 + (\tau_f)^2} = \sqrt{\left(\frac{115.8}{1.22}\right)^2 + 127.8^2} \text{ N/mm}^2 =$$

$$159.2 \text{ N/mm}^2 \leqslant f_{\text{f}}^{\text{w}} = 160 \text{ N/mm}^2$$

2）按不考虑腹板焊缝传递弯矩的计算方法

翼缘焊缝所承受的水平力：

$$H = \frac{M}{h} = \frac{127.8 \times 10^6}{380} \text{ kN} = 336.3 \text{ kN}（h\text{ 值近似取为翼缘中线间距离}）$$

翼缘焊缝的强度：

$$\sigma_{\text{f}} = \frac{H}{h_{\text{e1}} l_{\text{w1}}} = \frac{336.3 \times 10^3}{0.7 \times 8 \times (210 + 2 \times 95)} \text{ N/mm}^2 =$$

$$150.1 \text{ N/mm}^2 < \beta_{\text{f}} f_{\text{f}}^{\text{w}} = 195 \text{ N/mm}^2$$

腹板焊缝的强度：

$$\tau_{\text{f}} = \frac{V}{\sum (h_{\text{e}} l_{\text{w2}})} = \frac{365 \times 10^3}{2 \times 0.7 \times 6 \times 340} \text{ N/mm}^2 =$$

$$127.8 \text{ N/mm}^2 < f_{\text{f}}^{\text{w}} = 160 \text{ N/mm}^2$$

【例 3.5】　如图 3.40 所示，计算支托与柱的连接焊缝。柱翼缘板和支托板厚度 $t = 12$ mm，材料 Q235 钢，与柱三面围焊，手工焊。采用 E43 型焊条，$l_1 = 200$ mm，$l_2 = 400$ mm，作用力 $F = 2 \times 10^5$ N，$a = 200$ mm，试设计角焊缝。

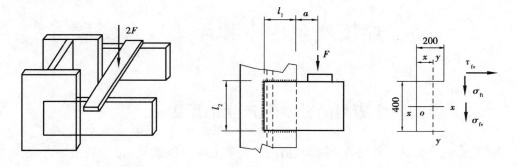

图 3.40　例 3.5 图

【解】　设三边焊缝的焊脚尺寸相同。

取 $h_{\text{f}} = 8$ mm，满足条件：

$$h_{\text{f min}} = 1.5\sqrt{t} = 1.5\sqrt{12} \text{ mm} = 5.2 \text{ mm} \approx 6 \text{ mm}$$

$$< h_{\text{f}} < h_{\text{f max}} = t - (1 \sim 2) \text{ mm} = 12 \text{ mm} - (1 \sim 2) \text{ mm} = 11 \sim 10 \text{ mm}$$

每条焊缝的计算长度均满足大于 $8h_{\text{f}}$ 和小于 $60h_{\text{f}}$ 的要求。

1）几何特性

取 $h_{\text{f}} = 8$ mm，另外考虑弧坑影响 $l_{\text{w1}} = (200 - 5) \text{ mm} = 195$ mm。

确定焊缝重心 o 的坐标 $x = \dfrac{2 \times 0.7 \times 8 \times 195^2/2}{0.7 \times 8 \times (400 + 2 \times 195)} \text{ mm} = 48 \text{ mm}$

$$I_{\text{wx}} = 0.7 \times 8 \times (400^2/12 + 2 \times 195 \times 200^2) \text{ mm}^4 = 1.17 \times 10^8 \text{ mm}^4$$

$$I_{\text{wy}} = 0.7 \times 8 \times [400 \times 48^2 + 2 \times 195^3/12 + 195 \times (195/2 - 48)^2] \text{ mm}^4$$

$$= 1.74 \times 10^7 \, \text{mm}^4$$

$$I_o = I_{wx} + I_{wy} = 1.17 \times 10^8 \, \text{mm}^4 + 1.74 \times 10^7 \, \text{mm}^4 = 1.344 \times 10^8 \, \text{mm}^4$$

2)内力

$$T = Fe = F(a + l_1 - x) = 2 \times 10^5 \times (200 + 200 - 48) \, \text{N·mm} = 7.1 \times 10^7 \, \text{N·mm}$$

$$V = F = 2 \times 10^5 \, \text{N}$$

3)焊缝验算

$$\tau_{ft} = \frac{T \cdot r_y}{I_o} = 7.1 \times 10^7 \times \frac{200}{1.344 \times 10^8} \, \text{N/mm}^2 = 105 \, \text{N/mm}^2$$

$$\sigma_{ft} = \frac{T \cdot r_x}{I_o} = 7.1 \times 10^7 \times \frac{195 - 48}{1.344 \times 10^8} \, \text{N/mm}^2 = 77 \, \text{N/mm}^2$$

$$\sigma_{fv} = \frac{V}{h_e l_w} = \frac{2 \times 10^5}{0.7 \times 8 \times (400 + 2 \times 195)} \, \text{N/mm}^2 = 45 \, \text{N/mm}^2$$

则有 $\sqrt{\left(\dfrac{\sigma_{ft} + \sigma_{fv}}{\beta_f}\right)^2 + (\tau_{ft})^2} \leqslant \sqrt{\left(\dfrac{77 + 45}{1.22}\right)^2 + 105^2} \, \text{N/mm}^2 = 145 \, \text{N/mm}^2 \leqslant f_f^w = 160 \, \text{N/mm}^2$,

可靠。

3.5 焊接残余应力和焊接残余变形

3.5.1 焊接残余应力的分类和产生的原因

焊接残余应力有纵向焊接残余应力、横向焊接残余应力和厚度方向的残余应力,这些应力都是由焊接加热和冷却过程中不均匀收缩变形引起的。

1)纵向焊接残余应力

焊接过程是一个不均匀加热和冷却的过程。如图 3.41 所示,在施焊时,焊件上产生不均匀的温度场,焊缝及其附近温度最高,达 1 600 ℃以上,其邻近区域温度则急剧下降。

不均匀的温度场产生不均匀的膨胀,高温处的钢材膨胀最大,但受到两侧温度较低、膨胀较小的钢材的限制,产生了热状态塑性压缩。焊缝冷却时,被塑性压缩的焊缝区趋向于缩得比原始长度稍短,这种缩短变形受到两侧钢材的限制,使焊缝区产生纵向拉应力。在低碳钢和低合金钢中,这种拉应力经常会达到钢材的屈服强度。

焊接残余应力是一种在没有外荷载作用下的内应力,因此会在焊件内部自相平衡。这就必然在距焊缝稍远区段内产生压应力。如用 3 块板焊成的工字形截面,焊接残余应力的分布如图 3.42 所示。

2)横向焊接残余应力

横向焊接残余应力产生的原因:一是由于焊缝纵向收缩,两块钢板趋向于形成反方向的弯曲变形,但实际上焊缝将两块钢板连成整体,不能分开,于是在焊缝中部产生横向拉应力,而在两端产生横向压应力,如图 3.43(a)所示。二是焊缝在施焊过程中,先后冷却的时间不同,先焊的焊缝已经凝固,且具有一定的强度,会阻止后焊焊缝在横向的自由膨胀,使其发生横向的塑性压缩变形。当先焊部分冷却时,中间焊缝部分逐渐冷却,后焊部分开始冷却。后焊焊缝的收缩受到已凝固的焊缝限制而产生横向拉应力,同时在先焊部分的焊缝内产生横向压应力。由杠杆原理可知,横向残余应力分布如图 3.43(b)所示。

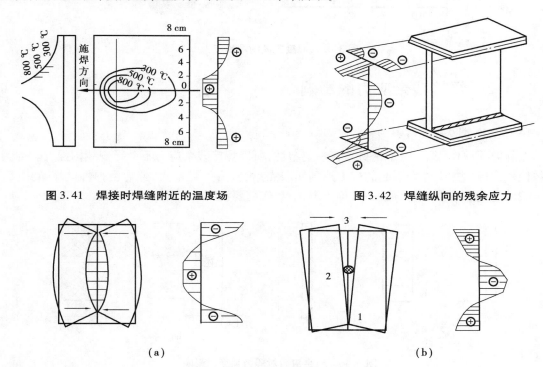

图 3.41　焊接时焊缝附近的温度场　　　　　图 3.42　焊缝纵向的残余应力

(a)　　　　　　　　　　　　　　(b)

图 3.43　焊缝的横向残余应力

横向收缩引起的横向应力与施焊方向和先后次序有关,如图 3.44 所示。焊缝的横向残余应力是上述两种原因产生的应力合成的结果,如图 3.44(d)就是图 3.44(a)和 3.44(b)应力合成的结果。

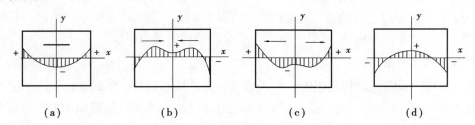

(a)　　　　　　(b)　　　　　　(c)　　　　　　(d)

图 3.44　不同施焊方向时的横向残余应力

3)沿焊缝厚度方向的残余应力

在厚钢板的连接中,焊缝需要多层施焊。因此,除有纵向和横向焊接残余应力 σ_x,σ_y 外,还存在着沿钢板厚度方向的焊接残余应力 σ_z，如图 3.45 所示。这 3 种应力形成比较严重的同号三轴应力，大大降低了结构连接的塑性。

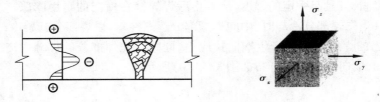

图 3.45　厚度方向的焊接应力

3.5.2　焊接残余应力的影响

1）对结构静力强度的影响

在静力荷载作用下，由于钢材具有一定塑性，所以焊接残余应力不会影响结构强度。因为当焊接残余应力加上外力引起的应力达到屈服点后，应力不再增大，外力由弹性区域承担，直到全截面达到屈服点为止。这一点可由图 3.46 作简要说明。

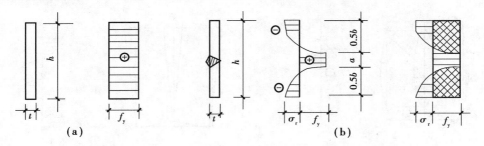

图 3.46　残余应力对静力强度的影响

当构件无残余应力时，由图 3.46（a）知其承载力为 $N = htf_y$；当构件有残余应力时，图 3.46（b）给出了纵向残余应力的分布情况。当施加轴心拉力时，板中残余应力已达屈服强度 f_y 的塑性区域内的应力不再增大，外力 N 仅由弹性区域承担，焊缝两侧受压区的应力由原来的受压逐渐变为受拉，最后应力也达到 f_y。由于焊接残余应力在焊件内部自相平衡，残余压应力的合力必然等于残余拉应力的合力，其承载力仍为 $N = htf_y$。所以，有残余应力焊件的承载能力和没有残余应力者完全相同，可见残余应力不影响结构的静力强度。

2）对结构刚度的影响

焊接残余应力会降低结构的刚度。对无残余应力的轴心拉杆[图 3.46（a）]，在拉力 N 作用下的应变为 $\varepsilon_0 = N/(htE)$；对有残余应力的轴心拉杆[图 3.46（b）]，截面中部塑性区仅发生变形而不再承担外力，外力由两侧的弹性区承担（宽度 $b < h$），在拉力 N 作用下的应变为 $\varepsilon_1 = N/(btE)$。当拉力 N 相同时，$\varepsilon_1 < \varepsilon_0$，即残余应力使构件的变形增大，刚度降低。

3）对压杆稳定的影响

焊接残余应力使压杆的挠曲刚度减小，抵抗外力增量的弹性区面积和弹性区惯性矩减小，从而降低其稳定承载能力。

4) 对低温冷脆的影响

焊接结构中存在着双向或三向同号拉应力场,材料塑性变形的发展受到限制,使材料变脆。特别是在低温下使裂纹容易发生和发展,更加速了构件的脆性破坏倾向。

5) 对疲劳强度的影响

由第 2 章 2.3 节对焊接结构疲劳应力幅的分析可知,焊缝及近旁高额的焊接残余拉应力对疲劳强度不利。

3.5.3　焊接残余变形的产生和防止

焊接残余变形与焊接残余应力相伴而生。在焊接过程中,由于焊缝的收缩变形,构件总要产生一些局部的鼓起、歪曲、弯曲或扭曲等,包括纵向收缩、横向收缩、角变形、弯曲变形、扭曲变形和波浪变形等,如图 3.47 所示。这些变形应满足《钢结构工程施工质量验收规范》(GB 50205—2001)的规定,否则必须加以矫正,以保证构件的承载力和正常使用。

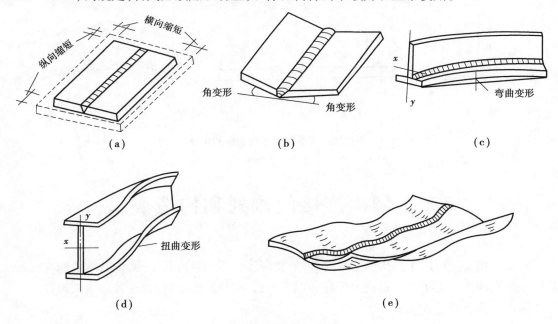

图 3.47　焊接残余变形

减少焊接变形和焊接应力的方法有以下几种:

①采取合理的焊接次序,如钢板对接时采用分段焊[图 3.48(a)],厚度方向分层焊[图 3.48(b)];工字形截面采用对角跳焊[图 3.48(c)],钢板分块拼焊[图 3.48(d)]。

②施焊前给构件一个和焊接变形相反的预变形,使构件在焊接后产生的焊接变形与之正好抵消[图 3.49(a)、(b)]。这种方法可以减少焊接后的变形量,但不会根除焊接应力。

③对于小尺寸焊件,施焊前预热或施焊后回火(加热至 600 ℃左右),然后缓慢冷却,可以消除焊接残余应力。或对构件进行锤打,可减小焊接残余应力。另外,也可采用机械方法或

氧-乙炔局部加热反弯[图3.49(c)]以消除焊接变形。

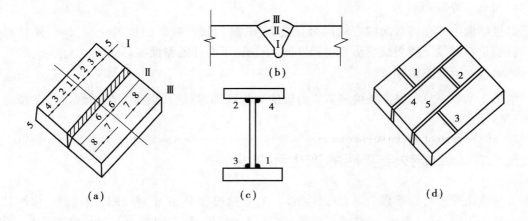

图3.48 合理的焊接次序

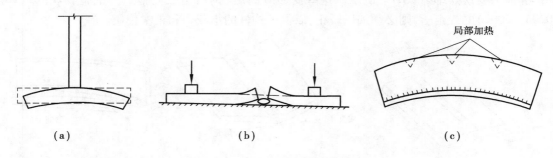

局部加热

图3.49 减少焊接残余变形的措施

3.6 螺栓连接的排列和构造要求

螺栓连接通常应用于结构的安装连接,需要周转使用的装拆式结构,以及钢结构与混凝土基础或墩台的锚固连接等。螺栓由螺杆和螺母组成,有普通螺栓、高强螺栓和锚固螺栓。

螺栓及其孔眼见表3.4。

表3.4 螺栓连接

名称	永久螺栓	高强度螺栓	安装螺栓	圆形螺栓孔	长圆形螺栓孔
图例				ϕ	ϕ b

螺栓在构件上的排列可以是并列或错列,排列应力求简单、统一而紧凑,同时应考虑下列要求:

1)受力要求

对于受拉构件,螺栓的栓距和线距不应过小,否则对钢板截面削弱太多,构件有可能沿直线或折线发生净截面破坏;对于受压构件,沿作用力方向螺栓间距不应过大,否则被连接的板件间容易发生凸曲现象。因此,从受力角度应规定螺栓的最大和最小容许间距。

2)构造要求

若栓距和线距过大,则构件接触面不够紧密,潮气易于侵入缝隙而产生腐蚀,所以,构造上要规定螺栓的最大容许间距。

3)施工要求

为便于转动螺栓扳手,就要保证一定的作业空间。因此,施工上要规定螺栓的最小容许间距。

根据以上要求,钢板上螺栓的排列如图 3.50 和表 3.5 所示。

型钢上螺栓的排列如图 3.51 和表 3.6—表 3.8 所示。

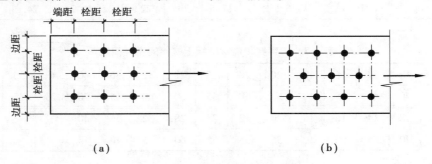

图 3.50　钢板上螺栓的排列

表 3.5　钢板上螺栓的容许间距

名　称		位置和方向		最大容许距离 (取两者的较小值)	最小容许距离
中心间距		外排(垂直内力或顺内力方向)		$8d_0$ 或 $12t$	$3d_0$
	中间排	垂直内力方向		$16d_0$ 或 $24t$	
		顺内力方向	构件受压力	$12d_0$ 或 $18t$	
			构件受拉力	$16d_0$ 或 $24t$	
		沿对角线方向		—	
中心至构件边缘距离	垂直内力方向	顺内力方向		$4d_0$ 或 $8t$	$2d_0$
		剪切或手工气割边			$1.5d_0$
		轧制边,自动气割或锯割边	高强度螺栓		$1.5d_0$
			其他螺栓		$1.2d_0$

注:①d_0 为螺栓孔径,t 为外层薄板件厚度。

②钢板边缘与刚性构件(如角钢、槽钢)相连的螺栓最大间距,可按中间排数值采用。

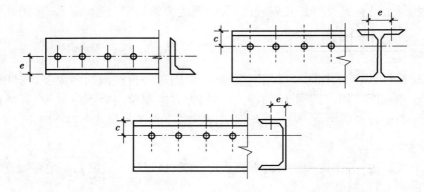

图 3.51　型钢上螺栓的排列

表 3.6　角钢上螺栓的容许间距　　　　　　　　　　　　单位:mm

肢　宽		40	45	50	56	63	70	75	80	90	100	110	125
单行	e	25	25	30	30	35	40	40	45	50	55	60	70
	d_0	11.5	13.5	13.5	15.5	17.5	20	22	22	24	24	26	26

表 3.7　工字钢和槽钢腹板上螺栓的容许间距　　　　　　　　单位:mm

工字钢号	12	14	16	18	20	22	25	28	32	36	40	45	50	56	63
线距 e_{min}	40	45	45	45	50	50	55	60	60	65	70	75	75	75	75
槽型钢号	12	14	16	18	20	22	25	28	32	36	40				
线距 e_{min}	40	45	50	50	55	55	55	60	65	70	75				

表 3.8　工字钢和槽钢翼缘上螺栓的容许间距　　　　　　　　单位:mm

工字钢号	12	14	16	18	20	22	25	28	32	36	40	45	50	56	63
线距 e_{min}	40	40	50	55	60	60	65	70	75	80	80	85	90	95	95
槽型钢号	12	14	16	18	20	22	25	28	32	36	40				
线距 e_{min}	30	35	35	40	40	45	45	45	50	56	60				

3.7　普通螺栓连接的性能和计算

　　普通螺栓连接按螺栓传力方式,可分为抗剪螺栓连接和抗拉螺栓连接。当外力垂直于螺栓杆时,此螺栓为抗剪螺栓(图 3.52);当外力平行于螺栓杆时,此螺栓为抗拉螺栓。图 3.53 中的螺栓 2 为抗剪螺栓。当采用支托板承受剪力时,图 3.53 中的螺栓 1 为抗拉螺栓连接;当支托板仅起临时安装作用或不设支托板时,图 3.53 中的螺栓 1 兼承受剪力和拉力。

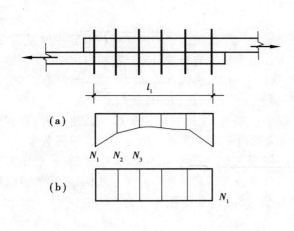

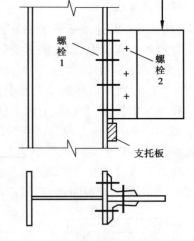

图 3.52　螺栓群受剪工作状态　　　　图 3.53　抗剪螺栓和抗拉螺栓

3.7.1　普通螺栓抗剪连接

螺栓连接中最常见的连接是抗剪连接,如图 3.54(a)所示的螺栓连接试件做抗剪试验,可得出试件上 a,b 两点之间的相对位移 δ 与作用力 N 的关系曲线[图 3.54(b)]。由曲线可见,试件由零载一直加载至连接件破坏的全过程经历了以下 3 个阶段。

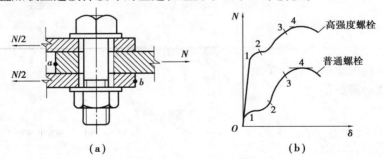

图 3.54　单个螺栓的抗剪试验结果

1)弹性阶段

施加荷载之初,连接中的剪力较小,荷载靠板件接触面间的摩擦力传递,螺栓杆与孔壁之间的间隙保持不变,连续工作处于弹性阶段,在 N-δ 图上呈现出 $O1$ 斜直线段,其受力情况如图 3.54(b)所示。但由于板件间摩擦力的大小取决于拧紧螺帽时在螺杆中的初始拉力,一般来说,普通螺栓的初应力很小,故此阶段很短,可略去不计。

2)相对滑移阶段

当荷载增大,连接中的剪力达到板件间摩擦力的最大值,板件间产生相对滑移,其最大滑移量为螺栓杆与孔壁之间的间隙,直至螺栓杆与孔壁接触,表现为 N-δ 曲线上的 12 线段。

3)弹塑性阶段

荷载继续增加,连接所承受的外力主要靠螺栓与孔壁接触传递。螺栓杆除主要受剪力外,还承受弯矩和轴向拉力,而孔壁则受到挤压。由于材料的弹性,加之螺栓杆的伸长受到螺帽的约束,增大了板件间的压紧力,使板件间的摩擦力增大,所以 N-δ 曲线上呈上升状态,其受力情况如图3.54(b)所示。达到"3"点时,表明螺栓或连接板达到弹性极限。

荷载继续增加,在此阶段荷载即使有很小的增量,连接的剪切变形也迅速加大,直到连接的最后破坏。N-δ 曲线上的最高点"4"所对应的荷载即为普通螺栓连接的极限荷载。

抗剪螺栓连接可能的破坏形式有5种,如图3.55所示。其中螺栓杆剪断、孔壁压坏和钢板被拉断需要通过计算来保证连接安全,后两种破坏形式通过构造要求来保证,即通过限制端距 $e \geq 2d_0$ 避免板端被剪断,通过限制板叠厚度 $\leq 5d_0$ 避免螺栓杆弯曲。

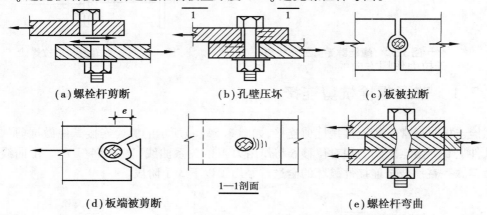

(a)螺栓杆剪断   (b)孔壁压坏   (c)板被拉断

1—1剖面

(d)板端被剪断   (e)螺栓杆弯曲

图3.55　抗剪螺栓的破坏形式

单个抗剪螺栓的承载力设计值为:

①抗剪承载力设计值

$$N_v^b = n_v \, \frac{\pi d^2}{4} f_v^b \tag{3.30}$$

②承压承载力设计值

$$N_c^b = d \cdot \sum t \cdot f_c^b \tag{3.31}$$

③一个抗剪螺栓的承载力设计值应取上面两式算得的较小值

$$[N]_v^b = \min\{N_v^b, N_c^b\} \tag{3.32}$$

式中　n_v——螺栓受剪面数(图3.56),单剪 $n_v = 1$,双剪 $n_v = 2$,四剪面 $n_v = 4$ 等;

$\sum t$——在不同受力方向中一个受力方向承压板件总厚度的较小值。图3.56(b)中双剪面取 $\sum t$ 为 $\min(a+c, b)$;图3.56(c)中四剪面取 $\sum t$ 为 $\min(a+c+e, b+d)$;

d——螺栓杆直径;

f_v^b, f_c^b——螺栓的抗剪、承压强度设计值,见附表1.3。

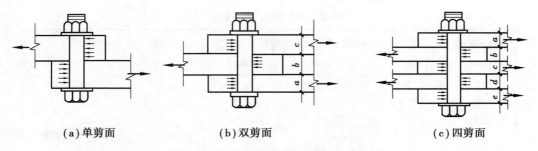

（a）单剪面　　　　　（b）双剪面　　　　　（c）四剪面

图 3.56　抗剪螺栓连接的受剪面数

3.7.2　抗拉螺栓连接

在抗拉螺栓连接中,外力趋向于将被连接构件拉开而使螺栓受拉,最后导致螺栓被拉断而破坏。在 T 形连接中,必须借助附件(角钢)才能实现[图 3.51(a)]。通常角钢的刚度不大,受拉后,垂直于拉力作用方向的角钢肢会发生较大的变形,并起杠杆作用,在该肢外侧端部产生撬力 Q。因此,螺栓实际所受拉力为 $P_f = N + Q$。角钢的刚度越小,产生的撬力就越大。由于确定撬力 Q 比较复杂,为了简化计算,对普通螺栓连接,规范采用降低螺栓强度设计值的方法来考虑撬力的影响,规定普通螺栓抗拉强度设计值 f_t^b 取同样牌号钢材抗拉强度设计值 f 的 0.8 倍(即 $f_t^b = 0.8f$)。

如果在构造上采取一些措施加强角钢的刚度,可使其不致产生撬力 Q,或产生撬力甚小,例如在角钢两肢间设置加劲肋[图 3.57(b)],就是增大刚度的一种有效办法。

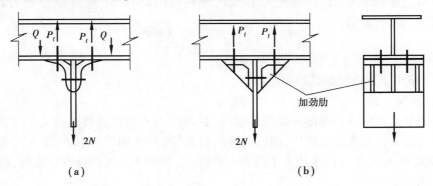

（a）　　　　　　　　　　　（b）

图 3.57　抗拉螺栓连接

单个螺栓抗拉承载力设计值为:

$$N_t^b = \frac{\pi d_e^2}{4} f_t^b = A_e f_t^b \tag{3.33}$$

式中　d_e, A_e——螺栓杆螺纹处的有效直径和有效截面面积,见表 3.9 和附表 8.1;

　　　　f_t^b——螺栓的抗拉强度设计值,见附表 1.3。

表 3.9　普通螺栓规格

螺栓直径 d/mm	螺距 p/mm	螺栓有效直径 d_e/mm	螺栓有效面积 A_e/mm²	说　明
16	2	14.12	156.7	
18	2.5	15.65	192.5	
20	2.5	17.65	244.8	
22	2.5	19.65	303.4	螺栓有效截面面积按下式算得:
24	3	21.19	352.5	$$A_e = \frac{\pi}{4}\left(d - \frac{13}{24}\sqrt{3}p\right)^2$$
27	3	24.19	459.4	
30	3.5	26.72	560.6	
33	3.5	29.72	693.6	
30	4	32.25	816.7	
39	4	35.25	975.8	
42	4.5	37.78	1 121.0	

3.7.3　螺栓群抗剪连接计算

1)螺栓群在轴心力作用下的抗剪计算

(1)螺栓数目

当外力通过螺栓群形心时,在连接长度范围内,计算时假定所有螺栓受力相等,按式(3.34)计算所需螺栓数目。

$$n = \frac{N}{\beta[N]_v^b}(取整) \tag{3.34}$$

式中　N——作用于螺栓群的轴心力设计值。

　　　β——折减系数。

当构件的节点处或拼接缝的一侧螺栓很多,且沿受力方向的连接长度 l_1 过大时,端部的螺栓会因受力过大而首先发生破坏,随后依次向内逐排破坏(即"解纽扣"现象)。因此,当连接长度 l_1 较大时,应将螺栓的承载力乘以折减系数 β。当外力通过螺栓群中心时,可认为所有的螺栓受力相同。

$$\left.\begin{array}{l} 当\,l_1 \leqslant 15d_0\,时,\beta = 1.0 \\[2mm] 当\,15d_0 < l_1 \leqslant 60d_0\,时,\beta = 1.1 - \dfrac{l_1}{150d_0} \\[2mm] 当\,l_1 > 60d_0\,时,\beta = 0.7 \end{array}\right\} \tag{3.35}$$

式中　d_0——螺栓孔径。

(2)构件(板件)净截面强度

$$\sigma = \frac{N}{A_n} \leqslant f \tag{3.36}$$

式中　A_n——构件净截面面积(图 3.58)。

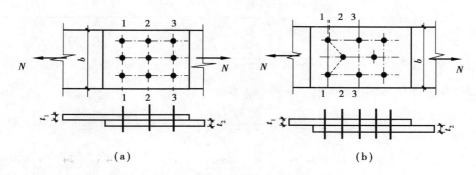

图 3.58　构件净截面面积

构件净截面面积 A_n 的计算方法如下 $(t_1 \leqslant t_2)$：

①并列[图 3.58(a)]：

$$A_1 = A_2 = A_3 = t_1(b - 3d_0)$$

$$N_1 = N \quad N_2 = N - \left(\frac{N}{9}\right) \times 3 \quad N_3 = N - \left(\frac{N}{9}\right) \times 6$$

②错列[图 3.58(b)]：

正截面　　　$A_1 = A_3 = t_1(b - 2d_0)$

齿形截面　　$A_2 = t_1(l - 3d_0)$，其中 l 为折线长度[图 3.58(b)中的点画线]。

$$N_1 = N \quad N_2 = N \quad N_3 = N - \left(\frac{N}{8}\right) \times 3$$

2) 螺栓群在扭矩作用下的抗剪计算

承受扭矩的螺栓群的连接，可先按构造要求布置螺栓群，然后计算受力最大的螺栓所承受的剪力，并与一个螺栓的抗剪承载力设计值进行比较。

分析螺栓群受扭矩作用时采用下列计算假定：

①被连接构件是绝对刚性的，而螺栓则是弹性的。

②各螺栓绕螺栓群形心 O 旋转（图 3.59），其受力大小与其至螺栓群形心 O 的距离 r 成正比，力的方向与其至螺栓群形心的连线相垂直。

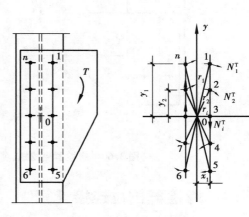

图 3.59　螺栓群受扭矩作用

根据平衡条件得：

$$T = N_1^T r_1 + N_2^T r_2 + \cdots + N_n^T r_n$$

根据螺栓受力大小与其至形心 O 的距离 r 成正比的条件得：

$$\frac{N_1^T}{r_1} = \frac{N_2^T}{r_2} = \cdots = \frac{N_n^T}{r_n}$$

则
$$T = \frac{N_1^{\mathrm{T}}}{r_1}(r_1^2 + r_2^2 + \cdots + r_n^2) = \frac{N_1^{\mathrm{T}}}{r_1}\sum_{i=1}^{n} r_i^2 \qquad (3.37)$$

或
$$N_1^{\mathrm{T}} = \frac{T \cdot r_1}{\sum r_1^2} = \frac{T \cdot r_1}{\sum x_i^2 + \sum y_i^2} \qquad (3.38)$$

为便于计算,可将 N_1^{T} 分解为沿 x 轴和 y 轴上的两个分量:

$$N_{1x}^{\mathrm{T}} = \frac{T \cdot y_1}{\sum x_i^2 + \sum y_i^2} \qquad (3.39a)$$

$$N_{1y}^{\mathrm{T}} = \frac{T \cdot x_1}{\sum x_i^2 + \sum y_i^2} \qquad (3.39b)$$

设计时,受力最大的一个螺栓所承受的剪力 N_1^{T} 不应大于抗剪螺栓的承载力设计值 $[N]_v^{\mathrm{b}}$,即

$$N_1^{\mathrm{T}} \leqslant [N]_v^{\mathrm{b}} \qquad (3.40)$$

3)螺栓群在扭矩、剪力和轴心力作用下的抗剪计算

在螺栓群受扭矩 T、剪力 V 和轴心力 N 共同作用的连接中(图 3.60),首先进行受力分析,判断受力最不利的螺栓,然后对此螺栓求矢量合力,要求此合剪力 N_1 不应大于抗剪螺栓的承载力设计值 $[N]_v^{\mathrm{b}}$,即

$$N_1 = \sqrt{(N_{1x}^{\mathrm{N}} + N_{1x}^{\mathrm{T}})^2 + (N_{1y}^{\mathrm{V}} + N_{1y}^{\mathrm{T}})^2} \leqslant [N]_v^{\mathrm{b}} \qquad (3.41)$$

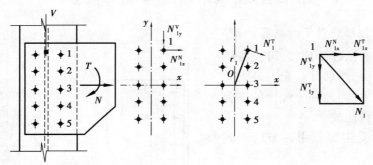

图 3.60　螺栓群受扭矩、剪力和轴心力共同作用

3.7.4　螺栓群抗拉连接计算

1)螺栓群在轴心力作用下的抗拉连接计算

当外力通过螺栓群形心时,假定所有螺栓受力相等,所需的螺栓数目为:

$$n = \frac{N}{N_t^{\mathrm{b}}} \quad (\text{取整}) \qquad (3.42)$$

式中　N——螺栓群承受的轴心拉力设计值。

2)弯矩和轴力作用于抗拉螺栓群

螺栓群在弯矩作用下上部螺栓受拉,因而有使连接上部分离的趋势,使螺栓群形心下移。

与螺栓群拉力相平衡的压力产生于下部的接触面上,精确确定中和轴的位置比较复杂。为便于计算,通常假定中和轴在最下排螺栓处,如图 3.61(c)所示。因此,弯矩作用下螺栓的最大拉力为:

$$N_1^M = \frac{M \cdot y_1}{m \sum y_i^2} \tag{3.43}$$

式中 m——螺栓排列的纵向列数(例如图 3.61 中 $m=2$);

　　　　y_i——各螺栓到螺栓群中和轴的距离;

　　　　y_1——受力最大的螺栓到中和轴的距离。

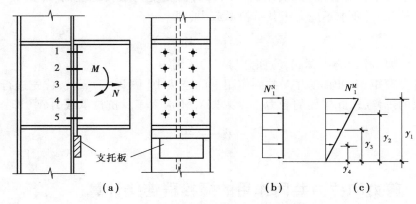

图 3.61   弯矩和轴心力作用下的普通螺栓群

(1)小偏心受拉

小偏心受拉时[图 3.62(a)],所有螺栓均承受拉力作用,端板与柱翼缘有分离趋势,在计算时轴心拉力由各螺栓均匀承受;而弯矩则引起以螺栓群形心处为中和轴的三角形应力分布,使上部螺栓受拉,下部螺栓受压,叠加后则全部螺栓均为受拉。此时,最大和最小受力螺栓的拉力和满足设计要求的公式如下(各 y 均自螺栓群形心点算起):

$$N_{max} = \frac{N}{n} + \frac{N \cdot e' \cdot y_1'}{\sum y_i'^2} \leqslant N_t^b \tag{3.44}$$

$$N_{min} = \frac{N}{n} - \frac{N \cdot e' \cdot y_1'}{\sum y_i'^2} \geqslant 0 \tag{3.45}$$

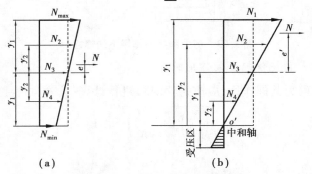

图 3.62   偏心受拉作用的螺栓群

式(3.44)表示最大受力螺栓的拉力不超过一个螺栓的承载力设计值;式(3.45)表示全部螺栓受拉,不存在受压区。由 $N_{\min} = \dfrac{N}{n} - \dfrac{N \cdot e' \cdot y_1'}{\sum y_i'^2} \geqslant 0$ 可得 $e' \leqslant \dfrac{\sum y_i'^2}{n y_1'}$,即为大、小偏心的判别依据。

(2)大偏心受拉

当偏心距 e 较大时,即 $e > \dfrac{\sum y_i^2}{n y_1}$ 时,则端板底部将出现受压区[图3.62(b)]。此时偏安全地取中和轴位于最下排螺栓形心处,按式(3.47)计算出受力最大螺栓的拉力(各 y 均自最下排螺栓形心点算起),要求不应大于其抗拉承载力,即

$$N_1 = N e y_1 / \sum y_i^2 \leqslant N_t^b \tag{3.46}$$

式中 e 从最下排螺栓形心点算起,应注意与 e' 的区别。

在螺栓群受弯矩 M 和轴心力 N 共同作用下的连接中[图3.61(a)],首先进行受力分析,判断受力最大的螺栓,求此螺栓的受力 N_1,要求 N_1 不应大于其抗拉承载力 N_t^b,即

$$N_1 = \frac{N}{n} + \frac{M y_1}{m \sum y_i^2} \leqslant N_t^b \tag{3.47}$$

3.7.5　剪力和拉力共同作用的螺栓群连接计算

在螺栓群受弯矩 M、剪力 V 和轴心力 N 共同作用的连接中(图3.63),螺栓群承受剪力和拉力作用,这种连接可以有以下两种算法:

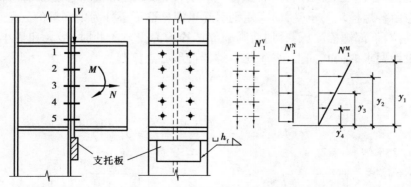

图3.63　剪力和拉力作用下的螺栓群

1)当不设置支托或支托仅起安装作用时

螺栓群受拉力和剪力共同作用,应按式(3.48)进行计算:

$$\sqrt{\left(\frac{N_v}{N_v^b}\right)^2 + \left(\frac{N_t}{N_t^b}\right)^2} \leqslant 1 \tag{3.48}$$

$$N_v = \frac{V}{n} \leqslant N_c^b \tag{3.49}$$

式中 N_v,N_t——分别为受力最大的螺栓所受的剪力和拉力。

2) 假定支托承受剪力, 螺栓仅承受弯矩

对于粗制螺栓, 一般不宜受剪 (承受静力荷载的次要连接或临时安装连接除外)。此时可设置支托承受剪力, 螺栓只承受拉力作用。

(1) 支托焊缝计算

$$\tau_{\mathrm{f}} = \frac{\alpha V}{0.7 h_{\mathrm{f}} \sum l_{\mathrm{w}}} \leqslant f_{\mathrm{f}}^{\mathrm{w}} \tag{3.50}$$

式中　α——考虑剪力对焊缝的偏心影响系数, 可取 $1.25 \sim 1.35$。

(2) 螺栓受拉

螺栓受拉按式 (3.47) 计算。

【例 3.6】　设计一截面为 $-16\ \mathrm{mm} \times 340\ \mathrm{mm}$ 的钢板拼接连接, 采用两块拼接板 $t = 9\ \mathrm{mm}$ 和精制螺栓连接。钢板和螺栓均用 Q235 钢, 孔壁按 I 类孔制作。钢板承受轴心拉力 $N = 750\ \mathrm{kN}$。

【解】　选用精制螺栓 M22, 从附表 1.3 查得抗剪强度设计值 (I 类孔) $f_{\mathrm{v}}^{\mathrm{b}} = 190\ \mathrm{N/mm^2}$, 承压强度设计值 $f_{\mathrm{c}}^{\mathrm{b}} = 405\ \mathrm{N/mm^2}$。每个螺栓抗剪和承压承载力设计值分别为:

$$N_{\mathrm{v}}^{\mathrm{b}} = n_{\mathrm{v}} \frac{\pi d^2}{4} f_{\mathrm{v}}^{\mathrm{b}} = 2 \times \frac{\pi \times 2.2^2}{4} \times 190 \times \frac{1}{10}\ \mathrm{kN} = 144.4\ \mathrm{kN}$$

$$N_{\mathrm{c}}^{\mathrm{b}} = d \sum t \cdot f_{\mathrm{c}}^{\mathrm{b}} = 2.2 \times 1.6 \times 405 \times \frac{1}{10}\ \mathrm{kN} = 142.6\ \mathrm{kN}$$

接缝一侧所需的螺栓数:

$$n = \frac{N}{[N^{\mathrm{b}}]_{\min}} = \frac{750}{142.6} = 5.3$$

所以, 拼接板每侧采用 6 个螺栓, 用并列排列。螺栓的间距和边、端距根据构造要求, 排列如图 3.64 所示。

验算钢板净截面强度:

$$\frac{N}{A_{\mathrm{n}}} = \frac{750 \times 10}{34 \times 1.6 - 3 \times 2.2 \times 1.6}\ \mathrm{N/mm^2} = 171.1\ \mathrm{N/mm^2} < f = 215\ \mathrm{N/mm^2}$$

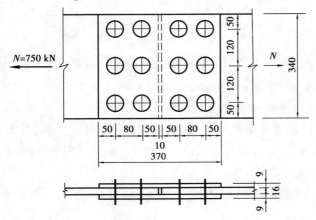

图 3.64　钢板拼接计算图 (例 3.6 图)

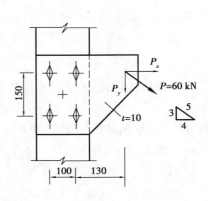

图 3.65　搭接连接的支托板计算图 (例 3.7 图)

【例3.7】 验算图 3.65 所示的搭接连接。一块支托板用 Q235 钢,支托板厚度 $t = 10$ mm,其上作用力 $P = 60$ kN,用 M20 的精制螺栓连接。

【解】 由图 3.65 中构造可知,搭接连接中螺栓为承受扭矩和剪力作用的抗剪螺栓连接。精制螺栓连接由附表 1.3 查得 $f_v^b = 190$ N/mm^2, $f_c^b = 405$ N/mm^2。

每个螺栓的抗剪和承压的承载力设计值分别为:

$$[N_v^b] = n_v \frac{\pi d^2}{4} f_v^b = 1 \times \frac{\pi \times 2.0^2}{4} \times 190 \times \frac{1}{10} \text{kN} = 59.7 \text{ kN}$$

$$[N_c^b] = d \cdot \sum t \cdot f_c^b = 2.0 \times 1.0 \times 400 \times \frac{1}{10} \text{kN} = 80 \text{ kN}$$

故按 $[N^b]_{min} = 59.7$ kN 进行核算。

根据图 3.65,偏心力 P 的分力和对螺栓群转动中心的扭矩分别为:

$$P_x = \frac{4}{5} \times 60 \text{ kN} = 48 \text{ kN}; \quad e_x = \left(\frac{100}{2} + 130\right) \text{mm} = 180 \text{ mm} = 18 \text{ cm}$$

$$P_y = \frac{3}{5} \times 60 \text{ kN} = 36 \text{ kN}; \quad e_y = \frac{150}{2} \text{ mm} = 75 \text{ mm} = 7.5 \text{ cm}$$

$$T = P_x e_y + P_y e_x = 48 \times 7.5 \text{ kN·cm} + 36 \times 18 \text{ kN·cm} = 1\ 008 \text{ kN·cm}$$

$$\sum x_i^2 + \sum y_i^2 = 4 \times 5^2 \text{ cm} + 4 \times 7.5^2 \text{ cm} = 325 \text{ cm}^2$$

扭矩作用下螺栓所受最大剪切力的各分力:

$$N_{1x} = \frac{T \cdot y}{\sum x_i^2 + \sum y_i^2} = \frac{1\ 008 \times 7.5}{325} \text{kN} = 23.26 \text{ kN}$$

$$N_{1y} = \frac{T \cdot x}{\sum x_i^2 + \sum y_i^2} = \frac{1\ 008 \times 5}{325} \text{kN} = 15.51 \text{ kN}$$

剪力作用下每个螺栓所受平均剪力的各分力:

$$N_{vx} = \frac{P_x}{n} = \frac{48}{4} \text{kN} = 12 \text{ kN}$$

$$N_{vy} = \frac{P_y}{n} = \frac{36}{4} \text{kN} = 9 \text{ kN}$$

螺栓所受最大的合成剪切力:

$$N_{max} = \sqrt{(N_{1x} + N_{vx})^2 + (N_{1y} + N_{vy})^2} = \sqrt{(23.26 + 12)^2 + (15.51 + 9)^2} \text{ kN}$$

$$= 42.94 \text{ kN} < [N^b]_{min} \times 0.9 = 59.7 \times 0.9 \text{ kN} = 53.7 \text{ kN} \quad (\text{可靠})$$

考虑搭接情况,应将螺栓的设计承载力乘以降低系数 0.9。

【例3.8】 图 3.66 所示的梁柱连接,采用普通 C 级螺栓,梁端支座板下没有支托,试设计此连接。已知:钢材为 Q235B,螺栓直径为 20 mm,焊条为 E43 型,手工焊。此连接承受的静力荷载设计值为:$V = 277$ kN, $M = 38.7$ kN·m。

【解】 $f_v^b = 140$ N/mm^2, $f_c^b = 305$ N/mm^2, $f_t^b = 170$ N/mm^2。

1)假定支托板仅起安装作用

(1)单个普通螺栓的承载力

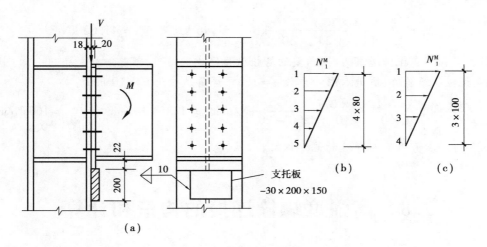

图3.66 例3.8图

抗剪 $N_v^b = n_v \cdot \dfrac{\pi \cdot d^2}{4} f_v^b = 1 \times \dfrac{\pi \times 2^2}{4} \times 140 \times \dfrac{1}{10}$ kN $= 43.98$ kN

抗压 $N_c^b = d \sum t \cdot f_c^b = 2 \times 1.8 \times 305 \times \dfrac{1}{10}$ kN $= 109.8$ kN

抗拉 $N_t^b = \dfrac{\pi \cdot d_e^2}{4} f_t^b = A_e f_t^b = 244.8 \times 170 \times 10^{-3}$ kN $= 41.62$ kN

(2)按构造要求选定螺栓数目并排列

假定用 10 个螺栓,布置成 5 排 2 列,排间距 80 mm,如图3.66(b)所示。

(3)连接验算

螺栓既受剪又受拉,受力最大的螺栓为"1",其受力为:

$$N_v = \frac{V}{n} = \frac{277}{10} kN = 27.7 kN$$

$$N_t = \frac{M \cdot y_1}{m \sum y_i^2} = \frac{38.7 \times 32 \times 10^2}{2 \times (8^2 + 16^2 + 24^2 + 32^2)} kN = 32.25 \text{ kN}$$

验算"1"螺栓受力:

$$\sqrt{\left(\frac{N_v}{N_v^b}\right)^2 + \left(\frac{N_t}{N_t^b}\right)^2} = \sqrt{\left(\frac{27.7}{43.98}\right)^2 + \left(\frac{32.25}{41.62}\right)^2} = 0.999 \leqslant 1.0$$

$$N_v = 27.7 \text{ kN} < N_c^b = 109.8 \text{ kN}$$

2)假定支托板起承受剪力的作用

(1)单个螺栓承载力同1)

(2)按构造要求选定螺栓数目并排列

支托承受剪力作用,螺栓数目可以减少,假定用 8 个螺栓,布置成 4 排 2 列,排间距 100 mm,如图3.66(c)所示。

(3)连接验算

螺栓仅受拉力,支托板承受剪力。

①螺栓验算:

$$N_t = \frac{38.7 \times 30 \times 10^2}{2 \times (10^2 + 20^2 + 30^2)} kN = 41.46 \ kN < N_t^b = 41.62 \ kN$$

可见,当利用支托传递剪力时,需要的螺栓数目减少。

②支托板焊缝验算:取偏心影响系数 $\alpha = 1.35$,焊角尺寸为 $h_f = 10 \ mm$。

$$\tau_f = \frac{\alpha V}{h_e \sum l_w} = \frac{1.35 \times 277 \times 10^3}{2 \times 0.7 \times 10 \times (200 - 20)} N/mm^2 = 148.4 \ N/mm^2 < f_f^w = 160 \ N/mm^2$$

式中 1.35 为考虑剪力 V 对焊缝的偏心作用。

3.8 高强度螺栓连接的构造和计算

3.8.1 高强度螺栓连接的性能

高强度螺栓的形状、连接构造(如构造原则、连接形式、直径选择及螺栓排列要求等)和普通螺栓基本相同。高强度螺栓由螺杆、螺帽和垫圈组成。

普通螺栓连接在抗剪时依靠杆身承压和螺栓抗剪来传递剪力,扭紧螺帽时螺栓产生的预拉力很小,其影响可以忽略。高强度螺栓除了材料强度高外,还给螺栓施加很大的预拉力,使被连接构件的接触面之间产生较大挤压力,因而当构件有相对滑动趋势时,会在接触面产生垂直于螺栓杆方向的摩擦力。这种挤压力和摩擦对外力的传递有很大影响。

高强度螺栓连接,从受力特征分为高强度螺栓摩擦型连接和高强度螺栓承压型连接。

1)高强度螺栓材料

高强度螺栓的杆身、螺帽和垫圈都要用抗拉强度很高的钢材制作。高强度螺栓的性能等级有 8.8 级(有 40B 钢、45 号钢和 35 号钢)和 10.9 级(有 20MnTiB 钢和 35VB 钢)。级别划分的小数点前的数字是螺栓钢材热处理后的最低抗拉强度,小数点后面的数字是屈强比(屈服强度 f_y 与抗拉强度 f_u 的比值)。如 10.9 级钢材的最低抗拉强度为 1 000 N/mm^2,屈服强度是 $0.9 \times 1 \ 000 \ N/mm^2 = 900 \ N/mm^2$。高强度螺栓所用的螺帽和垫圈采用 45 号钢或 35 号钢制成。高强度螺栓应采用钻成孔,摩擦型的孔径比螺栓公称直径大 1.5 ~ 2.0 mm,承压型的孔径则大 1.0 ~ 1.5 mm。

2)高强度螺栓的预拉力

高强度螺栓的预拉力是通过扭紧螺帽实现的,一般采用扭矩法、转角法和扭剪法。

①扭矩法:采用可直接显示扭矩的特制扳手,根据事先测定的扭矩和螺栓拉力之间的关系施加扭矩,使之达到预定的预拉力。

②转角法:分初拧和终拧两步。初拧是先用普通扳手使被连接构件相互紧密贴合;终拧就是以初拧的贴紧位置为起点,根据按螺栓直径和板叠厚度所确定的终拧角度,用强有力的扳手旋转螺母,拧至预定角度值时,螺栓的拉力即达到了所需要的预拉力数值。

③扭剪法:是采用扭剪型高强度螺栓,该螺栓尾部设有梅花头(图3.67),拧紧螺帽时,靠拧断螺栓梅花头切口处截面来控制预拉力值。

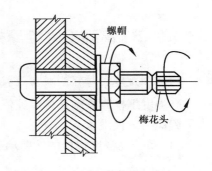

图3.67　扭剪型高强度螺栓

高强度螺栓预拉力设计值与材料强度和螺栓有效截面积有关,取值时考虑:

①螺栓材料抗力的变异性,引入折减系数0.9。

②施加预拉力时为补偿预拉力损失超张拉5%～10%,引入折减系数0.9。

③在扭紧螺栓时,扭矩使螺栓产生的剪力将降低螺栓的抗拉承载力,引入折减系数1/1.2。

④钢材由于以抗拉强度为准,引入附加安全系数0.9。由此,高强度螺栓预拉力为:

$$P = \frac{0.9 \times 0.9 \times 0.9}{1.2} f_u A_e = 0.608 f_u A_e \qquad (3.51)$$

式中　f_u——螺栓材料经热处理后的最低抗拉强度,对于8.8级螺栓,$f_u = 830$ N/mm^2;对于10.9级螺栓,$f_u = 1\,040$ N/mm^2。

　　　A_e——高强度螺栓螺纹处的有效截面积,见表3.9。

规范规定的高强度螺栓预拉力设计值,按式(3.51)计算,并取5 kN的倍数,见表3.10。

表3.10　一个高强度螺栓的预拉力 P　　　单位:kN

螺栓的性能等级	螺栓的公称直径/mm					
	M16	M20	M22	M24	M27	M30
8.8级	80	125	150	175	230	280
10.9级	100	155	190	225	290	355

3)高强度螺栓连接的摩擦面抗滑移系数

被连接板件之间的摩擦力大小,不仅与螺栓的预拉力有关,还与被连接板件材料及其接触面的表面处理有关。高强度螺栓应严格按照施工规程操作,不得在潮湿、淋雨状态下拼装,不得在摩擦面上涂红丹、油漆等,应保证摩擦面干燥、清洁。

规范规定的高强度螺栓连接的摩擦面抗滑移系数 μ 值,见表3.11。

表3.11　摩擦面的抗滑移系数 μ

连接处构件接触面的处理方法	构件的钢号		
	Q235 钢	Q345 钢、Q390 钢	Q420 钢
喷砂(丸)	0.45	0.50	0.50
喷砂(丸)后涂无机富锌漆	0.35	0.40	0.40
喷砂(丸)后生赤锈	0.45	0.50	0.50
钢丝刷清除浮锈或未经处理的干净轧制表面	0.30	0.35	0.40

3.8.2 高强度螺栓摩擦型连接计算

1)高强度螺栓摩擦型抗剪连接计算

高强度螺栓摩擦型连接单纯依靠被连接构件间的摩擦阻力传递剪力,以剪力等于摩擦力为承载能力的极限状态。

(1)单个高强度螺栓的抗剪承载力设计值

$$N_v^b = 0.9kn_f\mu P \tag{3.52}$$

式中 0.9——抗力分项系数 γ_R 的倒数,即 $1/\gamma_R = 1/1.111 = 0.9$;

k——孔型系数,标准孔取 0.1,大圆孔取 0.85,内力与槽孔长向垂直时取 0.7,内力与槽孔长向平行时取 0.6;

n_f——传力的摩擦面数;

μ——高强度螺栓摩擦面抗滑移系数,按表3.11采用;

P——一个高强度螺栓的预拉力,按表3.10采用。

(2)轴心力作用下的螺栓群计算

①螺栓数目:

$$n = \frac{N}{\beta N_v^b} \quad (\text{取整}) \tag{3.53}$$

式中 N——作用于螺栓群的轴心力设计值;

β——螺栓的承载力折减系数。

②板件净截面强度。高强度螺栓摩擦型连接的板件净截面强度计算与普通螺栓连接不同,被连接钢板最危险截面在第一排螺栓孔处。在这个截面上,一部分剪力已由孔前接触面传递,如图3.68所示。规范规定孔前传力占该排螺栓传力的50%。这样截面1—1 净截面传力为:

$$N' = N - 0.5\frac{N}{n}n_1 = N\left(1 - \frac{0.5n_1}{n}\right) \tag{3.54}$$

式中 n——连接一侧的螺栓总数;

n_1——计算截面上的螺栓数。

连接构件(板件)净截面强度:

$$\sigma_n = \frac{N'}{A_n} \leqslant f \tag{3.55}$$

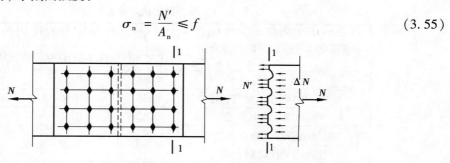

图3.68 高强度螺栓摩擦型连接孔前传力

（3）扭矩、剪力和轴心力作用下的螺栓群计算

螺栓群受扭矩 T、剪力 V 和轴心力 N 共同作用的高强度螺栓连接的抗剪计算与普通螺栓相同，只是用高强度螺栓摩擦型连接的承载力设计值。

【例 3.9】　验算图 3.69 所示轴心受拉双拼接板的连接。已知：钢材为 Q345，采用 8.8 级高强度摩擦型螺栓连接，螺栓直径 M22，构件接触面采用喷砂处理。此连接承受的设计荷载为 $N = 1\,550$ kN。

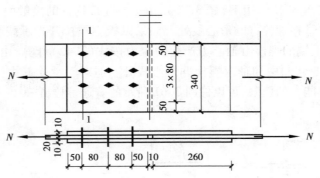

图 3.69　例 3.9 图

【解】　由表 3.11 和表 3.10 可知，构件接触面抗滑移系数 $\mu = 0.50$，8.8 级 M22 螺栓的预拉力 $P = 150$ kN，螺栓孔径取 $d_0 = 24$ mm。由附表 1.1 知，Q345 钢板强度设计值 $f = 295$ N/mm^2。

一个螺栓的抗剪承载力 $N_v^b = 0.9 k n_f \mu P = 0.9 \times 1.0 \times 2 \times 0.5 \times 150$ kN $= 135$ kN

螺栓受力 $N_v = \dfrac{N}{n} = \dfrac{1\,550}{12}$ kN $= 129.17$ kN $< N_v^b = 135$ kN

钢板在 1—1 截面受力 $N' = N - 0.5 \dfrac{N}{n} n_1 = 1\,550$ kN $- 0.5 \times \dfrac{1\,550}{12} \times 4$ kN $= 1\,291.7$ kN

1—1 处净截面面积 $A_n = t(b - n_1 d_0) = 2.0 \times (34 - 4 \times 2.4)$ cm^2 $= 48.8$ cm^2

$$\sigma_n = \frac{N'}{A_n} = \frac{1\,291.7 \times 10^3}{48.8 \times 10^2} \text{N/mm}^2 = 264.7 \text{ N/mm}^2 < f = 295 \text{ N/mm}^2$$

连接满足要求。

2）高强度螺栓摩擦型抗拉连接计算

（1）高强度螺栓连接的抗拉工作性能

高强度螺栓连接由于螺栓中的预拉力作用，构件间在承受外力作用前已经有较大的挤压力，高强度螺栓受到外拉力作用时，首先要抵消这种挤压力。分析表明，当高强度螺栓达到规范规定的承载力 $0.8P$ 时，螺栓杆的拉力仅增大 7% 左右，可以认为基本不变。

（2）单个高强度螺栓摩擦型连接抗拉承载力设计值

规范规定一个高强度螺栓抗拉承载力设计值为：

$$N_t^b = 0.8P \tag{3.56}$$

(3)轴心拉力作用下高强度螺栓摩擦型连接计算

因力通过螺栓群形心,每个螺栓所受外拉力相同,一个螺栓所受拉力为:

$$N_t = \frac{N}{n} \leqslant 0.8P \tag{3.57}$$

式中 n——螺栓数目。

(4)高强度螺栓群在弯矩和轴力作用下的计算

高强度螺栓群在弯矩 M 作用下(图3.70),由于被连接构件的接触面一直保持紧密贴合,可以认为受力时中和轴在螺栓群的形心线处。如果以板不被拉开为承载能力的极限,在弯矩和轴力的作用下,最上端的螺栓由轴心力产生的拉力按式(3.42)计算,由弯矩产生的拉力应按式(3.43)计算,只是弯曲中和轴取螺栓群形心线处。但对于承受静力荷载的连接,板被拉开并不等于达到承载能力的极限,可以像图3.61所示的普通螺栓群一样按中和轴在最下排螺栓形心处计算。

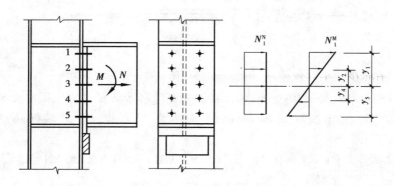

图 3.70 弯矩和轴心拉力作用下的高强度螺栓连接

3)高强度螺栓摩擦型连接,同时承受剪力和拉力的计算

由于外拉力的作用,板件间的挤压力降低。每个螺栓的抗剪承载力也随之减少。另外,由试验知,抗滑移系数随板件间的挤压力的减小而降低。规范规定按式(3.58)计算高强度螺栓摩擦型连接的抗剪承载力,μ 仍用原值:

$$\frac{N_v}{N_v^b} + \frac{N_t}{N_t^b} \leqslant 1 \tag{3.58}$$

式中 N_v,N_t——受力最大的螺栓所承受的剪力和拉力的设计值;

N_v^b,N_t^b——一个高强度螺栓抗剪、抗拉承载力设计值,分别按式(3.52)和式(3.56)计算。

3.8.3 高强度螺栓承压型连接计算

高强度螺栓承压型连接的传力特征是剪力超过摩擦力时,构件间发生相对滑移,螺栓杆身和孔壁接触,螺栓受剪同时孔壁承压。但是,另一方面,摩擦力随外力继续增大而逐渐减弱,到连接接近破坏时,剪力完全由杆身承担。高强度螺栓承压型连接以螺栓或钢板破坏为承载能力的极限状态,可能的破坏形式与普通螺栓相同。高强度螺栓承压型连接不应用于直接承受

动力荷载的结构。

①在抗剪连接中,承压型连接的高强度螺栓承载力设计值的计算方法与普通螺栓相同,只是采用高强度螺栓的抗剪、承压设计值。但当剪切面在螺纹处时,其受剪承载力设计值应按螺纹处的有效面积进行计算,即 $N_v^b = n_v \dfrac{\pi d_e^2}{4} f_v^b$,式中 f_v^b 为高强度螺栓的抗剪设计值。

②在受拉连接中,承压型连接的高强度螺栓抗拉承载力设计值的计算方法与普通螺栓相同,按式(3.44)—式(3.47)进行计算。

③同时承受剪力和拉力的连接中高强度螺栓承压型连接应按式(3.59)计算:

$$\sqrt{\left(\frac{N_v}{N_v^b}\right)^2 + \left(\frac{N_t}{N_t^b}\right)^2} \leqslant 1 \tag{3.59}$$

$$N_v^b = \frac{N_c^b}{1.2} \tag{3.60}$$

式中 1.2——折减系数,高强度螺栓承压型连接在施加预压力后,板的孔前有较高的三向压应力,使板的局部挤压强度大大提高,因此 N_c^b 比普通螺栓高。但当施加外拉力后,板件间的局部挤压力随外拉力的增大而减小,螺栓的 N_c^b 也随之降低且随外力变化。为计算简便,取固定值 1.2 考虑其影响。

【例3.10】 设计牛腿与钢柱的连接,如图3.71所示。已知:钢材为Q390,采用10.9级高强度螺栓,螺栓直径为M20,构件接触面采用喷砂处理,支托起安装作用。此连接承受的设计荷载为 $V = 300$ kN,$M = 50$ kN·m。

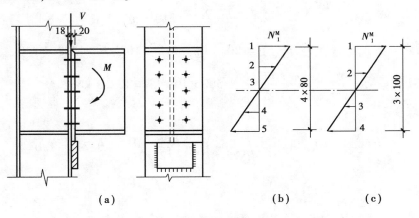

图3.71 例3.10图

【解】 1)按高强度螺栓摩擦型连接计算

取10个螺栓按2列5排布置,排间距为80 mm,如图3.71(b)所示。

①由表3.10、表3.11知,10.9级M20螺栓预拉力 $P = 155$ kN,Q390钢板接触面抗滑移系数 $\mu = 0.50$。

②螺栓受力计算:

最大拉力 $\quad N_t = \dfrac{M \cdot y_1}{m \sum y_i^2} = \dfrac{50 \times 16}{2 \times (2 \times 8^2 + 2 \times 16^2)} \times 100 \text{ kN} = 62.5 \text{ kN}$

最大剪力 $N_v = \dfrac{V}{n} = \dfrac{300}{10}\text{kN} = 30 \text{ kN}$

③单个螺栓的承载力:

抗剪承载力 $N_v^b = 0.9 n_f \mu P = 0.9 \times 1 \times 0.5 \times 155 \text{ kN} = 69.75 \text{ kN}$

抗拉承载力 $N_t^b = 0.8P = 124 \text{ kN}$

④螺栓验算:

$$\frac{N_v}{N_v^b} + \frac{N_t}{N_t^b} = \frac{30}{69.75} + \frac{62.5}{124} = 0.43 + 0.5 = 0.93 < 1$$

2)按高强度螺栓承压型连接计算

取 8 个螺栓按 2 列 4 排布置,排间距为 100 mm,如图 3.66(c)所示。

①由附表 1.3 知:

$$f_v^b = 310 \text{ N/mm}^2, f_c^b = 615 \text{ N/mm}^2, f_t^b = 500 \text{ N/mm}^2$$

②螺栓受力计算:

最大拉力 $N_t = \dfrac{M \cdot y_1}{m \sum y_i^2} = \dfrac{50 \times 15}{2 \times (2 \times 7.5^2 + 2 \times 15^2)} \times 100 \text{ kN} = 66.7 \text{ kN}$

最大剪力 $N_v = \dfrac{V}{n} = \dfrac{300}{8}\text{kN} = 37.5 \text{ kN}$

③一个螺栓的承载力设计值:

抗剪承载力(假定剪切面在螺纹处)

$$N_v^b = N_v \frac{\pi d_e^2}{4} f_v^b = 1 \times \frac{\pi \times 17.65^2}{4} \times 310 \times 10^{-3}\text{kN} = 75.8 \text{ kN}$$

抗压承载力 $N_t^b = d \cdot \sum t \cdot f_c^b = 20 \times 18 \times 615 \times 10^{-3}\text{kN} = 221.4 \text{ kN}$

抗拉承载力 $N_t^b = \dfrac{\pi d_e^2}{4} f_t^b = \dfrac{\pi \times 17.65^2}{4} \times 500 \times 10^{-3}\text{kN} = 122.3 \text{ kN}$

④验算螺栓承载力:

$$\sqrt{\left(\frac{N_v}{N_v^b}\right)^2 + \left(\frac{N_t}{N_t^b}\right)^2} = \sqrt{\left(\frac{37.5}{75.8}\right)^2 + \left(\frac{66.7}{122.3}\right)^2} = 0.74 < 1.0$$

$$N_v^b = 75.8 \text{ kN} < \frac{N_c^b}{1.2} = 184.5 \text{ kN}$$

可见采用高强度螺栓承压型连接比摩擦型连接需要的螺栓数目少。

思 考 题

3.1 简述钢结构连接的类型及特点。

3.2 为何要规定角焊缝焊脚尺寸的最大和最小限值?

3.3 为何要规定侧面焊缝的最大和最小长度?

3.4 简述焊接残余应力产生的原因及对构件工作性能的影响。

3.5 为何要规定螺栓排列的最大和最小间距？

3.6 普通螺栓抗剪连接有哪些可能的破坏形式？如何防止？

3.7 抗剪连接螺栓中普通螺栓与摩擦型高强度螺栓的性能有何不同？

3.8 已知 Q235 钢板截面 500 mm × 20 mm 用对接直焊缝拼接,采用手工焊焊条 E43 型,用引弧板,按Ⅲ级焊缝质量检验,试求焊缝所能承受的最大轴心拉力设计值。

3.9 焊接工字形截面梁,在腹板上设一道拼接的对接焊缝(图3.72),拼接处作用荷载设计值:弯矩 $M = 1\,122$ kN·m,剪力 $V = 374$ kN,钢材为 Q235B,焊条为 E43 型,半自动焊,三级检验标准,试验算该焊缝的强度。

3.10 试设计如图 3.73 所示双角钢和节点板间的角焊缝连接。钢材 Q235B,焊条 E43 型,手工焊,轴心拉力设计值 $N = 500$ kN(静力荷载)。①采用侧焊缝;②采用三面围焊。

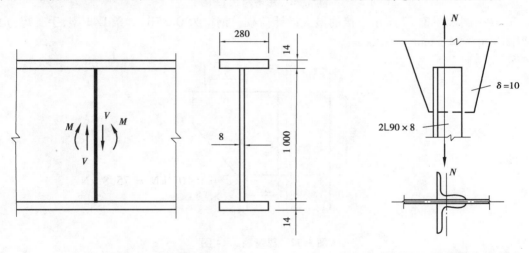

图 3.72　思考题 3.9 图　　　　　　　　图 3.73　思考题 3.10 图

3.11 图 3.74 所示焊接连接,采用三面围焊,承受的轴心拉力设计值 $N = 1\,000$ kN。钢材为 Q235B,焊条为 E43 型,试验算此连接焊缝是否满足要求。

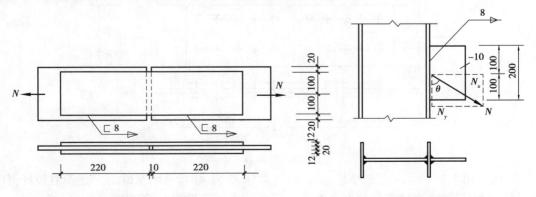

图 3.74　思考题 3.11 图　　　　　　　　图 3.75　思考题 3.12 图

3.12 试计算图 3.75 所示钢板与柱翼缘的连接角焊缝的强度。已知 $N = 390$ kN(设计值),与焊缝之间的夹角 $\theta = 60°$,钢材为 Q235,手工焊,焊条为 E43 型。

  3.13 试设计如图 3.76 所示牛腿与柱的连接角焊缝①、②、③。钢材为 Q235B,焊条 E43 型,手工焊。

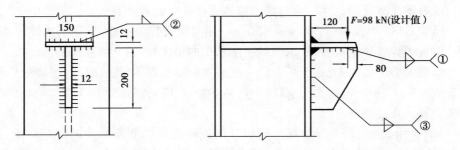

图 3.76 思考题 3.13 图

  3.14 试求图 3.77 所示连接的最大设计荷载。钢材为 Q235B,焊条 E43 型,手工焊,角焊缝焊脚尺寸 $h_f = 8$ mm,$e_1 = 30$ cm。

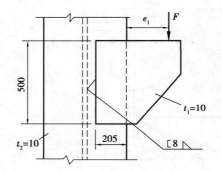

图 3.77 思考题 3.14 图

  3.15 如图 3.78 所示,两块钢板截面为 18 mm × 400 mm,钢材 Q235,承受轴心力设计值 $N = 1\ 180$ kN,采用 M22 普通螺栓拼接,I 类螺孔,试设计此连接。

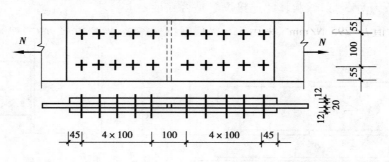

图 3.78 思考题 3.15 图

  3.16 图 3.79 所示的普通螺栓连接,材料为 Q235 钢,螺栓采用 M20,承受的荷载设计值 $V = 240$ kN。试按下列条件验算此连接是否安全:①假定支托承受剪力;②假定支托不承受剪力。

  3.17 某双盖板高强度螺栓摩擦型连接如图 3.80 所示。构件材料为 Q345 钢,螺栓采用 M20,强度等级为 8.8 级,接触面喷砂处理。试确定此连接所能承受的最大拉力 N。

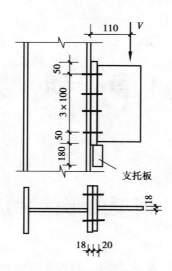

图 3.79　思考题 3.16 图

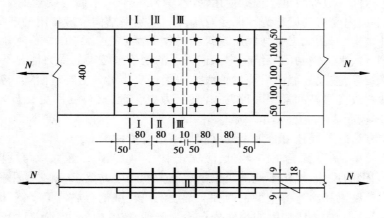

图 3.80　思考题 3.17 图

3.18　设计如图 3.81 所示连接,承受轴心拉力设计值为 $N=1\ 100$ kN。已知:钢材为 Q345,强度设计值 $f=295$ N/mm^2,采用 5.6 级精制螺栓连接,螺栓直径 M22,螺栓孔径取 $d_0=23.5$ mm,抗剪强度设计值为 $f_v^b=190$ N/mm^2,承压强度设计值为 $f_c^b=510$ N/mm^2。

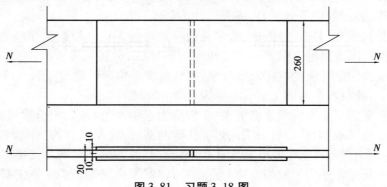

图 3.81　习题 3.18 图

第4章 钢 梁

4.1 钢梁的形式和应用

承受横向荷载和弯矩的构件称为受弯构件,其形式有实腹式和格构式两大类。

实腹式受弯构件一般称为梁。根据使用情况,只在一个主平面内受弯的梁称为单向受弯构件,在两个主平面内受弯的梁称为双向受弯构件。梁是钢结构中最常用的基本构件之一,被广泛应用于各种结构中,例如工业与民用建筑中的楼盖梁、屋盖梁、工作平台梁、吊车梁,以及桥梁,海上采油平台、水工钢闸门等结构中普遍采用的钢梁。按梁的受力情况不同可分为简支梁、连续梁、悬臂梁等;按梁的截面沿构件轴线方向是否变化可分为等截面梁和变截面梁,变截面梁有沿梁的轴线改变梁高和梁宽两种方式,其受力更合理,材料利用更充分,但变截面梁的制作较复杂、成本较高。

钢梁按制作方法的不同还可分为型钢梁和焊接组合梁两类。

型钢梁构造简单、制造省工、成本较低,应优先采用。但当荷载较大或跨度较大时,由于轧制条件的限制,型钢的尺寸、规格不能满足梁承载能力和刚度的要求,就必须采用焊接组合梁。

型钢梁有热轧型钢和冷弯薄壁型钢两种。常用的热轧型钢有热轧工字钢、槽钢、H 型钢等 [图 4.1(a)—(c)],其中以 H 型钢的截面分布最为合理,翼缘内外边缘平行,与其他构件的连接较为方便,应优先采用;槽钢因其截面扭转中心在腹板外侧,弯曲时将产生扭转,受力不利,故只有在构造上使荷载作用线接近扭转中心,或采取保证截面不发生扭转的构造措施时才被采用;由于轧制条件的限制,热轧型钢腹板较厚,用钢量较多。冷弯薄壁型钢梁的种类较多,目前被我国广泛使用的有 C 型钢[图 4.1(d)]和 Z 型钢[图 4.1(e)],冷弯薄壁型钢是由钢板通过冷轧加工成形,其板壁较薄,较为经济,但防腐要求较高。

钢组合梁是由板和型钢连接而成,最常见的形式是由 3 块钢板焊接而成的焊接工字形组合梁[图 4.1(f)],当焊接组合梁翼缘需要很厚时,可采用两层翼缘板的截面[图 4.1(g)];荷载很大而高度受到限制或梁的抗扭刚度要求较高时,可采用箱形截面[图4.1(h)]。组合梁的截面组成灵活,可使材料在截面上的分布更为合理,节省钢材。

根据工字形截面梁受弯时翼缘应力大、腹板应力小的受力特点,组合梁可做成异种钢梁,即翼缘采用强度较高的钢材,而腹板采用强度较低的钢材,或者将工字形的腹板沿梯形齿状切割成两半,然后错开半个节距,焊接成具有蜂窝状空洞而梁高增大的蜂窝梁,如图 4.2 所示。在桥梁等结构中还常常采用钢混组合梁(图 4.3),钢混组合梁是在工字钢上翼缘铺设钢筋混凝土板,在钢梁的顶面每隔一定距离设置纵向抗剪连接件,以保证二者整体弯曲,混凝土铺板基本受压,工字钢梁基本受拉,充分发挥两种材料的特性。

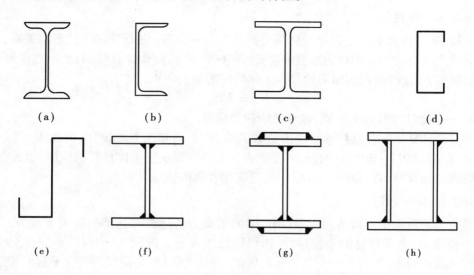

图 4.1 梁的截面形式

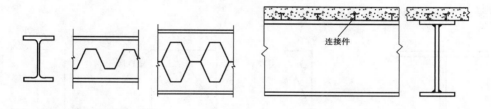

图 4.2 蜂窝梁   图 4.3 钢混组合梁

为了确保安全、经济、合理,梁的设计必须同时满足承载能力极限状态和正常使用极限状态的要求。梁同时承受弯矩、剪力以及局部范围的集中荷载作用,其承载能力极限状态计算包括抗弯强度、抗剪强度、局部承压强度和折算应力,同时还需计算梁的整体稳定性和局部稳定性。正常使用极限状态主要是指梁的刚度要求,即在荷载标准值的作用下,梁的最大挠度必须满足规范的要求。

4.2 钢梁的强度及刚度

4.2.1 钢梁的抗弯强度

根据试验,一般的低碳钢和低合金钢试件受弯时,其工作性能同简单的拉伸试验,可视为理想的弹塑性材料,应变符合平截面假定。因此,在静力荷载作用下,随着荷载的增加,梁弯曲应力的发展过程可分为 3 个阶段。以双轴对称工字形截面梁为例说明如下。

1)弹性工作阶段

荷载较小时,截面上各点的应力和应变都呈三角形分布,应力与应变成正比关系,截面上下边缘的最大应力均小于钢材的屈服强度 f_y[图 4.4(b)],荷载继续增加,截面边缘纤维应力达到屈服强度 f_y,此时的弯矩即为梁弹性工作阶段的最大弯矩:

$$M_e = f_y W_n \tag{4.1}$$

式中　W_n——梁的净截面抵抗矩,或称梁的截面模量。

对于需要计算疲劳和直接承受动力荷载的梁,常采用弹性方法设计,因此 M_e 是《钢结构设计标准》(GB 50017—2017)中直接承受动力荷载的钢梁抗弯强度计算的依据,也是《公路钢结构桥梁设计规范》(JTG D64—2015)中抗弯强度计算的依据。

2)弹塑性工作阶段

当梁边缘的最大正应力达到屈服点时,梁的承载力还远没有达到其极限承载力。随着荷载的进一步增加,由于钢材的塑性性质,边缘纤维进入屈服阶段,应力保持不变,应变继续增大,此时,在截面的上、下各有一个高为 a 的区域,在这个区域内,应变仍符合平截面假定,但应力不再随着应变的增加而增加,而是保持不变,形成塑性区[图 4.4(c)],梁处于弹塑性工作阶段,此时截面内对应的弯矩值即为《钢结构设计标准》(GB 50017—2017)中承受静力荷载或间接承受动力荷载的钢梁抗弯强度计算的依据。

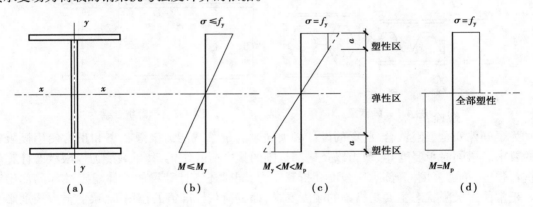

图 4.4　各受力阶段梁截面上的正应力分布

3)塑性工作阶段

随着荷载的进一步增大,塑性区不断发展,弹性区不断减小。由于截面内部弹性区的约束,截面塑性区的塑性变形不能自由发展,钢梁仍能承受更大的荷载作用。当弹性区减小至完全消失时[图 4.4(d)],荷载不再增加,而变形继续发展,形成“塑性铰”,梁的承载力达到极限承载力,此时的弯矩称为梁塑性弯矩。

$$M_p = f_y(S_{1n} + S_{2n}) = W_{pn} f_y \tag{4.2}$$

式中　S_{1n}, S_{2n}——分别为中和轴以上及以下净截面面积对中和轴的面积矩;

　　　W_{pn}——梁的净截面塑性抵抗矩,$W_{pn} = S_{1n} + S_{2n}$。

梁的塑性弯矩与弹性弯矩之比为:

$$\gamma_F = \frac{M_p}{M_e} = \frac{W_{pn}}{W_{en}} \tag{4.3}$$

γ_F 称为截面的形状系数,与截面的几何形状有关,而与所用材料无关。一般截面的形状系数如图4.5所示。

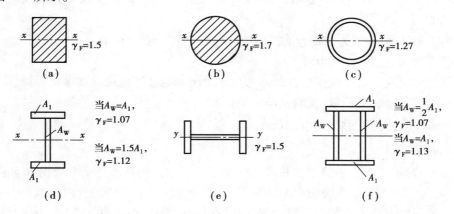

图4.5 截面形状系数

钢结构设计计算中,若全部采用弹性弯矩,则偏于保守;若全部采用塑性弯矩,虽然可以获得较大的经济效益,但过大的塑性变形将使其不适于继续承载,不能满足刚度要求。故《钢结构设计标准》(GB 50017—2017)规定:对于不直接承受动力荷载的固端梁、连续梁以及实腹式构件组成的单层和两层框架结构,可以采用塑性设计(即以塑性弯矩为极限弯矩);对需计算疲劳的梁,采用弹性设计;除以上两类构件外,一般的静定梁可以有限制地利用塑性,取截面的塑性发展深度 $a \leqslant 0.125\ h$,采用塑性部分深入截面的弹塑性工作阶段作为设计准则。γ_x,γ_y 是考虑塑性部分深入截面的系数,称为截面塑性发展系数,γ_x,γ_y 的取值见附录3。

4.2.2 钢梁的强度计算

1)梁的抗弯强度计算

《钢结构设计标准》(GB 50017—2017)采用概率极限状态计算法,在主平面内受弯的实腹构件,其抗弯强度按下列规定计算:

单向弯矩

$$\sigma = \frac{M_x}{\gamma_x W_{nx}} \leqslant f \tag{4.4}$$

双向弯矩

$$\sigma = \frac{M_x}{\gamma_x W_{nx}} + \frac{M_y}{\gamma_y W_{ny}} \leqslant f \tag{4.5}$$

式中　M_x,M_y——同一截面处绕 x 轴和 y 轴的弯矩设计值。

W_{nx},W_{ny}——对 x 轴和 y 轴的净截面模量,当截面板件宽厚比等级为 S1、S2、S3 或 S4 级时,应取全截面模量,当截面板件宽厚比等级为 S5 级时,应取有效截面模量,均匀受压翼缘有效外伸宽度可取 $15\varepsilon_k$。

γ_x,γ_y——对主轴 x 和 y 轴的截面塑性发展系数,其具体取法如下:

①对工字形和箱形截面,当截面板件宽厚比等级为 S4 或 S5 级时,截面塑性发展系数应取为 1.0,当截面板件宽厚比等级为 S1,S2 及 S3 时,截面塑性发展系数应按下列规定取值:

a. 工字形截面(x 轴为强轴,y 轴为弱轴):$\gamma_x = 1.05$,$\gamma_y = 1.20$;

b. 箱形截面:$\gamma_x = \gamma_y = 1.05$;

②其他截面应根据其受压板件的内力分布情况确定其截面板件宽厚比等级;

③对需要计算疲劳的梁,宜取 $\gamma_x = \gamma_y = 1.0$。

f——钢材的抗弯强度设计值,N/mm²。

2)梁的抗剪强度计算

通常,梁同时承受弯矩和剪力的共同作用。工字形截面梁腹板上剪应力分布如图 4.6 所示,截面上最大剪应力发生在腹板中和轴处。在主平面受弯的实腹式构件,以截面上最大剪应力达到钢材的屈服强度为承载力极限状态。其抗剪强度应按式(4.6)计算:

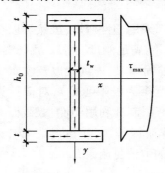

$$\tau = \frac{VS}{It_w} \leqslant f_v \tag{4.6}$$

式中　V——计算截面沿腹板平面作用的剪力设计值,N;

S——计算剪应力处以上(或以下)毛截面对中和轴的面积矩,mm³;

I——构件的毛截面惯性矩,mm⁴;

t_w——腹板厚度,mm;

f_v——钢材的抗剪强度设计值,N/mm²。

图 4.6　腹板剪应力

3)局部承压强度

当梁上翼缘受有沿腹板平面作用的集中荷载,且该集中荷载处又未设置支承加劲肋时,腹板计算高度上边缘的局部承压强度应按式(4.7)计算:

$$\sigma_c = \frac{\psi F}{t_w l_z} \leqslant f \tag{4.7}$$

$$l_z = 3.25 \sqrt[3]{\frac{I_R + I_f}{t_w}} \tag{4.8}$$

$$l_z = a + 5h_y + 2h_R \tag{4.9}$$

式中　F——集中荷载,对动力荷载应考虑动力系数,N;

ψ——集中荷载增大系数,对重级工作制吊车梁,$\psi = 1.35$;对其他梁,$\psi = 1.0$;

l_z——集中荷载在腹板计算高度上边缘的假定分布长度,宜按式(4.8)计算,也可采用简化式(4.9)计算;

I_R——轨道绕自身形心轴的惯性矩,mm⁴;

I_f——梁上翼缘绕翼缘中面的惯性矩,mm⁴;

a——集中荷载沿梁跨度方向的支承长度,对钢轨上的轮压可取 50 mm;

h_y——自梁顶面至腹板计算高度上边缘的距离,对焊接梁为上翼缘厚度,对轧制工字形截面梁,是梁顶面到腹板过渡完成点的距离,mm;

h_R——轨道的高度,对梁顶无轨道的梁 $h_R = 0$;

f——钢材的抗压强度设计值,N/mm^2。

4)折算应力

梁上一般同时作用有弯矩、剪力及集中荷载作用。在进行梁的强度计算时,不仅要验算截面上的最大正应力、最大剪应力是否满足要求,而且在梁的腹板计算高度边缘处,由于同时承受较大的正应力、剪应力以及局部压应力的作用(图4.7),尽管其正应力和剪应力不是最大,但其折算应力则可能更危险,故应按式(4.11)验算其折算应力:

$$\sigma_{eq} = \sqrt{\sigma^2 + \sigma_c^2 - \sigma\sigma_c + 3\tau^2} \leqslant \beta_1 f \tag{4.10}$$

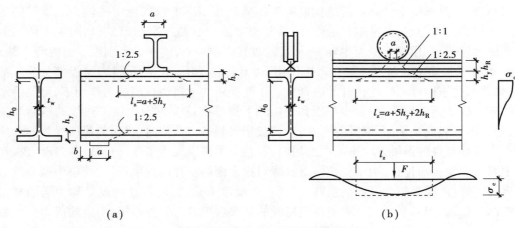

图4.7 腹板边缘局部压应力分布

式中 σ, τ, σ_c——腹板计算高度边缘同一点上同时产生的正应力、剪应力及局部压应力。

τ 按式 $\tau = \dfrac{VS_1}{It_w}$ 计算,S_1 为腹板计算高度边缘处以上或以下面积对中和轴的面积矩,σ 应按式 $\sigma = \dfrac{M}{I_n}y_1$ 计算,y_1 为所计算点到中和轴的距离;σ_c 按式(4.10)计算。σ_c 以拉应力为正值,压应力为负值,N/mm^2;

β_1——计算折算应力时的强度设计值增大系数。当 σ 与 σ_c 异号时,取 $\beta_1 = 1.2$;当 σ 与 σ_c 同号或 $\sigma_c = 0$ 时,取 $\beta_1 = 1.1$。

4.2.3 受弯构件的刚度

梁的刚度用梁在标准荷载作用下的挠度来衡量。梁的刚度不足,梁的挠度超过某一限值时,将影响结构使用过程中设备的正常运转、装饰物与非结构构件以及人的舒适感。桥梁的挠度过大,可能引起桥面铺装层、人行道板以及护栏的受力状态,会加剧汽车运行时的冲击和振动。一般梁的刚度可按式(4.11)验算:

$$v \leqslant [v] \tag{4.11}$$

式中　v——由荷载的标准值引起的梁跨中最大挠度值;

　　　$[v]$——为梁的容许挠度值,参照附表 2 采用。

4.3　钢梁的整体稳定性

4.3.1　整体稳定性的概念

简而言之,整体稳定性就是指结构或构件在荷载作用下能保持稳定的能力。钢梁同钢筋混凝土梁相比,为了充分发挥钢材的强度,其截面常设计成高而窄的形式,如图 4.8 所示的工字形截面梁,荷载作用在梁截面主轴 y—y 且通过其弯曲中心,梁在最大刚度平面内绕主轴 x—x 弯曲,梁处于平面弯曲状态。梁在弯矩作用下,上翼缘受压、下翼缘受拉、腹板部分受压部分受拉,梁犹如受压构件和受拉构件的组合体。虽然受压的上翼缘在压应力作用下,可能沿刚度较小的翼缘板平面外屈曲,但由于腹板和受拉的下翼缘在这个方向提供了连续的抗弯和抗剪约束,使其不可能发生平面外的屈曲。当外荷载增大到一定数值时,受压翼缘所受到的压应力将使翼缘板绕自身的强轴发生平面内的屈曲,对整个梁来说发生了侧向位移,并带动腹板和受拉的下翼缘发生侧向位移,由于受拉的下翼缘对这个侧向位移的约束作用,使整个截面发生侧向位移的同时,伴随着整个截面的扭转,继而丧失继续承载的能力,这种现象称为梁的弯扭屈曲或整体失稳,如图 4.9 所示。梁整体失稳时的最大弯矩称为临界弯矩,对应的应力称为临界应力。在梁所承受的弯矩达到临界弯矩之前,梁在弯矩作用平面内发生弯曲;当达到临界弯矩时,梁突然发生弯矩平面外的位移和扭转。如果临界应力低于屈服点,属于弹性弯扭失稳,可采用弹性稳定理论通过在梁失稳后的位移建立平衡微分方程的方法求解。

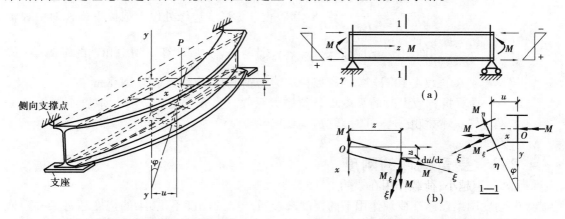

图 4.8　钢梁丧失整体稳定性的现象　　　　图 4.9　工字形截面简支梁整体弯扭失稳

根据弹性稳定理论,双轴对称工字形等截面梁的临界荷载、临界弯矩和受压翼缘的临界应力分别为:

临界荷载
$$p_{cr} = \frac{k_p \sqrt{EI_y GJ}}{l_1^2} \qquad (4.12)$$

临界弯矩
$$M_{cr} = \frac{k \sqrt{EI_y GJ}}{l_1} \qquad (4.13)$$

临界应力
$$\sigma_{cr} = \frac{k \sqrt{EI_y GJ}}{l_1 W} \qquad (4.14)$$

式中 l_1——梁受压翼缘的自由长度,等于梁的跨度或侧向支撑点的间距;

EI_y——梁截面的侧向抗弯刚度;

GJ——梁截面的抗扭刚度;

k_p,k——与梁的荷载形式和作用位置、跨度、支承情况和截面几何特性有关的系数,

简支梁受均布荷载作用时

$$k_p = 28.3 \left[\sqrt{1 + \frac{11.9}{\alpha^2 l_1^2}} \mp \frac{1.414}{\alpha l_1} \right] \qquad (4.15)$$

$$k = 3.54 \left[\sqrt{1 + \frac{11.9}{\alpha^2 l_1^2}} \mp \frac{1.414}{\alpha l_1} \right] \qquad (4.16)$$

简支梁受纯弯曲时

$$k = \pi \sqrt{1 + \frac{\pi^2}{\alpha^2 l_1^2}}$$

式中 $\alpha^2 = \dfrac{GJ}{EI_w}$;

EI_w——梁截面的翘曲刚度,对工字形截面,$I_w = \dfrac{I_y h^2}{4}$,$I_y = \dfrac{t_1 b_1^2}{6}$,$J = \dfrac{1.3}{3}(t_w^3 h_0 + 2b_1 t_1^3) \approx \dfrac{At_1^2}{3}$;

b_1,t_1——分别为工字形截面梁的翼缘宽度和厚度;

h_0,t——分别为工字形截面梁的腹板高度和厚度;

A——梁的毛截面面积。

从以上临界弯矩的计算可见:

①截面的侧向刚度 EI_y、抗扭刚度 GJ 和翘曲刚度 EI_w 越大,临界弯矩越高。

②梁两端约束程度越高,临界弯矩越高;构件侧向支承点间的间距 l_1 越小,临界弯矩越大。

③梁的整体失稳是由于受压翼缘侧向弯曲引起的,受压翼缘越宽大的截面,其临界弯矩越高。

④荷载的类型和作用位置对临界弯矩的影响,弯矩图越饱满,受压翼缘所受到的压应力越高,其临界弯矩越小;荷载作用在梁的上翼缘,当梁发生扭转时,将加剧扭转,助长屈曲,降低临界弯矩;反之,当荷载作用在梁的下翼缘时,将减缓扭转,提高临界弯矩。

为了提高梁的整体稳定性,可采取以下措施:

①加宽受压翼缘板,可使 I_x 和 I_y 都得到提高。

②增加横向联系,减小梁的侧向计算长度 l_1。

③当梁内无法增设侧向支撑时,宜采用闭合的箱形截面,工字形截面、槽形、T形截面次之,避免选用 L 形截面。

④增加梁两端的约束提高其整体稳定性。

⑤减少初始变形、初始偏心、残余应力等初始缺陷。

4.3.2　整体稳定性的验算方法

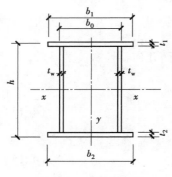

图 4.10　箱形截面

当符合下列 3 种情况之一时,可不计算梁的整体稳定性:

①有铺板(各种钢筋混凝土板和钢板)密铺在梁的受压翼缘上并与其牢固相连,能阻止梁受压翼缘的侧向位移时。

②当箱形截面简支梁符合第①条的要求或其截面尺寸(图 4.10)满足 $h/b_0 \leq 6$,$l_1/b_0 \leq 95\dfrac{235}{f_y}$ 时,l_1 为受压翼缘侧向支承点间的距离(梁的支座处视为有侧向支承)。

③H 型钢或工字形截面简支梁受压翼缘自由长度 l_1 与其宽度 b_1 之比不超过表 4.1 所列数值时。

表 4.1　H 型钢或工字形截面简支梁不需验算整体稳定性的最大 l_1/b_1 值

钢　号	跨中无侧向支承点的梁		跨中受压翼缘有侧向支承点的梁,不论荷载作用于何处
	荷载作用在上翼缘	荷载作用在下翼缘	
Q235	13.0	20.0	16.0
Q345	10.5	16.5	13.0
Q390	10.0	15.5	12.5
Q420	9.5	15.0	12.0

对不满足上述不必验算整体稳定的条件时,需进行整体稳定性验算。

●《钢结构设计标准》(GB 50017—2017)规定的计算方法

为保证梁不发生整体失稳,其临界应力应不超过弯曲应力,即

$$\sigma = \frac{M_x}{W_x} \leq \sigma_{cr} = \frac{M_{cr}}{W_x} \tag{4.17}$$

考虑材料的抗力分项系数:

$$\sigma \leq \frac{\sigma_{cr}}{\gamma_R} = \frac{\sigma_{cr} f_y}{f_y \gamma_R} = \varphi_b f \tag{4.18}$$

式中,$\varphi_b = \sigma_{cr}/f_y$ 为梁的整体稳定系数,按附录 10 计算。对于工字形截面梁有:

$$\varphi_b = \beta_b \frac{4\,320}{\lambda_y^2} \frac{Ah}{W_x} \left[\sqrt{1 + \left(\frac{\lambda_y t_1}{4.4h}\right)^2} + \eta_b \right] \frac{235}{f_y} \tag{4.19}$$

《钢结构设计标准》(GB 50017—2017)规定的梁整体稳定验算方法:

单向受弯构件
$$\sigma = \frac{M_x}{\varphi_\mathrm{b} W_x} \leqslant f \tag{4.20}$$

双向受弯构件
$$\frac{M_x}{\varphi_\mathrm{b} W_x} + \frac{M_y}{\gamma_y W_y} \leqslant f \tag{4.21}$$

上述整体稳定系数的计算是按弹性理论方法计算的。研究表明,当按式(4.19)算得的φ_b大于0.6时,梁已进入弹塑性工作阶段,其整体稳定的临界力有明显下降,必须对φ_b进行修正。《钢结构设计标准》(GB 50017—2017)规定,当按式(4.19)算得的φ_b大于0.6时,应用式(4.22)计算的φ_b'代替φ_b值进行梁的整体稳定性验算:

$$\varphi_\mathrm{b}' = 1.07 - \frac{0.282}{\varphi_\mathrm{b}} \leqslant 1.0 \tag{4.22}$$

• 《公路桥梁钢结构设计规范》(JTG D64—2015)规定的计算方法

在桥梁钢结构中,由于制造安装等原因,实际钢结构不可避免地存在结构与荷载的初偏心和残余应力等,实际钢桥的失稳破坏为弹塑性极值稳定问题。由于影响弹塑性极值稳定的因素很多,计算复杂,钢结构的实际失稳临界应力难以通过计算求得。为了解决钢桥的整体稳定设计问题,许多研究者在整体稳定性验算中主要考虑梁在作用于其平面内的弯矩单独作用下,构件呈现弯扭失稳时的整体稳定折减系数。为保证梁不发生整体失稳,当等截面钢梁不满足可不计算梁整体稳定性的要求时,应按《公路桥梁钢结构设计规范》(JTG D64—2015)中有关梁的整体稳定验算公式进行梁整体稳定的计算。

单向受弯时
$$\frac{\gamma_0 \beta_{\mathrm{m},x} M_x}{\chi_{\mathrm{LT},x} M_{\mathrm{Rd},x}} \leqslant 1 \tag{4.23}$$

双向受弯时
$$\gamma_0 \left(\beta_{\mathrm{m},x} \frac{M_x}{\chi_{\mathrm{LT},x} M_{\mathrm{Rd},x}} + \frac{M_y}{M_{\mathrm{Rd},y}} \right) \leqslant 1 \tag{4.24a}$$

$$\gamma_0 \left(\frac{M_x}{M_{\mathrm{Rd},x}} + \beta_{\mathrm{m},y} \frac{M_y}{\chi_{\mathrm{LT},y} M_{\mathrm{Rd},y}} \right) \leqslant 1 \tag{4.24b}$$

$$M_{\mathrm{Rd},x} = W_{x,\mathrm{eff}} f_\mathrm{d} \tag{4.25}$$

$$M_{\mathrm{Rd},y} = W_{y,\mathrm{eff}} f_\mathrm{d} \tag{4.26}$$

$$\overline{\lambda}_{\mathrm{LT},x} = \sqrt{\frac{W_{x,\mathrm{eff}} f_y}{M_{\mathrm{cr},x}}} \tag{4.27}$$

$$\overline{\lambda}_{\mathrm{LT},y} = \sqrt{\frac{W_{y,\mathrm{eff}} f_y}{M_{\mathrm{cr},y}}} \tag{4.28}$$

式中　M_x, M_y——分别为两个主平面内绕x轴和y轴的弯矩设计值;

　　　$\beta_{\mathrm{m},x}, \beta_{\mathrm{m},y}$——等效弯矩系数,按表采用(轴心受压构件);

　　　$\chi_{\mathrm{LT},x}, \chi_{\mathrm{LT},y}$——分别为两个主平面内弯矩单独作用下的弯扭屈曲整体稳定折减系数,但
　　　　　　相对长细比采用$\overline{\lambda}_{\mathrm{LT},x}, \overline{\lambda}_{\mathrm{LT},y}$,截面类型按附表4.3采用;

　　　$\overline{\lambda}_{\mathrm{LT},x}, \overline{\lambda}_{\mathrm{LT},y}$——弯扭相对长细比;

　　　$W_{x,\mathrm{eff}}, W_{y,\mathrm{eff}}$——有效截面相对于$x$轴和$y$轴的截面模量,其中受拉翼缘仅考虑剪力滞影

响,受压翼缘同时考虑剪力滞和局部稳定影响;

$M_{cr,x}$,$M_{cr,y}$——两个主平面内弯矩单独作用下,考虑约束影响的构件弯扭失稳模态的整体弯扭弹性屈曲弯矩,可采用有限元方法计算。

【例4.1】 对均布荷载作用下热轧工字钢简支梁的强度、刚度和整体稳定性验算。热轧工字钢简支梁的计算跨径 $l = 6$ m,截面采用 I36a,梁上作用均布荷载设计值 $q = 30$ kN/m,荷载标准值 $q_k = 23$ kN/m。该梁为顶棚次梁,未设加劲肋,跨中设置侧向支承,钢材为 Q235,恒载分项系数 $\gamma_G = 1.2$。

【解】 根据附表 7.1、附表 1.1 得:$A = 76.44$ cm^2,$W_x = 877.6$ cm^3,$I_x = 15\,796$ cm^4,$t_w = 10$ mm,$g_k = 60$ kg/m,$S_x = 508.8$ cm^3,$f = 215$ N/mm^2,$f_v = 125$ N/mm^2,$E = 2.06 \times 10^5$ N/mm^2,$[v] = \dfrac{l}{250}$。

1)弯矩设计值和剪力设计值

弯矩设计值:

$$M_{max} = \frac{1}{8}ql^2 = \frac{1}{8} \times (30 + 60 \times 10^{-3} \times 10 \times 1.2) \times 6^2 \text{ kN·m} = 138.24 \text{ kN·m}$$

剪力设计值:

$$V_{max} = \frac{1}{2}ql = \frac{1}{2} \times (30 + 60 \times 10^{-3} \times 10 \times 1.2) \times 6 \text{ kN} = 92.16 \text{ kN}$$

2)强度验算

抗弯强度:

$$\sigma = \frac{M_{max}}{\gamma_x W_x} = \frac{138.24 \times 10^6}{1.05 \times 877.6 \times 10^3} \text{N/mm}^2 = 150 \text{ N/mm}^2 < f = 215 \text{ N/mm}^2 (抗弯强度满足要求)$$

抗剪强度:

$$\tau = \frac{V_{max} S_x}{I_x t_w} = \frac{92.16 \times 10^3 \times 508.8 \times 10^3}{15\,796 \times 10^4 \times 10} \text{N/mm}^2 = 29.7 \text{ N/mm}^2 < f_v = 125 \text{ N/mm}^2 (抗剪强度满足要求)$$

梁上承受均布荷载,无须验算局部承压强度。

3)刚度验算

梁的刚度按荷载标准值由结构力学方法计算:

$$v_{max} = \frac{5}{384} \frac{q_k l^4}{EI_x} = \frac{5}{384} \times \frac{(23 + 0.6) \times 6\,000^4}{2.06 \times 10^5 \times 15\,796 \times 10^4} \text{ mm} = 12 \text{ mm} < \frac{l}{250} = 24 \text{ mm}$$

4)整体稳定性验算

跨中有侧向支承,工字钢为 I36a,侧向支承中间的距离 $l_1 = 3$ m,根据附表 10.2 查得 $\varphi_b = 1.8 > 0.6$,计算 φ_b':

$$\varphi_b' = 1.07 - \frac{0.282}{\varphi_b} = 1.07 - \frac{0.282}{1.8} = 0.91 < 1$$

$$\frac{M_{max}}{\varphi_b' W_x} = \frac{138.24 \times 10^6}{0.91 \times 877.6 \times 10^3} \text{ N/mm}^2 = 173.1 \text{ N/mm}^2 < f = 215 \text{ N/mm}^2 (整体稳定满足要求)$$

4.4　型钢梁的设计

型钢梁也称为轧成梁,是利用现有的热轧型钢来承受横向荷载的作用,其中应用最广泛的是热轧工字钢和 H 型钢。型钢梁的设计较为简单,仅需要根据计算所得的梁承受的最大弯矩,计算所需要的截面抵抗矩,然后从型钢表中选择所需要的截面,并验算截面强度、整体稳定性和刚度。由于受轧制条件的限制,型钢梁的翼缘和腹板均较厚,一般可以不验算截面的局部稳定性,并根据具体情况验算抗剪强度。

型钢梁的设计步骤:

①计算内力。根据已知的梁设计荷载、跨度及支承条件,计算梁的最大弯矩设计值和剪力设计值。

②计算所需的截面抵抗矩。根据梁所承受的最大弯矩设计值,按抗弯强度要求计算所需的截面抵抗矩 $W_{nx} = M_x/(\gamma_x f)$,按整体稳定性要求计算所需的截面抵抗矩 $W = M_x/(\varphi_b f)$,取两者中的较大值。

③当在最大弯矩截面处,有螺栓孔削弱截面时,将计算所得的 W_{nx} 增大 10% ~ 15% 后,从型钢表中选择适当的型钢,并从型钢表中查出所需的截面特性。

④抗弯强度验算:按式(4.4)、式(4.5)验算梁的抗弯强度,按式(4.20)或式(4.21)验算梁的整体稳定性,此时的弯矩应包括型钢梁实际自重所产生的弯矩。如果不满足应重新选择截面。

⑤抗剪强度验算:按式(4.6)验算梁的抗剪强度,此时的剪力应包括型钢梁实际自重所产生的剪力。

⑥局部承压强度验算:当梁承受集中力作用时,尚应按式(4.7)验算腹板计算高度上边缘的局部承压强度。

⑦折算应力验算:按式(4.10)进行。

⑧挠度验算:按照《钢结构设计标准》(GB 50017—2017)的规定,根据荷载标准值,按结构力学的方法计算构件的挠度值不大于表4.2及附表2.1规定的挠度限值。

路桥钢结构型钢梁的计算步骤同上,只需将以上公式换成路桥相应的计算公式。

表4.2　钢梁的挠度限值

项　次	1	2	3	4
桥梁结构形式	简支或连续桁架	简支或连续板梁	梁的悬臂端部	悬索桥
容许挠度值	$l/800$	$l/600$	$l_1/300$	$l/400$

注:l 为计算跨经;l_1 为悬臂长度。

【例4.2】　设计图 4.11 中的工作平台次梁。次梁跨度为 6 m,间距2.5 m,预制钢筋混凝

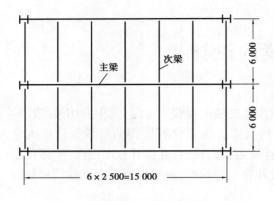

主梁　次梁

6 000

6 000

6×2 500=15 000

图4.11　例4.2图

95.5 kN/m

土铺板焊于次梁上翼缘。平台永久荷载(不包括次梁自重)为 8.5 kN/m²,荷载分项系数为1.2,活荷载为 20 kN/m²,荷载分项系数为 1.4,钢材用 Q235。(若考虑次梁叠接在主梁上,其支承长度 $a = 15$ cm, $[v] = \dfrac{l}{400}$)。

【解】　设计数据: $f = 215$ N/mm², $f_v = 125$ N/mm²。

1)次梁的荷载及内力

均布荷载设计值:

$$g = (1.2 \times 8.5 + 1.4 \times 20) \times 2.5 \text{ kN/m} = 95.5 \text{ kN/m}$$

最大弯矩:

$$M_x = \frac{1}{8}gl^2 = \frac{1}{8} \times 95.5 \times 6^2 \text{ kN/m} = 429.75 \text{ kN/m}$$

2)初选截面

承受跨中最大弯矩所需要的截面抵抗矩为:

$$W_x = \frac{M_x}{\gamma_x f} = \frac{429.75 \times 10^6}{1.05 \times 215} \times 10^{-3} \text{cm}^3 = 1\ 904 \text{ cm}^3$$

选用 I50b, $W_x = 1\ 942.2$ cm³, $I_x = 48\ 556$ cm⁴, $A = 129.25$ cm², $r = 14$ mm, $t_w = 14$ mm, $b = 160$ mm, $t = 20$ mm, $g_1 = 101.46$ kg/m $= 1\ 014.6$ N/m, $S_x = 1\ 146.6$ cm³。

3)强度验算

(1)正应力验算

次梁自重弯矩: $M_1 = \dfrac{1}{8} \times 1.2 \times 1.014\ 6 \times 6^2 \text{ kN} \cdot \text{m} = 5.48 \text{ kN} \cdot \text{m}$

$$\frac{160 - 14 - 2 \times 14}{2 \times 20} = 2.95 < 13\sqrt{\frac{235}{f_y}}, \gamma_x = 1.05$$

$$\sigma = \frac{M_x + M_1}{\gamma_x W_x} = \frac{(429.75 + 5.48) \times 10^6}{1.05 \times 1\ 942.2 \times 10^3} \text{N/mm}^2 = 213.4 \text{ N/mm}^2 < f = 215 \text{ N/mm}^2 (抗弯强度满足要求)$$

(2)剪应力验算

支座剪力: $V = 0.5(95.5 + 1.2 \times 1.014\ 6) \times 6 \text{ kN} = 290.15 \text{ kN}$

$$\tau = \frac{VS_x}{It_w} = \frac{290.15 \times 10^3 \times 1\ 146.6 \times 10^3}{48\ 556 \times 10^4 \times 14} \text{N/mm}^2 = 49 \text{ N/mm}^2 < f_v = 125 \text{ N/mm}^2 (抗剪强度满足要求)$$

(3)支座处腹板局部压应力

次梁承受均布荷载作用,其上翼缘没有局部集中荷载作用,可不验算局部压应力,但考虑次梁叠接在主梁上,应验算支座处腹板局部压应力。

支座反力 $F = R = 290.15$ kN，集中荷载增大系数 $\psi = 1.0$，设支承长度 $a = 15$ cm。

支承面至腹板边缘的垂直距离：$h_y = r + t = (14 + 20)$ mm $= 34$ mm，$h_R = 0$。

$$l_z = a + 5h_y = 15 \text{ cm} + 5 \times 3.4 \text{ cm} = 32 \text{ cm}$$

局部承压强度：

$$\sigma = \frac{\psi F}{t_w l_z} = \frac{1.0 \times 290.15 \times 10^3}{14 \times 320} \text{N/mm}^2 = 64.8 \text{ N/mm}^2 < f = 215 \text{ N/mm}^2$$

4）整体稳定性验算

由于次梁受压翼缘与刚性面板焊接（钢筋混凝土铺板焊于上翼缘），能保证其整体稳定性，按规范要求，可不验算整体稳定性。

5）局部稳定性

由于次梁采用型钢梁，可不验算其局部稳定性。

6）刚度验算

刚度验算按正常使用极限状态进行验算，采用荷载的标准组合：

$$q_k = (8.5 + 20) \times 2.5 \text{ kN/m} + 1.014\ 6 \text{ kN/m} = 72.3 \text{ kN/m} = 72.3 \text{ N/mm}$$

$$v = \frac{5}{384} \frac{q_k l^4}{EI_x} = \frac{5}{384} \times \frac{72.3 \times 6\ 000^4}{2.06 \times 10^5 \times 48\ 556 \times 10^4} \text{mm} = 12.2 \text{ mm} < \frac{l}{400} = 15 \text{ mm}$$

4.5　焊接组合梁的截面选择和截面改变

焊接组合梁的设计主要分截面选择、截面验算和截面改变 3 个步骤。截面选择是根据梁的跨度与荷载所求得的最大弯矩设计值及剪力设计值以及强度、稳定性和刚度的要求，选择经济合理的截面尺寸；截面验算是校核已经选择完成的截面，看是否满足强度、稳定性和刚度的要求；截面改变是从经济的角度出发，在弯矩较小处减小梁的截面，以节省材料。下面以焊接工字形截面梁为例说明焊接组合梁的截面选择和截面改变。

4.5.1　截面选择

截面选择是整个焊接组合梁设计的关键，也是其余各部分设计的基础，而截面选择的关键又是截面高度的选择，截面选择是否合理、经济都与梁高的选择密切相关。

1）梁高的选择

梁高的选择应考虑建筑高度、梁的刚度和经济条件的要求。

（1）最大梁高 h_{max}

最大梁高是满足建筑物净空要求允许的最大高度。在实际工程中，建筑钢结构构件相对建筑物本身来说构件截面尺寸较小，一般不会受建筑物净空要求的限制，而桥梁工程中的钢结构构件尺寸很大，所以梁高的选择应考虑建筑高度、梁的刚度、强度和经济条件的要求。通常主梁以截面应力控制设计时的用钢量比刚度控制设计的用钢量要省,为了有效地发挥钢材的作用和提高钢材的利用效率,节省钢材,主梁设计应该尽可能采用以截面应力为控制目标的设计方法。

(2)最小梁高 h_{min}

最小梁高指满足梁的刚度要求所必需的最小高度,即在充分利用材料强度的同时,又刚好满足梁的刚度要求。下面以承受均布荷载作用的简支梁为例来说明最小梁高的计算方法。梁的刚度要求 $v \leqslant [v]$(v 为由荷载标准值引起的梁中最大挠度,$[v]$ 为梁的容许挠度值),见附表2.1。

$$M = \frac{1}{8}q_k l^2, I = W\frac{h}{2}, \sigma = \frac{M}{W}$$

$$v_{max} = \frac{5q_k l^4}{384EI} = \frac{5l^2}{48EI}\frac{q_k l^2}{8} = \frac{5}{48}\frac{M_{max}l^2}{EW_x(h/2)} = \frac{5\sigma_{kmax}l^2}{24Eh} \leqslant [v] \tag{4.29}$$

由式(4.29)可见,梁的刚度与梁高成反比,满足最大挠度要求的梁高即为刚度确定的最小梁高。为了既能充分发挥材料的强度又能满足梁的刚度要求,上式取等号,令 $\sigma_{kmax} = f/1.3$(1.3为永久荷载分项系数和活荷载分项系数的平均值)并整理得:

$$h_{min} = \frac{5fl}{31.2}\left[\frac{1}{v/l}\right] \tag{4.30}$$

(3)经济梁高 h_e

确定经济梁高的条件是使梁的自重最轻,并且不考虑梁高对于整个承重结构的影响。考虑这种影响,必须通过结构优化设计来解决。

经济梁高可用如下的经验公式计算:

$$h_e = 7\sqrt[3]{W_x} - 30 \text{ cm} \tag{4.31}$$

选择梁高时,应满足 $h_{min} \leqslant h \leqslant h_{max}$,还应注意梁高在 h_e 附近变动,对梁重的影响较小。根据统计,即使 h 与 h_e 相差20%左右,梁重也仅相差4%左右,而选择较小的梁高,对梁的稳定、减小整个结构的建筑高度、节省横向连接系钢材等有利,因此选择梁高时一般选择较经济梁高小,而接近最小梁高。

腹板高度与梁高相差不大,一般可直接按上面所计算的梁高选取符合钢板规格的整数作为腹板的高度。钢板的宽度一般以50 mm为级差。

2)腹板厚度 t_w

腹板厚度应满足抗剪强度、腹板的局部稳定性、防锈和钢板规格的要求。从截面受力来看,腹板宜既薄又高,但高而薄的腹板受力后,容易丧失局部稳定性。为满足局部稳定性的要求,要设置过多的加劲肋,反而不经济。

抗剪要求的腹板厚度:

$$\tau_{max} = 1.2\frac{V_{max}}{h_0 t_w} \leqslant f_v \tag{4.32}$$

式中假设腹板最大剪应力为平均剪应力的1.2倍,V_{max} 为梁的最大剪力设计值。

由式(4.32)计算得到抗剪要求的最小厚度为:

$$t_w \geqslant 1.2\frac{V_{max}}{h_0 f_v} \tag{4.33}$$

由式(4.33)计算所得的腹板厚度一般较小,为满足局部稳定和构造的要求,常按下列经验公式估算：

$$t_w = \frac{\sqrt{h_0}}{3.5} \qquad\qquad (4.34)$$

一般情况下，腹板的厚度最好为 8～22 mm。对特别小跨度的梁，腹板厚度可采用 6 mm，并应满足钢板供应规格的要求。

3）翼缘尺寸 b_1 和 t_1

由梁的抗弯强度条件 $\sigma = \dfrac{M_x}{\gamma_x W_{nx}}$ 求得需要的净截面抵抗矩 W_{nx}，得到整个截面所需要的惯性矩为：

$$I_x = W_{nx}\frac{h}{2} \qquad\qquad (4.35)$$

$$I_x = I_w + I_t \qquad\qquad (4.36)$$

式中 I_w——腹板提供的截面抵抗矩，由于腹板尺寸已定，$I_w = \dfrac{1}{12}t_w h_0^3$。

I_t——翼缘提供的截面抵抗矩：

$$I_t \approx 2bt\left(\frac{h_0}{2}\right)^2 = I_x - I_w \qquad\qquad (4.37a)$$

考虑到 $h \approx h_0$，由式(4.33a)可计算所需的翼缘板截面面积为：

$$b_1 t_1 = \frac{2(I_x - I_w)}{h_0^2} = \frac{W_{nx}}{h_0} - \frac{t_w h_0}{6} \qquad\qquad (4.37b)$$

翼缘的宽度和厚度只需要确定一个，就能由式(4.37b)确定另一个。通常采用 $b_1 = \left(\dfrac{1}{3} \sim \dfrac{1}{5}\right)h$，从整体稳定性出发，$b_1$ 应选择得越宽越好，但太宽应力沿板宽分布不均匀。从满足翼缘的局部稳定性出发，宜使受压翼缘的自由外伸宽度 b 与其厚度 t_1 之比 $b/t_1 \leqslant 13\sqrt{\dfrac{235}{f_y}}$，当计算梁抗弯强度取 $\gamma_x = 1.0$ 时，b/t_1 可放宽至 $b/t_1 \leqslant 15\sqrt{\dfrac{235}{f_y}}$。选择 b_1 和 t_1 时，注意尺寸要符合钢板的规格，一般取 b_1 为 10 mm 的倍数；t_1 为 2 mm 的倍数，且不小于 8 mm。

4.5.2 梁的验算

梁的截面尺寸初步选择以后，必须根据所选择的梁的实际截面尺寸计算梁截面的惯性矩和抵抗矩，对梁进行验算，包括：

①梁的弯曲强度验算；

②梁的整体稳定性验算；

③梁的刚度验算即梁的挠度验算。

梁的验算不包括梁的抗剪强度验算，这是因为在选择梁的腹板尺寸时，已经满足了梁的抗剪强度要求，翼缘的局部稳定性在选择翼缘尺寸时已满足，腹板的局部稳定性在 4.7 节加劲肋的设计时考虑。

4.5.3 组合梁截面沿梁跨长的改变

1)翼缘的改变

对于单层翼缘板的梁,翼缘改变是指改变翼缘的宽度而不改变翼缘的厚度,一般地,梁改变一次截面可节约钢材 10%~20%;如再改变一次,可再节约 3%~5%,此时效果已不显著。故一般只改变一次截面。

对承受均布荷载的简支梁,一般截面改变的位置在距支座 $l/6$ 处开始比较经济,改窄后的翼缘板宽度 b_1' 应由开始改变处的弯矩确定。为了减少应力集中,宽板应从截面开始改变处以不大于 1:2.5(动力荷载时不大于 1:4)的斜坡放坡后与窄板对接,如图 4.12 所示。

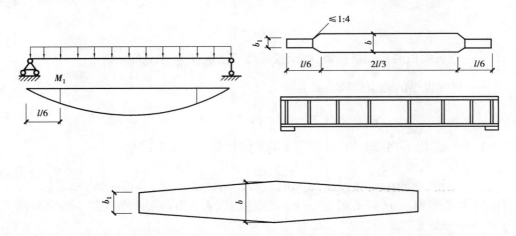

图 4.12 梁翼缘宽度的改变

对于多层翼缘板的梁,可用截断外层板的方法来改变梁的翼缘(图 4.13),其理论截断点的位置由计算确定(满足抗弯强度的要求),其实际截断点在理论截断点向外延伸一个自由外伸长度 l_1。l_1 应满足:

端部有正面角焊缝时:当 $h_f \geq 0.75t_1$ 时,$l_1 \geq b_1$;当 $h_f < 0.75t_1$ 时,$l_1 \geq 1.5b_1$。

端部无正面角焊缝时:$l_1 \geq 2b_1$。

其中,b_1 和 t_1 分别为被截断的翼缘板的宽度和厚度;h_f 为侧面角焊缝和正面角焊缝的焊脚尺寸。

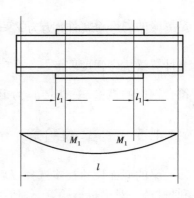

图 4.13 梁翼缘板的切断

2)梁高的改变

有时,受梁建筑高度的影响(如水工钢闸门,为减小门槽宽度,在支座附近减小梁高),简支梁可在接近支座位置改变梁的高度,而保持翼缘板宽度不变。改变后的梁高应满足梁抗剪强度的要求,即改变后的腹板高度应由梁端最大剪力计算确定(图 4.14),所以梁高改变通常从距支座 $(1/6~1/5)l$ 处开始,并以 1:2.5(动力荷载时不大于 1:4)的斜坡放坡。

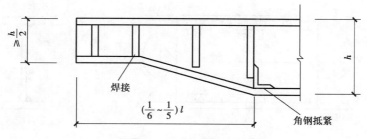

图4.14 改变梁的高度

3）折算应力验算

组合梁截面改变后，梁内的应力分布也随之改变。对于翼缘改变的梁，在截面处还应按式（4.10）进行折算应力的验算。

4.6 焊接组合梁的翼缘焊缝和梁的拼接

4.6.1 焊接组合梁翼缘焊缝的计算

焊接组合梁由3块钢板焊接而成，翼缘和腹板之间必须由焊缝连接成为整体，共同工作、共同变形。否则，在弯曲应力的作用下，各钢板将单独产生变形（上翼缘受压缩短，下翼缘受拉伸长，而腹板沿中性轴转动），沿着焊缝产生相互滑动，从而使梁的承载力大大降低。翼缘焊缝的主要作用就是阻止这种相互滑动，从而产生剪力 v_1（图4.15）使梁成为整体，共同工作，此焊缝单位长度所受的平均纵向剪力为 $V_h = \tau_1 t_w$。τ_1 为腹板在焊缝处的计算剪应力，$\tau_1 = \dfrac{V_{max} S_f}{I t_w}$。

当腹板与翼缘板之间的连接采用两面角焊缝连接时，角焊缝有效截面上承受的剪应力 τ_f，不应超过角焊缝的强度设计值 f_f^w：

$$\tau_f = \frac{V_h}{2 \times 0.7 h_f} = \frac{V_{max} S_f}{1.4 h_f I} \leq f_f^w$$

则需要的焊脚尺寸为：

$$h_f \geq \frac{V_{max} S_f}{1.4 f_f^w I} \tag{4.38}$$

式中 S_f——所计算翼缘毛截面对梁中和轴的面积矩；

I——梁的毛截面惯性矩；

f_f^w——角焊缝强度设计值，见附表1.2。

由式（4.38）求得的焊脚尺寸一般较小，但焊脚尺寸还需满足《钢结构设计标准》（GB 50017—2017）所规定的构造要求（表3.2），全梁长度范围内均采用相同的焊脚尺寸连续施焊。

当腹板与翼缘的连接焊缝采用焊透的T形对接与角接组合焊缝（图4.16）时，其强度与主体金属等强，可不必计算。

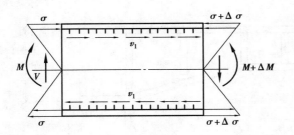

图 4.15　翼缘焊缝的水平剪力

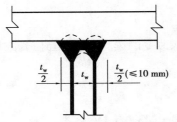

图 4.16　焊透的 T 形连接焊缝

在梁的翼缘上,承受集中荷载作用或承受有移动的集中荷载作用(如吊车梁上的轮压)而没有设置加劲肋时,翼缘焊缝除承受上面的沿焊缝长度方向的剪应力外,还须承受竖向局部压应力的作用:

$$\sigma_f = \frac{\psi F}{2 \times 0.7 h_f l_z} = \frac{\psi F}{1.4 h_f l_z} \tag{4.39}$$

式中符号的意义见 4.2.2 节"钢梁的强度计算"中式(4.7)—式(4.10)。此时,上翼缘焊缝同时承受正应力和剪应力的作用,连接焊缝应按式(4.36)计算:

$$\sqrt{\left(\frac{\sigma_f}{\beta_f}\right)^2 + \tau_f^2} = \frac{1}{1.4 h_f} \sqrt{\left(\frac{\psi F}{\beta_f l_z}\right)^2 + \left(\frac{V_{max} S_f}{I}\right)^2} \leqslant f_f^w$$

$$h_f \geqslant \frac{1}{1.4 f_f^w} \sqrt{\left(\frac{\psi F}{\beta_f l_z}\right)^2 + \left(\frac{V_{max} S_f}{I}\right)^2} \tag{4.40}$$

对于直接承受动力荷载的梁,$\beta_f = 1.0$;对其他梁,$\beta_f = 1.22$。

4.6.2　梁的拼接

组合梁的拼接分工厂拼接和工地拼接两种。当梁的尺寸超过钢材产品的供应规格时,须将钢材接长或拼大,这种拼接常在工厂内进行,称为工厂拼接;当梁的长度受到运输条件或安装条件(如起重能力)的限制时,必须将梁在工厂分段制造,运输至工地后再拼接,称为工地拼接。显然,工地拼接的工艺条件较工厂拼接的工艺条件差,应尽量避免。拼接部位应尽量设置在内力较小处,一般设置在梁跨的 $l/3$ 或 $l/4$ 处。

当组合梁在工厂拼接时,宜将翼缘板的拼接与腹板拼接错开(使薄弱点不集中在同一截面)并用对接焊缝拼接。为防止由于焊缝过于密集和交叉,引起应力集中,腹板的拼接焊缝还应与加劲肋之间至少相距 $10t_w$,如图 4.17 所示。对接焊缝施焊时宜加引弧板,其质量采用Ⅰ级或Ⅱ级质量检查,焊缝与主体金属等强。

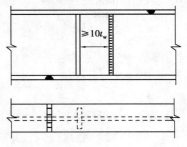

图 4.17　梁的工厂拼接

当焊缝质量采用Ⅲ级质量检查时,须按拼接处的弯矩和剪力,验算腹板受拉边缘处的焊缝折算应力强度:

$$\sigma_{eq} = \sqrt{\sigma_1^2 + 3\tau_1^2} \leqslant 1.1f_f^w \tag{4.41}$$

式中符号意义见式(4.10)。

组合梁的工地拼接应使翼缘和腹板基本在同一截面断开[图4.18(a)],以便于分段运输和安装,有时也将翼缘和腹板略微错开[图4.18(b)],有利于构件受力,但在运输和安装时,应对分段的突出部位特别保护,以免碰损。工地拼接时,梁不便翻身,应将上、下翼缘的拼接处都做成向上的V形剖口,便于俯焊,其施焊顺序应按图4.18(a)所示数字进行。为了使翼缘板和腹板在工地施焊时有较大的自由变形,减小拼接处的焊接残余应力和残余变形,通常在工厂内制造时,每段的翼缘焊缝在靠近拼接处预留500 mm左右暂时不焊。

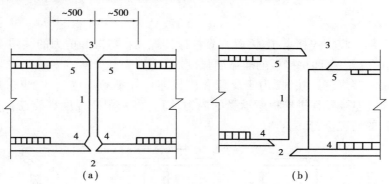

图4.18　梁的工地拼接

即使采取了以上措施来减小焊接的残余应力,但由于每段梁本身的刚度很大,焊缝的收缩仍然受到较大约束,产生较大的焊接残余应力。如果再考虑到现场施工质量难以得到保证,而且在工程实践中也曾发生过由于梁的工地拼接焊缝质量很差而引起整个结构破坏的事故,因此,对于较重要或直接承受动力荷载的大型梁,其工地拼接宜采用高强度螺栓连接,如图4.19所示。

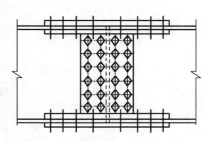

图4.19　梁的高强度螺栓拼接

翼缘或腹板采用高强度螺栓连接时,常有等强设计(连接与主体金属等强)和按拼接处实际作用内力设计两种计算方法,梁的轴力一般较小,拼接设计时可不考虑。

等强设计多用于抗震设计或按塑性设计的梁的拼接,拼接处腹板和翼缘板承受的内力设计值为:弯矩 $M = W_n f$、剪力 $V = A_{wn}f_v$, W_n 和 A_{wn} 分别为被拼接构件的净截面抵抗矩和腹板净截面面积。假设弯矩全部由翼缘连接承担,翼缘连接所需螺栓的个数为:

$$n_f \geqslant \frac{M}{(h - t_1)N_v^b} \tag{4.42}$$

式中　h——梁高;

　　　t_1——翼缘厚度。

假设剪力全部由腹板连接承担,腹板连接所需的螺栓个数为:

$$n_w \geqslant \frac{V}{N_v^b} \tag{4.43}$$

式中　N_v^b——一个螺栓的承载力设计值。

　　翼缘和腹板拼接板的强度按与连接等强进行计算。按实际内力设计拼接板时,假设弯矩按截面刚度向腹板和翼缘板分配:

$$M_w = \frac{MI_w}{I_w + I_f} \tag{4.44a}$$

$$M_f = \frac{MI_f}{I_w + I_f} \tag{4.44b}$$

式中　I_w, I_f——分别为梁截面腹板和翼缘板对中和轴的惯性矩,翼缘连接所需螺栓的个数为:

$$n_f \geqslant \frac{M_f}{(h - t_1) N_v^b} \tag{4.45}$$

　　假设剪力全部由腹板连接承担,需验算腹板连接螺栓在弯矩和剪力的共同作用下,受力最大的螺栓强度 $N_{v,max} \leqslant N_v^b$ 和拼接板的净截面强度。

　　当拼接采用对接焊缝连接时,由于翼缘和腹板连接处不易焊透,有时也采用拼接板拼接(图4.20),其焊缝连接及其拼接板所承受的内力计算,可采用高强度螺栓连接计算中按实际内力设计拼接板的情况进行。

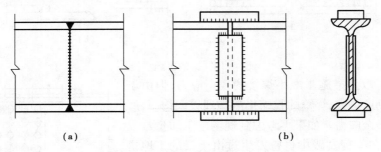

（a）　　　　　　　　　　　　　　　　（b）

图4.20　梁的对接焊缝拼接

4.7　薄板的稳定性和组合梁腹板加劲肋的设计

4.7.1　局部稳定性概念

　　在组合梁的设计中,从梁的抗弯能力和整体稳定性出发,应将梁的截面面积尽可能分散,宜选用宽而薄的板组成截面,达到用尽可能少的截面,获得尽可能大的截面抗弯惯性矩和抗扭惯性矩,以节约钢材的目的。但如果采用的板件过于宽薄,板中压应力和剪应力达到某一数值后,板面突然偏离其平面位置,出现波形鼓曲,这种现象称为梁丧失局部稳定性,如图4.21所示。

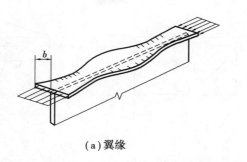 

（a）翼缘 （b）腹板

图4.21 梁局部失稳

薄板丧失局部稳定性通常是在薄板中面（"中面"指平分薄板厚度的平面）内法向压应力、剪应力、局部压应力或共同作用下发生的。如图4.22所示为四边简支矩形薄板失稳时的屈曲，板纵向均匀受压，若板的长边 a（受力方向）较短边 b 长很多，则板失稳时将沿长边方向屈曲成几个半波的正弦曲面，凸面与凹面的分界线（此直线无侧向位移，称为节线）垂直于压应力方向；当薄板在中面受弯曲应力或不均匀压应力作用时，其局部失稳与受均匀压应力类似，偏向于受压区或压应力较大一侧，如图4.23（a）所示；当薄板四边受均匀剪应力作用时，由于其主压应力和主拉应力方向与剪应力方向成45°角，板的实际受力相当于一条对角线受压，另一个对角线受拉作用，板屈曲失稳成若干个斜向的菱形曲面，节线与长边夹角为35°～45°，如图4.23（b）所示。

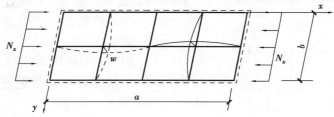

图4.22 四边简支板在均匀压应力作用下的屈曲

当薄板丧失局部稳定性后，屈曲部分将迅速退出工作，构件截面变为不对称，弯曲中心偏离荷载作用平面，构件发生扭转而加快整体失稳。虽然薄板失稳是板中面偏离其平面位置，发生波形鼓曲所致，但其实质是板的侧向刚度不够，不能阻止板的侧向屈曲，为了防止薄板失稳就必须增加板的侧向刚度，即增加板的厚度或在腹板的两侧设置加劲肋。由于梁的翼缘板宽度不大，通常是用增加板厚的方法来满足受压翼缘局部稳定性的要求。但对组合梁的腹板，为了满足梁受弯的需要都比较高大，如果采用增加厚度的方法将很不经济，一般是采用设置加劲肋的方法来满足其局部稳定性的要求。加劲肋的作用是阻止腹板的侧向屈曲，但如果加劲肋恰好设置在板屈曲的节线上（节线的位置不能事先确定），就不能发挥作用，故在设置时应尽量避免采用与节线平行的加劲肋。对于主要承受剪力的腹板（如简支梁靠近支座附近），腹板屈曲后的节线与梁轴线有一定倾斜，采用简单的横向加劲肋能有效地阻止腹板的侧向屈曲，提高其稳定性。但在梁的中部主要承受弯曲正应力区段，横向加劲肋有可能与节线重合，只能采用与节线垂直的纵向加劲肋来阻止梁的侧向屈曲，以提高腹板的侧向刚度和局部稳定性。

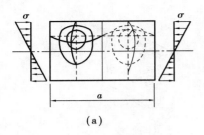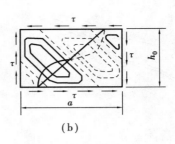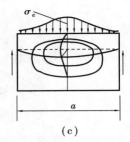

（a）　　　　　　　　　　（b）　　　　　　　　　（c）

图 4.23　梁腹板的失稳形式

4.7.2　薄板稳定的临界应力

薄板在荷载作用下（图 4.24），当荷载达到一定值时，板由平面状态变为微微弯曲状态，根据弹性力学小挠度理论，其挠度 w 随 x 和 y 两个坐标值而变，薄板的屈曲为：

$$D\left(\frac{\partial^4 w}{\partial x^4} + 2\frac{\partial^4 w}{\partial x^2 \partial y^2} + \frac{\partial^4 w}{\partial y^4}\right) + N_x \frac{\partial^2 w}{\partial x^2} - 2N_{xy}\frac{\partial^2 w}{\partial x \partial y} + N_y \frac{\partial^2 w}{\partial y^2} = 0 \quad (4.46)$$

$$D = \frac{Et^3}{12(1-\nu^2)} \quad (4.47)$$

式中　D——板单位宽度的抗弯刚度，也称为柱面刚度；

t——板厚；

ν——钢材的泊松比，取 0.3。

对于图 4.22 所示的四边简支板，在单向荷载作用下，微分方程可简化为：

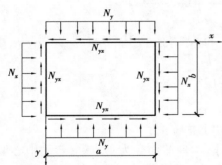

图 4.24　荷载作用下的板

$$D\left(\frac{\partial^4 w}{\partial x^4} + 2\frac{\partial^4 w}{\partial x^2 \partial y^2} + \frac{\partial^4 w}{\partial y^4}\right) + N_x \frac{\partial^2 w}{\partial x^2} = 0 \quad (4.48)$$

其解可用双重三角级数表示如下：

$$w = \sum_{m=1}^{\infty}\sum_{n=1}^{\infty} A_{mn}\sin\frac{m\pi x}{a}\sin\frac{n\pi y}{b} \quad (4.49)$$

式中　m——板屈曲时沿 x 方向的半波数；

n——板屈曲时沿 y 方向的半波数。

其边界条件为，当 $x=0$ 和 $x=a$ 及 $y=0$ 和 $y=a$ 时，挠度和弯矩均为零，即

$$w = 0, \frac{\partial^2 w}{\partial x^2} + \nu\frac{\partial^2 w}{\partial y^2} = 0, \frac{\partial^2 w}{\partial y^2} + \nu\frac{\partial^2 w}{\partial x^2} = 0 \quad (4.50)$$

将式（4.49）和式（4.50）代入式（4.48）得微分方程的解为：

$$N_{xcr} = \frac{\pi^2 D}{b^2}\left(\frac{mb}{a} + \frac{n^2 a}{mb}\right)^2 \quad (4.51)$$

从式（4.51）可见，当 $n=1$ 时，即板屈曲时在 y 方向形成一个半波时，其临界力 N_{xcr} 最小。

$$N_{xcr} = \frac{\pi^2 D}{b^2}\left(\frac{mb}{a} + \frac{a}{mb}\right)^2 = k\frac{\pi^2 D}{b^2} \quad (4.52)$$

式中,$k = \left(\dfrac{mb}{a} + \dfrac{a}{mb}\right)^2$ 称为稳定系数,与板的边界条件(支承情况)和板所受荷载情况有关。

将 $D, E = 2.06 \times 10^5 \text{ N/mm}^2$ 及 $\nu = 0.3$ 代入式(4.52)并改用临界应力来表达得:

$$\sigma_{cr} = 18.6k\left(\frac{t}{b}\right)^2 \times 10^4 \tag{4.53}$$

考虑到梁受力时,并不是所有的板件同时屈曲,板件之间存在相互约束作用,式(4.53)中引入约束系数 χ。

$$\sigma_{cr} = 18.6\chi k\left(\frac{t}{b}\right)^2 \times 10^4 \tag{4.54}$$

当 m 取不同值时,将 k 与 a/b 的关系绘成曲线,如图4.25所示。当 $a/b > 1$ 时,板屈曲成几个半波,只有当 $a/b < 1$ 时,其临界压力才有可能得到提高,系数 k 随 a/b 变化,但各条曲线均接近最小值 $k_{min} = 4.0$。对于其他支承和荷载情况,可推导出与式(4.54)相同的形式,但 k 的表达式不同。表4.3给出了四边简支板受弯的 k 值。

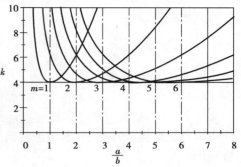

图4.25 k 与 a/b 的关系

表4.3 四边简支薄板受弯时的稳定系数 k 值

a/b	0.4	0.5	0.6	0.667	0.75	0.8	1.0	1.33	1.5
k	29.1	25.6	24.1	23.9	24.1	24.4	25.6	23.9	24.1

注:b 为板的受载边宽度。

4.7.3 梁受压翼缘的局部稳定

梁的受压翼缘主要承受由弯矩产生的均匀压应力的作用。为了充分发挥钢材的强度,翼缘应具有一定的厚度,使其临界应力不低于钢材的屈服强度,保证在钢材屈服以前,翼缘板不会局部失稳。由于梁翼缘的宽度一般不大,常采用限制宽厚比的方法来保证受压翼缘的局部稳定性。受压翼缘的屈曲临界应力由式(4.54)计算。抗弯强度计算中考虑截面部分发展塑性,此时整个受压翼缘板已进入塑性,但与压应力垂直方向,材料仍然是弹性的,这种情况称为正交异性板,其临界应力的精确计算较为复杂,一般是引入塑性系数 η 来考虑(由于钢材进入塑性以后,其弹性模量降低,塑性系数实际上就是两者的比值 $\eta = E_t/E$,称为钢材的切线模量,是一个小于1的值)。则受压翼缘的临界应力公式为:

$$\sigma_{cr} = 18.6k\chi\sqrt{\eta}\left(\frac{t}{b}\right)^2 \times 10^4 \geq f_y \tag{4.55}$$

通常认为梁的受压翼缘板是一块支承在腹板上的双悬臂板,可沿腹板与翼缘板连接处分拆成两块板,由于腹板较薄,对翼缘的约束作用不大,可近似地认为翼缘板简支在腹板上。因此,翼缘板可简化为三边简支、一边自由的板计算其局部稳定性,如图4.26所示。此时:

$$k = 0.425 + \left(\frac{b}{a}\right)^2$$

一般 a 大于 b,按最不利情况考虑 $a/b = \infty$,取 $k_{\min} = 0.425$,支承翼缘板的腹板较薄,对翼缘板的约束作用不大,因此取 $\chi = 1.0$。令 $\eta = 0.25$,Q235 钢 $f_y = 235$ N/mm²,代入式(4.55)得翼缘板的宽厚比限值为:

$$\frac{b}{t} \leqslant 13$$

对其他钢种,有:

$$\frac{b}{t} \leqslant 13\sqrt{\frac{235}{f_y}} \tag{4.56}$$

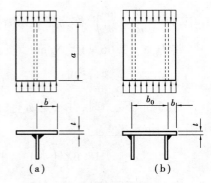

图 4.26 梁的受压翼缘板

式中 t——翼缘板厚度;

   b——翼缘板自由外伸宽度。对焊接构件,取腹板边至翼缘板边缘的距离;对轧制构件,取内圆弧起点至翼缘板边缘的距离。

当梁在抗弯强度计算中,不考虑截面的塑性发展,即取 $\gamma_x = 1.0$ 时,翼缘板的宽厚比限值可放宽到:

$$\frac{b}{t} \leqslant 15\sqrt{\frac{235}{f_y}} \tag{4.57}$$

箱梁受压翼缘板在两腹板之间的翼缘部分,相当于四边简支单向均匀受压板,其宽厚比限值为:

$$\frac{b}{t} \leqslant 40\sqrt{\frac{235}{f_y}} \tag{4.58}$$

4.7.4 腹板的局部稳定及加劲肋的设置

1)腹板局部稳定的临界应力

组合梁的腹板同时承受剪应力、弯曲应力和局部压应力的作用,如前所述,在不同的应力状态下,薄板的屈曲各不相同,下面分别讨论在各种应力状态下的临界应力。

(1)剪应力作用下的临界应力

梁支承附近的腹板区段,支承情况为两边简支,两边弹性嵌固于翼缘,主要承受剪应力作用[图 4.26(b)],其主压应力大小与剪应力相等但作用方向与剪应力方向成 45°角,并引起板的屈曲。如不考虑塑性的发展,在弹性阶段的临界剪应力可用与式(4.54)类似的公式表示为:

$$\tau_{\text{cr}} = 18.6\,\chi k\left(\frac{t_w}{b}\right)^2 \times 10^4 \tag{4.59}$$

式中 b——为板的边长 a 与 h_0 中较小者;

   a——横向加劲肋间距;

   h_0——腹板高度;

   t_w——腹板厚度。

屈曲系数 k 与板的边长比有关(图 4.27):

当 $\dfrac{a}{h_0} \leqslant 1$($a$ 为短边时)

$$k = 4 + \frac{5.34}{\frac{a^2}{h_0}} \tag{4.60}$$

当 $\frac{a}{h_0} \geqslant 1$ (a 为长边时)

$$k = 5.34 + \frac{4}{(a/h_0)^2} \tag{4.61}$$

令 $\lambda_s = \sqrt{f_{vy}/\tau_{cr}}$,称为腹板受剪时的通用高厚比或称正则化高厚比。$f_{vy}$ 为钢材的剪切屈曲强度(附表1.1),$f_{vy} = f_y/\sqrt{3}$,考虑翼缘对腹板的嵌固作用,取 $\chi = 1.23$,代入后腹板的通用高厚比为:

当 $\frac{a}{h_0} \leqslant 1.0$ 时

$$\lambda_s = \frac{h_0/t_w}{41\sqrt{4 + 5.34(h_0/a)^2}} \frac{1}{\sqrt{\frac{f_y}{235}}} \tag{4.62}$$

当 $\frac{a}{h_0} > 1.0$ 时

$$\lambda_s = \frac{h_0/t_w}{41\sqrt{5.34 + 4(h_0/a)^2}} \sqrt{\frac{f_y}{235}} \tag{4.63}$$

根据通用高厚比的范围不同,剪切临界应力的计算公式如下:

当 $\lambda_s \leqslant 0.8$ 时

$$\tau_{cr} = f_v \tag{4.64}$$

当 $0.8 < \lambda_s \leqslant 1.2$ 时

$$\tau_{cr} = [1 - 0.59(\lambda_s - 0.8)]f_v \tag{4.65}$$

当 $\lambda_s > 1.2$ 时

$$\tau_{cr} = \frac{1.1f_v}{\lambda_s^2} \tag{4.66}$$

当 $\lambda_s > 1.2$,临界剪应力处于弹性状态;$\lambda_s \leqslant 0.8$,临界剪应力进入塑性状态;$0.8 < \lambda_s \leqslant 1.2$,临界剪应力处于弹塑性状态。

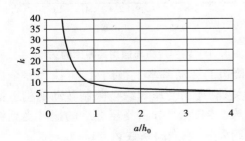

图 4.27　k 与 a/h_0 的关系

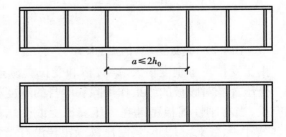

图 4.28　横向加劲肋的布置

由图 4.27 可见,临界剪应力随 a/h_0 的减小而提高,当 $a/h_0 > 2$ 后,稳定系数变化不大,即如果横向加劲肋的间距大于 $2h_0$,对进一步提高临界剪应力的作用不大。因此,《钢结构设计标准》(GB 50017—2017)规定:横向加劲肋最大间距为$2h_0$(对无局部压应力的梁,当$h_0/t_w \leqslant$ 100时,可放宽至$2.5h_0$),如图4.28所示。

由式(4.62)—式(4.64)可见,当腹板不设横向加劲肋时,$a/h_0 \to \infty$,$k = 5.34$,若要求$\tau_{cr} \leqslant f_v$,则λ_s应不大于0.8,代入式(4.63)得$h_0/t_w = 75.8\sqrt{\dfrac{235}{f_y}}$,考虑到区格的平均剪应力一般低于$f_v$,故《钢结构设计标准》(GB 50017—2017)规定:

$$\frac{h_0}{t_w} \leqslant 80\sqrt{\frac{235}{f_y}} \qquad (4.67)$$

当腹板的高厚比满足式(4.67)时,对仅承受剪应力作用的腹板,不会发生剪切失稳,可不设横向加劲肋。

(2)弯曲应力作用下的临界应力

在弯曲应力作用下,腹板的失稳形式如图4.23(a)所示,凹凸波形的中心靠近压应力合力的作用线。采用与受剪时一样的方法,引入抗弯计算的腹板通用高厚比的概念:

$$\lambda_{n,b} = \sqrt{\frac{f_y}{\sigma_{cr}}} \qquad (4.68)$$

临界应力的计算仍采用式(4.54),但稳定系数的大小取决于板的边长比。图4.29给出了k与a/h_0关系,由图可见,当$a/h_0 \geqslant 0.7$时,k值的变化不大,$k_{min} = 23.9$,只有当$a/h_0 < 0.7$后,稳定系数才显著提高,也就意味着只有配置相当密度的横向加劲肋才能提高受弯曲应力时腹板的临界应力。因此,比较有效的措施是在腹板受压区中部偏上的位置设置纵向加劲肋,以便有效地阻止腹板的屈曲。纵向加劲肋只需设置在梁受弯较大的区段。

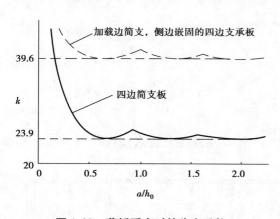

图4.29　薄板受弯时的稳定系数　　　　图4.30　临界应力与通用高厚比的关系

由于受拉翼缘刚度很大,梁腹板和受拉翼缘连接边的转动基本上被约束,可认为完全嵌固。受压翼缘对腹板的约束作用除和本身的刚度有关外,还与受压翼缘被限制转动的构造措施有关,当有刚性铺板密铺在受压翼缘上或受压翼缘与钢轨焊接时,受压翼缘的扭转受到约束,取嵌固系数$\chi_b = 1.66$;当受压翼缘扭转没有受到约束时,取嵌固系数$\chi_b = 1.23$。

当梁受压翼缘扭转受到约束时

$$\lambda_{n,b} = \frac{h_0/t_w}{177}\sqrt{\frac{f_y}{235}} \qquad (4.69a)$$

当梁受压翼缘扭转未受到约束时

$$\lambda_{n,b} = \frac{h_0/t_w}{153}\sqrt{\frac{f_y}{235}} \tag{4.69b}$$

为了提高梁的整体稳定性而加强受压翼缘的单轴对称工字形截面梁,受弯时中和轴不在腹板中央,腹板受压区高度 h_c 小于 $h_0/2$,此时计算临界应力时,其稳定系数高于23.9,但在实际计算中仍取 $k=23.9$,而把腹板计算高度 h_0 用 $2h_c$ 代替。

当梁受压翼缘扭转受到约束时

$$\lambda_{n,b} = \frac{2h_c/t_w}{177}\sqrt{\frac{f_y}{235}} \tag{4.70a}$$

当梁受压翼缘扭转未受到约束时

$$\lambda_{n,b} = \frac{2h_c/t_w}{153}\sqrt{\frac{f_y}{235}} \tag{4.70b}$$

式中　h_c——梁腹板弯曲受压区高度,对双轴对称截面,$2h_c = h_0$。

根据通用高厚比的范围不同,弯曲临界应力的计算公式为:

当 $\lambda_{n,b} \leq 0.85$ 时

$$\sigma_{cr} = f \tag{4.71a}$$

当 $0.85 < \lambda_{n,b} \leq 1.25$ 时

$$\sigma_{cr} = [1 - 0.75(\lambda_{n,b} - 0.85)]f \tag{4.71b}$$

当 $\lambda_{n,b} > 1.25$ 时

$$\sigma_{cr} = \frac{1.1f}{\lambda_{n,b}^2} \tag{4.71c}$$

式(4.71)中的3个公式分别属于塑性、弹塑性和弹性范围,各范围之间的界线确定原则为:对于没有残余应力和几何缺陷的理想弹塑性板,并不存在弹塑性过渡区,塑性范围和弹性范围的分界点为 $\lambda_{n,b} = 1.0$,但由于实际板件内存在缺陷影响,在 $\lambda_{n,b} < 1.0$ 时,临界应力已经开始下降,故《钢结构设计标准》(GB 50017—2017)取 $\lambda_{n,b} = 0.85$ 为塑性范围和弹塑性范围的分界点;考虑整体稳定性计算中,当其应力大于 $0.6f_y$ 时,已进入弹塑性范围,相应的 $\lambda_{n,b} = \sqrt{1/0.6} = 1.29$,同样的原因《钢结构设计标准》(GB 50017—2017)取 $\lambda_{n,b} = 1.25$ 为弹性范围和弹塑性范围的分界点。临界应力和通用高厚比的关系曲线如图4.30所示。

(3)局部压应力作用下的临界应力

在集中荷载作用处未设置支承加劲肋及吊车荷载作用的情况下,腹板将处于局部压应力的作用,其应力分布状态如图4.23(c)所示,在上边缘处最大,下边缘处为零。用于腹板抗局部压应力作用的通用高厚比为:

$$\lambda_{n,c} = \sqrt{\frac{f_y}{\sigma_{c,cr}}} \tag{4.72}$$

$$\sigma_{c,cr} = 18.6k\chi\left(\frac{t_w}{h_0}\right)^2 \times 10^4 \tag{4.73}$$

承受局部压应力时翼缘板对腹板的嵌固系数:

$$\chi = 1.81 - \frac{0.255h_0}{a} \tag{4.74}$$

稳定系数 k 与板的边长比有关:

当 $0.5 \leqslant \dfrac{a}{h_0} \leqslant 1.5$ 时

$$k = \left(7.4 + \frac{4.5h_0}{a}\right)\frac{h_0}{a} \tag{4.75a}$$

当 $1.5 < \dfrac{a}{h_0} \leqslant 2.0$ 时

$$k = \left(11 - \frac{0.9h_0}{a}\right)\frac{h_0}{a} \tag{4.75b}$$

简化后得腹板抗局部压应力作用的通用高厚比为:

当 $0.5 \leqslant \dfrac{a}{h_0} \leqslant 1.5$ 时

$$\lambda_{n,c} = \frac{h_0/t_w}{28\sqrt{10.9 + 13.4\left(1.83 - \dfrac{a}{h_0}\right)^3}}\sqrt{\frac{f_y}{235}} \tag{4.76a}$$

当 $1.5 < \dfrac{a}{h_0} \leqslant 2.0$ 时

$$\lambda_{n,c} = \frac{h_0/t_w}{28\sqrt{18.9 - 5\dfrac{a}{h_0}}}\sqrt{\frac{f_y}{235}} \tag{4.76b}$$

根据通用高厚比的范围不同,临界应力的计算公式为:

当 $\lambda_{n,c} \leqslant 0.9$ 时

$$\sigma_{c,cr} = f \tag{4.77a}$$

当 $0.9 < \lambda_{n,c} \leqslant 1.2$ 时

$$\sigma_{c,cr} = [1 - 0.79(\lambda_{n,c} - 0.9)]f \tag{4.77b}$$

当 $\lambda_{n,c} > 1.2$ 时

$$\sigma_{c,cr} = \frac{1.1f}{\lambda_{n,c}^2} \tag{4.77c}$$

局部压应力和弯曲应力均为正应力,但腹板中引起横向非弹性变形的残余应力不如纵向的大,故取 $\lambda_{n,c} = 1.2$ 作为弹塑性影响的下起始点,偏于安全取 $\lambda_{n,c} = 0.9$ 为弹塑性影响的上起始点。

根据临界屈曲应力不小于屈服应力的准则,按 $a/h_0 = 2$ 考虑,得到不发生局部压应力失稳的腹板高厚比限值为:

$$\frac{h_0}{t_w} \leqslant 84\sqrt{\frac{235}{f_y}}$$

规范偏于安全取:

$$\frac{h_0}{t_w} \leqslant 80\sqrt{\frac{235}{f_y}} \tag{4.78}$$

如不满足这一条件,应减小横向加劲肋的间距,或设置短加劲肋。

2) 腹板加劲肋的设置

组合梁腹板配置加劲肋应符合下列规定：

①当 $h_0/t_w \leqslant 80\sqrt{\dfrac{235}{f_y}}$ 时，对有局部压应力（$\sigma_c \neq 0$）的梁，应按构造配置横向加劲肋；当局部压力较小时，可不配置加劲肋。

②直接承受动力荷载的吊车梁及类似构件，应按下列规定配置加劲肋：

a. 当 $h_0/t_w \geqslant 80\sqrt{\dfrac{235}{f_y}}$ 时，应配置横向加劲肋。

b. 当受压翼缘扭转受到约束且 $h_0/t_w > 170\sqrt{\dfrac{235}{f_y}}$、受压翼缘扭转未受到约束且 $h_0/t_w > 150\sqrt{\dfrac{235}{f_y}}$，或按计算需要时，应在弯曲应力较大区格受压区配置短加劲肋。对单轴对称梁，当确定是否配置纵向加劲肋时，h_0 应取腹板受压区高度 h_c 的 2 倍。

③不考虑腹板屈曲后强度时，当 $h_0/t_w \geqslant 80\sqrt{\dfrac{235}{f_y}}$，宜配置横向加劲肋。

④任何情况下，h_0/t_w 均不应超过 250。

⑤梁的支座处和上翼缘受较大固定集中荷载处，宜设置支承加劲肋。

⑥腹板的计算高度 h_0 应按下列规定采用：对轧制型钢梁，为腹板与上、下翼缘相接处两内弧起点间的距离；对焊接截面梁，为腹板高度；对高强度螺栓连接（或铆接）梁，为上、下翼缘与腹板连接的高强度螺栓（或铆钉）线间最近距离。

3) 不考虑腹板屈曲后强度的腹板局部稳定性验算

①仅配置横向加劲肋的腹板[图 4.31(a)]，其各区格的局部稳定应按式(4.79)计算：

$$\left(\frac{\sigma}{\sigma_{cr}}\right)^2 + \left(\frac{\tau}{\tau_{cr}}\right)^2 + \frac{\sigma_c}{\sigma_{c,cr}} \leqslant 1.0 \tag{4.79}$$

式中　σ——所计算腹板区格内由平均弯矩产生的腹板计算高度边缘的弯曲压应力，N/mm^2；

　　　τ——所计算腹板区格内由平均剪力产生的腹板平均剪应力，N/mm^2，应按 $\tau = V/(h_w t_w)$ 计算，h_w 为腹板高度；

　　　σ_c——腹板计算高度边缘的局部压应力，N/mm^2，应按式(4.7)计算，但取式中的 $\psi = 1.0$；

　　　$\tau_{cr}, \sigma_{cr}, \sigma_{c,cr}$——各种应力单独作用下的临界应力，$N/mm^2$。

②同时用横向加劲肋和纵向加劲肋加强的腹板[图 4.31(b)、(c)]，其局部稳定性应按下列公式计算：

● 受压翼缘与纵向加劲肋之间的区格

$$\frac{\sigma}{\sigma_{cr1}} + \left(\frac{\tau}{\tau_{cr1}}\right)^2 + \left(\frac{\sigma_c}{\sigma_{c,cr1}}\right)^2 \leqslant 1.0 \tag{4.80}$$

$\sigma_{cr1}, \sigma_{c,cr1}, \tau_{cr1}$ 分别按下列方法计算：

a. σ_{cr1} 按式(4.71)计算，但式中的 $\lambda_{n,b}$ 改用下列 $\lambda_{n,b1}$ 代替。

当梁受压翼缘扭转受到约束时

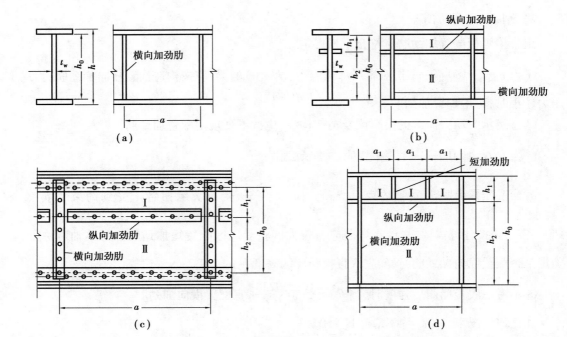

图 4.31　腹板加劲肋的布置

$$\lambda_{n,b1} = \frac{h_1/t_w}{75}\sqrt{\frac{f_y}{235}} \tag{4.81a}$$

当梁受压翼缘扭转未受到约束时

$$\lambda_{n,b1} = \frac{h_1/t_w}{64}\sqrt{\frac{f_y}{235}} \tag{4.81b}$$

式中　h_1——纵向加劲肋至腹板计算高度受压边缘的距离。

b. τ_{cr} 按式(4.62)—式(4.66)计算,将式中的 h_0 改为 h_1。

c. $\sigma_{c,cr1}$ 按式(4.77)计算,但式中的 $\lambda_{n,c}$ 改用下列 $\lambda_{n,c1}$ 代替。

当梁受压翼缘扭转受到约束时

$$\lambda_{n,c1} = \frac{h_1/t_w}{56}\sqrt{\frac{f_y}{235}} \tag{4.82a}$$

当梁受压翼缘扭转未受到约束时

$$\lambda_{n,c1} = \frac{h_1/t_w}{40}\sqrt{\frac{f_y}{235}} \tag{4.82b}$$

● 受拉翼缘与纵向加劲肋之间的区格

$$\left(\frac{\sigma_2}{\sigma_{cr2}}\right)^2 + \left(\frac{\tau}{\tau_{cr2}}\right)^2 + \frac{\sigma_{c2}}{\sigma_{c,cr2}} \leqslant 1 \tag{4.83}$$

式中　σ_2——所计算区格内由平均弯矩产生的腹板在纵向加劲肋处的弯曲压应力,N/mm^2;

σ_{c2}——腹板在纵向加劲肋处的横向压应力,取 $0.3\sigma_c$。

a. σ_{cr2} 按式(4.71)计算,但式中的 $\lambda_{n,b}$ 改用式(4.84)中的 $\lambda_{n,b2}$ 代替。

$$\lambda_{n,b2} = \frac{h_2/t_w}{194}\sqrt{\frac{f_y}{235}} \tag{4.84}$$

b. τ_{cr2} 按式(4.62)—式(4.66)计算,将式中的 h_0 改为 $h_2(h_2 = h_0 - h_1)$。

c. $\sigma_{c,cr2}$ 按式(4.77)计算,将式中的 h_0 改为 h_2,当 $a/h_2 > 2$ 时,取 $a/h_2 = 2$。

③在受压翼缘与纵向加劲肋之间设有短加劲肋的区格[图4.31(d)],其局部稳定性按式(4.80)计算。

该式中的 σ_{cr1} 按与式(4.80)相同的方法计算;τ_{cr1} 按式(4.62)—式(4.66)计算,但将式中的 h_0 和 a 改为 h_1 和 a_1(a_1 为短加劲肋之间的间距);$\sigma_{c,cr1}$ 按式(4.77)计算,但式中的 $\lambda_{n,c}$ 改用下列 $\lambda_{n,c1}$ 代替。

当梁受压翼缘扭转受到约束时

$$\lambda_{n,c1} = \frac{a_1/t_w}{87}\sqrt{\frac{f_y}{235}} \tag{4.85a}$$

当梁受压翼缘扭转未受到约束时

$$\lambda_{c1} = \frac{a_1/t_w}{73}\sqrt{\frac{f_y}{235}} \tag{4.85b}$$

对 $\dfrac{a_1}{h_1} > 1.2$ 的区格,式(4.85)右侧应乘以 $\dfrac{1}{(0.4 + 0.5a_1/h_1)^{\frac{1}{2}}}$。

4)考虑腹板屈曲后强度的腹板局部稳定性验算

腹板仅配置支承加劲肋且较大荷载处尚有中间横向加劲肋,同时考虑屈曲后强度的工字形焊接截面梁,应按下列公式验算受弯和受剪承载能力:

$$\left(\frac{V}{0.5V_u} - 1\right)^2 + \frac{M - M_f}{M_{eu} - M_f} \leqslant 1.0 \tag{4.86}$$

$$M_f = \left(A_{f1}\frac{h_{m1}^2}{h_{m2}} + A_{f2}h_{m2}\right)f \tag{4.87}$$

梁受弯承载力设计值 M_{eu} 应按下列公式计算:

$$M_{eu} = \gamma_x \alpha_c W_x f \tag{4.88}$$

$$\alpha_c = 1 - \frac{(1-\rho)h_c^3 t_w}{2I_x} \tag{4.89}$$

当 $\lambda_{n,b} \leqslant 0.85$ 时

$$\rho = 1.0 \tag{4.90a}$$

当 $0.85 < \lambda_{n,b} \leqslant 1.25$ 时

$$\rho = 1 - 0.82(\lambda_{n,b} - 0.85) \tag{4.90b}$$

当 $\lambda_{n,b} > 1.25$ 时

$$\rho = \frac{1}{\lambda_{n,b}}\left(1 - \frac{0.2}{\lambda_{n,b}}\right) \tag{4.90c}$$

梁受剪承载力设计值 V_u 应按下列公式计算:

当 $\lambda_{n,s} \leqslant 0.8$ 时

$$V_u = h_w t_w f_v \tag{4.91a}$$

当 $0.8 \leqslant \lambda_{n,s} \leqslant 1.2$ 时

$$V_u = h_w t_w f_v [1 - 0.5(\lambda_{n,s} - 0.8)] \tag{4.91b}$$

当 $\lambda_{n,s} \geqslant 1.2$ 时

$$V_u = h_w t_w f_v / \lambda_{n,s}^{1.2} \tag{4.91c}$$

式中　M,V——所计算同一截面上梁的弯矩设计值（N·mm）和剪力设计值（N）。计算时，$V \leqslant 0.5V_u$，取 $V = 0.5V_u$；当 $M \leqslant M_f$ 时，取 $M = M_f$；

M_f——梁两翼缘所能承担的弯矩设计值，N·mm；

A_{f1}, h_{m1}——较大翼缘的截面积（mm^2）及其形心至梁中和轴的距离（mm）；

A_{f2}, h_{m2}——较小翼缘的截面积（mm^2）及其形心至梁中和轴的距离（mm）；

α_e——梁截面模量考虑腹板有效高度的折减系数；

W_x——按受拉或受压最大纤维确定的梁毛截面模量，mm^3；

I_x——按梁截面全部有效算得的绕 x 轴的惯性矩，mm^4；

h_c——按梁截面全部有效算得的腹板受压区高度，mm；

γ_x——梁截面塑性发展系数；

ρ——腹板受压区有效高度系数；

$\lambda_{n,b}$——用于腹板受弯计算时的正则化宽厚比；

$\lambda_{n,s}$——用于腹板受剪计算时的正则化宽厚比。

当焊接截面梁仅配置支座加劲肋时，取 $\dfrac{h_0}{a} = 0$。

4.7.5　加劲肋的构造和截面尺寸

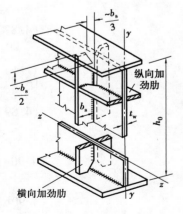

图 4.32　腹板加劲肋

如图 4.32 所示，加劲肋宜在腹板两侧成对配置，也可单侧配置，但支承加劲肋、重级工作制吊车梁的加劲肋不应单侧配置。横向加劲肋的间距 a 不得小于 $0.5h_0$，也不得大于 $2h_0$（对无局部压应力的梁，当 $h_0/t_w \leqslant 100$ 时，可采用 $2.5h_0$）。纵向加劲肋至腹板计算高度受压边缘的距离应在 $h_c/2.5 \sim h_c/2$ 范围内。加劲肋应有足够的刚度约束腹板的屈曲，所以加劲肋应有一定的截面尺寸和惯性矩。

在腹板两侧成对配置的钢板横向加劲肋，其截面尺寸应符合下列公式要求：

外伸宽度

$$b_s \geqslant \frac{h_0}{30} + 40 \text{ mm} \tag{4.92}$$

厚度

$$\text{承压加劲肋 } t_s \geqslant \frac{b_s}{15}, \text{不受力加劲肋 } t_s \geqslant \frac{b_s}{19} \tag{4.93}$$

在腹板一侧配置的横向加劲肋，其外伸宽度应大于按式（4.92）算得的 1.2 倍，厚度应符

合式(4.93)的规定。

在同时设置横向加劲肋和纵向加劲肋加强的腹板中,横向加劲肋的截面尺寸除应符合上述规定外,其截面惯性矩 I_z 尚应符合下列要求(图4.33):

$$I_z \geqslant 3h_0 t_w^3 \tag{4.94}$$

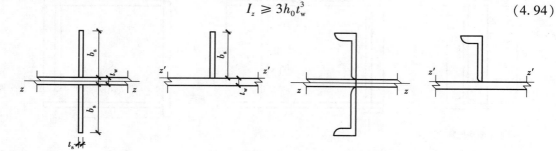

图4.33　计算腹板加劲肋惯性矩时的轴线位置

纵向加劲肋的截面惯性矩 I_y,应符合下列公式要求:

当 $\dfrac{a}{h_0} \leqslant 0.85$ 时

$$I_y \geqslant 1.5h_0 t_w^3 \tag{4.95}$$

当 $\dfrac{a}{h_0} > 0.85$ 时

$$I_y \geqslant \left(2.5 - 0.45\frac{a}{h_0}\right)\left(\frac{a}{h_0}\right)^2 h_0 t_w^3 \tag{4.96}$$

短加劲肋的最小间距为 $0.75h_1$。短加劲肋外伸宽度应取横向加劲肋外伸宽度的 $0.7 \sim 1.0$ 倍,厚度不小于短加劲肋外伸宽度的 $1/15$。

注意:

①用型钢(H型钢、工字钢、槽钢、枝尖焊于腹板的角钢)做成的加劲肋,其截面惯性矩不得小于相应钢板加劲肋的惯性矩;

②在腹板两侧成对配置的加劲肋,其截面惯性矩应按梁腹板中心线为轴线进行计算;

③在腹板一侧配置的加劲肋,其截面惯性矩应按与加劲肋相连的腹板边缘为轴线进行计算;

④焊接梁的横向加劲肋与翼缘板、腹板相接处应切角,当作为焊接工艺孔时,切角宜采用半径 $R = 30$ mm 的 $1/4$ 圆弧。

4.7.6　梁的支承加劲肋

支承加劲肋是指承受固定集中荷载或者支座反力的横向加劲肋。此加劲肋应在腹板两侧成对设置,并应进行整体稳定和端面承压计算,其截面通常较中间横向加劲肋大。

①梁的支承加劲肋,应按承受梁支座反力或固定集中荷载的轴心受压构件计算其在腹板平面外的稳定性。此受压构件的截面应包括加劲肋和加劲肋每侧 $15h_w\sqrt{\dfrac{235}{f_y}}$ 范围内的腹板面

积(图4.34中的阴影部分),计算长度取h_0。

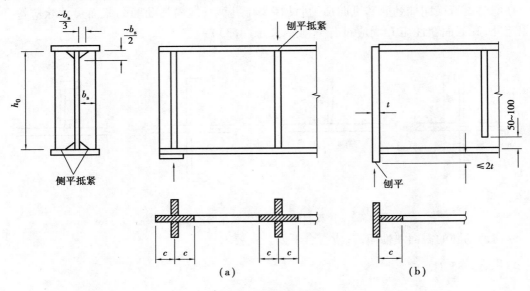

图4.34 支承加劲肋

②当梁支承加劲肋的端部为刨平顶紧时,应按其所承受的支座反力或固定集中荷载计算其端面承压应力,其端面承压强度的计算按式(4.97)计算;突缘支座的突缘加劲肋的伸出长度不得大于其厚度的2倍;当端部为焊接时,应按传力情况计算其焊缝应力。

$$\sigma_{ce} = \frac{F}{A_{ce}} \leq f_{ce} \tag{4.97}$$

式中　F——集中荷载或支座反力设计值;

　　　A_{ce}——端面承压面积,应为横向加劲肋切角厚端部净面积;

　　　f_{ce}——钢材端面承压强度设计值设计值,见附表1.1。

③支承加劲肋与腹板的连接焊缝,应按传力需要进行计算。

4.8　梁的支承

4.8.1　梁格布置

在设计梁式楼板或其他类似结构时,其支撑系统称为梁格。根据梁格所承受的荷载大小,梁格的布置主要有3种结构形式,即简单式梁格、普通式梁格、复式梁格。

1)简单式梁格(纯主梁式)

如图4.35(a)所示的简单式梁格布置中,荷载由板直接传递给主梁,再经主梁传递到承重结构上。简单式梁格只有在荷载和梁的跨度均不大的情况使用才经济合理。

2)普通式梁格

随荷载和主梁间距的增大,荷载由板直接传递至主梁将不再经济合理,此时在主梁间加设次梁,荷载由板传递给次梁,次梁再传递给主梁,最后传递到承重结构上。复式梁格适用于中等跨度的结构,是常用的一种梁格布置形式,如图4.35(b)所示。

3)复式梁格

随荷载和主梁间距的进一步增大,为减少荷载传递路径,采用在主梁间加设纵向次梁,纵向次梁间加设横向次梁的复式梁格布置形式[图4.35(c)],荷载由板传递给横向次梁,横向次梁传递给纵向次梁,再传递给主梁,最后传递到承重结构上。

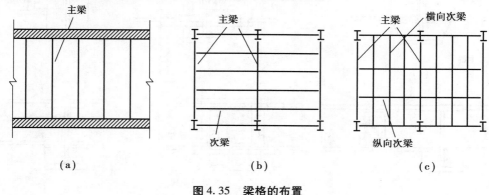

图4.35　梁格的布置

4.8.2　主次梁的连接

主次梁的连接有叠接、等高连接和降低连接。

1)叠接

叠接就是次梁直接叠在主梁上,用焊缝或螺栓固定,如图4.36(a)所示。叠接施工简单方便,但由于次梁叠加在主梁上,所需建筑高度大。

2)等高连接

如图4.36(b)~(i)所示,次梁与主梁上翼缘位于同一高度,其上铺板,该连接的建筑高度取决于主梁的梁高。

3)降低连接

降低连接常用于复式梁格布置中,如图4.36(j)所示,横向次梁在低于主梁上翼缘的水平处与主梁相连,纵向次梁叠接在横向次梁上,其上翼缘与主梁上翼缘齐平。同样地,建筑高度取决于主梁的梁高。

4.8.3　梁的支座

梁通过在砌体、钢筋混凝土柱上的支座,将荷载传递给柱,再传递给基础和地基。对于支座的构造应注意下列要求:

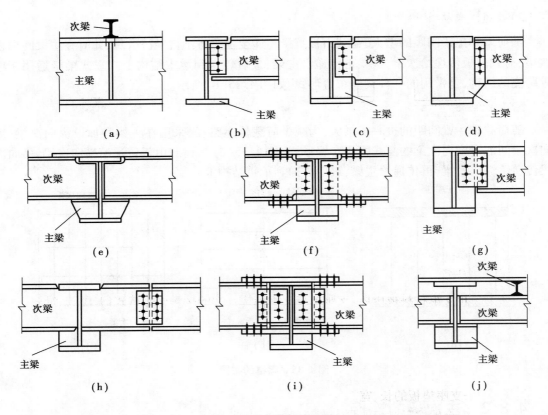

图 4.36　主次梁的连接

①支座与墩台间应保证有足够的承压面积。

②尽量使反力通过支座中心,承压应力分布比较均匀。

③对于简支梁,特别是大跨径梁,应保证因温度变化时,梁能自由地伸缩,以免梁内发生过大的附加应力,使其符合一般的简支条件。

1)支座的构造形式

支座有 3 种形式,即平板支座、弧形支座和铰轴式支座,如图 4.37 所示。

(1)平板支座

当梁的跨经小于 20 m 时,一般采用构造简单的平板支座,即在梁的下面垫上钢板,通过钢板来保证梁的支承端对钢筋混凝土有足够的承压面积,但梁的端部不能自由移动或转动,当梁弯曲而引起梁端转动时,将使底板下的承压面积受力分布不均匀,严重时将导致混凝土被压坏。当梁跨度稍大时,宜在梁与底板之间加设一块较窄的中心垫板,以减小当梁端转动时反力作用点的偏移范围,使底板下的承压面积受力较为均匀。此外尚需设置锚固螺栓,以相对固定梁的位置。为了使梁在温度变化很大时,梁端仍能克服摩擦力而做纵向移动,设在梁的下翼缘和底板上的锚栓孔应制成长圆孔。

(2)弧形支座

弧形支座也称为切线式支座,由厚 40 ~ 50 mm 顶面切削成圆弧形的钢垫板制成,使梁端能自由转动并可产生适量的移动(摩阻系数约为 0.2),并使下部结构在支承面上受力较均匀,常用于跨度为 20～40 m 梁。

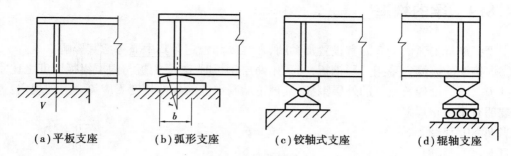

（a）平板支座　　　　（b）弧形支座　　　　（c）铰轴式支座　　　　（d）辊轴支座

图 4.37　梁的支座

（3）铰轴式支座

铰轴式支座完全符合梁简支力学模型，可以自由转动，下面设置辊轴时称为辊轴支座，但构造复杂、造价较高。常用于跨经大于 40 m 的梁。

2）支座的计算

①为了防止支承材料被压坏，支座板与支承结构顶面的接触面积按式（4.98）确定：

$$A = ab \geqslant \frac{V}{f_{ce}} \tag{4.98}$$

式中　V——支座反力；

　　　f_{ce}——支座材料的承压强度设计值，见附表 1.1；

　　　a,b——支座垫板的长、宽。

厚度可偏安全地按悬臂板的最大弯矩 $M = Va/8$ 来计算：

$$t = \sqrt{\frac{6M}{bf}} \tag{4.99}$$

②弧形支座和辊轴支座中圆柱形弧面与平板为线接触，其支座反力 R 应满足式（4.100）要求：

$$R \leqslant \frac{40ndlf^2}{E} \tag{4.100}$$

式中　d——对辊轴支座为辊轴直径，对弧形支座为弧形表面接触点曲率半径 r 的 2 倍；

　　　n——辊轴数目，对弧形支座 $n = 1$；

　　　l——弧形表面或辊轴与平板的接触长度。

③铰轴式支座的圆柱形枢轴，当两相同半径的圆柱形弧面自由接触的中心角 $\theta \geqslant 90°$ 时，其承压应力应按式（4.101）计算：

$$\sigma = \frac{2R}{dl} \leqslant f \tag{4.101}$$

式中　d——枢轴直径；

　　　l——枢轴纵向接触面长度。

4.8.4　梁的构造

①当弧形杆沿弧面受弯时宜设置加劲肋,在强度和稳定计算中应考虑其影响。

②焊接梁的翼缘宜采用一层钢板,当采用两层钢板时,外层钢板与内层钢板厚度之比宜为 0.5~1.0。不沿梁通长设置的外层钢板,其理论截断点处的外伸长度 l_1 应符合下列规定:

端部有正面角焊缝:

当 $h_f \geqslant 0.75t$ 时　　　　　　　　$l_1 \geqslant b$

当 $h_f < 0.75t$ 时　　　　　　　　$l_1 \geqslant 1.5b$

端部无正面角焊缝

$$l_1 \geqslant 2b$$

式中　b——外层翼缘板的宽度,mm;

　　　t——外层翼缘板的厚度,mm;

　　　h_f——侧面角焊缝和正面角焊缝的焊脚尺寸,mm。

【例 4.3】　设计例 4.2 所示工作平台的主梁。主梁计算跨径为 15 m,其余资料见例 4.2。

【解】　1)主梁荷载及内力

主梁的计算简图如图 4.38(a)所示。

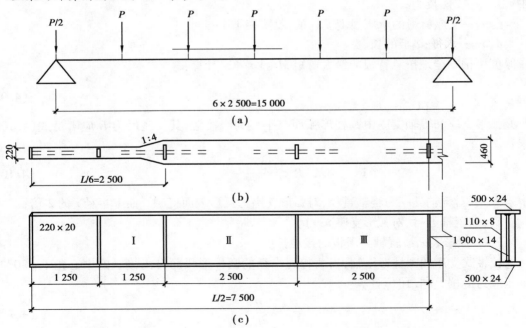

图 4.38　主梁的计算简图、翼缘改变和腹板加劲肋的布置

由次梁传来的集中荷载:$P = 2V = 2 \times 290.15$ kN $= 580.3$ kN

假设主梁自重为 3 kN/m,加劲肋等的附加重量构造系数为 1.1,荷载分项系数为 1.2,则自重荷载的设计值为 $1.2 \times 1.1 \times 3$ kN/m $= 3.96$ kN/m。

跨中最大弯矩设计值：

$$M_x = \frac{5}{2} \times 580.3 \times 7.5 \text{ kN} \cdot \text{m} - 580.3 \times (5 + 2.5) \text{kN} \cdot \text{m} + \frac{1}{8} \times 3.96 \times 15^2 \text{ kN} \cdot \text{m} = 6\,639.75 \text{ kN} \cdot \text{m}$$

支座最大剪力设计值：

$$V = \frac{5}{2} \times 580.3 \text{ kN} + \frac{1}{2} \times 3.96 \times 15 \text{ kN} = 1\,480.45 \text{ kN}$$

2）截面设计及验算

（1）截面选择

考虑主梁跨度较大，翼缘板厚度在 16~40 mm 选用，$f = 205$ N/mm²，需要的净截面抵抗矩为：

$$W_{nx} = \frac{M_x}{\gamma_x f} = \frac{6\,639.75 \times 10^6}{1.05 \times 205} \times 10^{-3} \text{ cm}^3 = 30\,847 \text{ cm}^3$$

计算梁的经济高度为：

$$h_e = 7\sqrt[3]{W_{nx}} - 30 \text{ cm} = (7 \times \sqrt[3]{30\,847} - 30) \text{cm} = 190 \text{ cm}$$

因此取梁腹板高 $h_0 = 190$ cm。

计算腹板抗剪所需的厚度：

$$t_w \geqslant \frac{1.2 V_{max}}{h_w f_v} = \frac{1.2 \times 1\,480.45 \times 10^3}{1\,900 \times 120} \text{mm} = 7.8 \text{ mm}$$

由经验公式得：

$$t_w = \frac{\sqrt{h_0}}{3.5} = \frac{\sqrt{1\,900}}{3.5} \text{mm} = 12.5 \text{ mm}$$

取腹板厚 $t_w = 14$ mm，腹板采用 $-1\,900 \times 14$ 的钢板。

需要的净截面惯性矩：

$$I_{nx} = W_{nx} \frac{h_0}{2} = 30\,847 \times \frac{190}{2} \text{cm}^4 = 2\,930\,465 \text{ cm}^4$$

腹板惯性矩：

$$I_w = \frac{1}{12} t_w h_0^3 = \frac{1}{12} \times 1.4 \times 190^3 \text{ cm}^4 = 800\,217 \text{ cm}^4$$

所需翼缘板的面积：

$$bt = \frac{2(I_x - I_w)}{h_0^2} = \frac{2 \times (2\,930\,465 - 800\,217)}{190^2} \text{cm}^2 = 118 \text{ cm}^2$$

取 $b = 500$ mm，$t = 24$ mm，梁高 $h = (24 + 24 + 1\,900) \text{mm} = 1\,948$ mm。

b 在 $\frac{h}{3} \sim \frac{h}{5} = 649 \sim 390$ mm。受压翼缘自由外伸宽度与厚度之比为 $\frac{(500 - 14)/2}{24} = 10 < 13$，满足受压翼缘局部稳定性要求。

（2）梁截面特性计算

$$I_x = \frac{1}{12} \times (50 \times 194.8^3 - 48.6 \times 190^3) \text{ cm}^3 = 3\,021\,397.5 \text{ cm}^3$$

$$W_x = I_x \div \frac{h}{2} = 3\ 021\ 397.5 \times \frac{2}{194.8}\text{cm}^3 = 31\ 020.5\ \text{cm}^3$$

$$A = 50 \times 194.8\ \text{cm}^2 - 48.6 \times 190\ \text{cm}^2 = 506\ \text{cm}^2$$

(3)截面验算

①受弯强度验算：

梁自重：$g = 1.1A\gamma = 1.2 \times 1.1 \times 0.050\ 6 \times 7.85 \times 10\ \text{kN/m} = 5.24\ \text{kN/m}$

$$M_x = \frac{5}{2} \times 580.3 \times 7.5\ \text{kN} \cdot \text{m} - 580.3 \times (5 + 2.5)\ \text{kN} \cdot \text{m} + \frac{1}{8} \times 5.24 \times 15^2\ \text{kN} \cdot \text{m}$$
$$= 6\ 675.75\ \text{kN} \cdot \text{m}$$

支座最大剪力：$V_{max} = \frac{5}{2} \times 580.3\ \text{kN} + \frac{1}{2} \times 5.24 \times 15\ \text{kN} = 1\ 490.05\ \text{kN}$

$$\sigma = \frac{M_x}{\gamma_x W_x} = \frac{6\ 675.75 \times 10^6}{1.05 \times 31\ 020.5 \times 10^3}\text{N/mm}^2 = 205\ \text{N/mm}^2 = f = 205\ \text{N/mm}^2$$

②剪应力、刚度不需验算，因选择梁高及腹板厚度时已得到满足。

③整体稳定性验算：因次梁与刚性铺板连接，主梁的侧向支承点间距等于次梁的间距，即

$l_1 = 250\ \text{cm}$，则有$\frac{l_1}{b} = \frac{250}{50} = 5 < 16.0$，故不需验算梁的整体稳定性。

3)主梁截面改变及验算

(1)截面改变

如图4.38(a)所示，为节约钢材，在距支座$\frac{l}{6} = 2.5\ \text{m}$处开始改变翼缘的宽度，所需翼缘的宽度由截面改变处的抗弯强度确定，截面改变点的弯矩和剪力为：

$$M_1 = 1\ 490.05 \times 2.5\ \text{kN} \cdot \text{m} - \frac{1}{2} \times 5.24 \times 2.5^2\ \text{kN} \cdot \text{m} = 3\ 708.75\ \text{kN} \cdot \text{m}$$

$$V_1 = 1\ 490.05\ \text{kN} \cdot \text{m} - 5.24 \times 2.5\ \text{kN} \cdot \text{m} = 1\ 476.95\ \text{kN}$$

需要：$W_1 = \frac{M_1}{\gamma_x f} = \frac{3\ 708.75 \times 10^6}{1.05 \times 205} \times 10^{-3}\ \text{cm}^3 = 17\ 229.97\ \text{cm}^3$

$$A_1 = \frac{2(I_x - I_w)}{h_0^2} = \frac{W_1}{h_0} - \frac{1}{6}t_w h_0 = \frac{17\ 229.97}{190}\text{cm}^2 - \frac{1}{6} \times 1.4 \times 190\ \text{cm}^2 = 46.4\ \text{cm}^2$$

$A_1 = b_1 t$，则$b_1 = \frac{46.4}{2.4}\ \text{cm} = 19.3\ \text{cm}$，取改变后的翼缘宽度为22 cm。

(2)截面改变处折算应力验算

$$I_1 = \frac{1}{12} \times 1.4 \times 190^3\ \text{cm}^4 + 2 \times 22 \times 2.4 \times \left(\frac{190}{2} + 1.2\right)^2\ \text{cm}^4 = 1\ 777\ 485.5\ \text{cm}^4$$

$$S_1 = 22 \times 2.4 \times 96.2\ \text{cm}^3 = 5\ 079.36\ \text{cm}^3$$

$$\tau_1 = \frac{V_1 S_1}{I_1 t_w} = \frac{1\ 476.95 \times 10^3 \times 5\ 079.36 \times 10^3}{1\ 777\ 485.5 \times 10^4 \times 14}\ \text{N/mm}^2 = 30.1\ \text{N/mm}^2$$

$$\sigma_1 = \frac{M_1}{I_1}\frac{h_0}{2} = \frac{3\ 708.75 \times 10^6}{1\ 777\ 485.5 \times 10^4} \times \frac{1\ 900}{2}\ \text{N/mm}^2 = 198.2\ \text{N/mm}^2$$

$$\sigma_z = \sqrt{\sigma_1^2 + \tau_1^2} = \sqrt{198.2^2 + 30.1^2} \text{ N/mm}^2 = 200.5 \text{ N/mm}^2 < 1.1f = 225.5 \text{ N/mm}^2$$

4) 主梁翼缘焊缝设计

支座最大剪力：$V_{max} = 1\,490.05$ kN

则需要的焊缝厚度为：

$$h_f \geq \frac{1}{1.4 f_f^w} \frac{V_{max} S_1}{I_1} = \frac{1}{1.4 \times 160} \times \frac{1\,490.05 \times 10^3 \times 5\,079.36 \times 10^3}{1\,777\,485.5 \times 10^4} \text{ mm} = 1.9 \text{ mm}$$

按构造要求：$h_f \geq 1.5\sqrt{22}$ mm $= 7.03$ mm，选取翼缘焊缝的焊脚尺寸 $h_f = 8$ mm。

5) 腹板加劲肋设计

根据腹板的局部稳定性要求，因 $80 < h_0/t_w = 1\,900/14 = 135.7 < 170$，按规范要求，应设置横向加劲肋，而不需设置纵向加劲肋。首先，按构造要求，在每根次梁下面和支座处设置加劲肋，即取加劲肋的间距为 $a = 2.5$ m，将半跨范围内划分为 3 个区段，分别验算每个区段的局部稳定性，如图 4.38(c) 所示。

(1) 加劲肋的设计

在腹板两侧成对配置加劲肋，加劲肋截面外伸宽度：$b_s \geq \frac{h_0}{30} + 40 \text{ mm} = \left(\frac{1\,900}{30} + 40\right) \text{ mm} = 103$ mm，取 $b_s = 110$ mm。

加劲肋的厚度：$t_s \geq \frac{b_s}{15} = \frac{110}{15} \text{ mm} = 7.3$ mm，取 $t_s = 8$ mm。

(2) 区段 I

区段左边截面内力　　　　$M = 0$　　　　　　　$V_{max} = 1\,490.05$ kN

区段右边截面内力　　　　$M_1 = 3\,708.75$ kN·m　　$V_1 = 1\,476.95$ kN

区段截面平均内力　　　　$M = \frac{3\,708.05}{2}$ kN·m $= 1\,854.4$ kN·m

$$V = \frac{1\,490.05 + 1\,476.95}{2} \text{ kN} = 1\,483.5 \text{ kN}$$

腹板计算高度边缘处由平均弯矩和剪力所引起的应力：

$$\sigma_1 = \frac{M_1}{I_1} y_1 = \frac{1\,854.4 \times 10^6}{1\,777\,485.5 \times 10^4} \times \frac{1\,900}{2} \text{ N/mm}^2 = 99.1 \text{ N/mm}^2$$

$$\tau_1 = \frac{V_1 S_1}{I_1 t_w} = \frac{1\,483.5 \times 10^3 \times 5\,079.36 \times 10^3}{1\,777\,485.5 \times 10^4 \times 14} \text{ N/mm}^2 = 30.3 \text{ N/mm}^2$$

临界应力计算：

① σ_{cr} 的计算：

$$\lambda_{n,b} = \frac{2h_c/t_w}{153} \sqrt{\frac{f_y}{235}} = \frac{190/1.4}{153} = 0.887 > 0.85$$

$\sigma_{cr} = [1 - 0.75(\lambda_{n,b} - 0.85)]f = [1 - 0.75(0.887 - 0.85)] \times 205 \text{ N/mm}^2 = 199.3 \text{ N/mm}^2$

② τ_{cr} 的计算：

$$\frac{a}{h_0} = \frac{250}{190} = 1.32 > 1.0$$

$$\lambda_s = \frac{h_0/t_w}{41\sqrt{5.34 + 4(h_0/a)^2}}\sqrt{\frac{f_y}{235}} = \frac{190/1.4}{41\sqrt{5.34 + 4 \times (190/250)^2}} = 1.2$$

$$\tau_{cr} = [1 - 0.59(\lambda_s - 0.8)]f_v = [1 - 0.59(1.2 - 0.8)] \times 120 \text{ N/mm}^2 = 91.68 \text{ N/mm}^2$$

腹板局部稳定验算：

$$\left(\frac{\sigma_1}{\sigma_{cr}}\right)^2 + \left(\frac{\tau_1}{\tau_{cr}}\right)^2 = \left(\frac{99.1}{199.3}\right)^2 + \left(\frac{30.3}{91.68}\right)^2 = 0.36 < 1$$

区段 I 的局部稳定满足要求。

(3) 区段 II

区段左边截面内力：

$$M_1 = 3\ 708.75 \text{ kN·m} \qquad V_1 = (1\ 476.95 - 580.3) \text{ kN} = 896.65 \text{ kN}$$

区段右边截面内力：

$$M_2 = 1\ 490.05 \times 5 \text{ kN·m} - \frac{1}{2} \times 5.24 \times 5^2 \text{ kN·m} - 580.3 \times 2.5 \text{ kN·m} = 5\ 934 \text{ kN·m}$$

$$V_2 = (896.65 - 5.24 \times 2.5) \text{ kN} = 883.55 \text{ kN}$$

区段截面平均内力：

$$M = \frac{3\ 708.85 + 5\ 934}{2} \text{ kN·m} = 4\ 821.43 \text{ kN·m}$$

$$V = \frac{896.65 + 883.55}{2} \text{ kN} = 890.1 \text{ kN}$$

$$S_1 = 50 \times 2.4 \times 96.2 \text{ cm}^3 = 11\ 544 \text{ cm}^3$$

腹板计算高度边缘处由平均弯矩和剪力所引起的应力：

$$\sigma_2 = \frac{M_1}{I_1}y_1 = \frac{4\ 821.43 \times 10^6}{3\ 021\ 397.5 \times 10^4} \times \frac{1\ 900}{2} \text{ N/mm}^2 = 151.6 \text{ N/mm}^2$$

$$\tau_2 = \frac{V_1 S_1}{I_1 t_w} = \frac{890.1 \times 10^3 \times 11\ 544 \times 10^3}{3\ 021\ 397.5 \times 10^4 \times 14} \text{ N/mm}^2 = 24.3 \text{ N/mm}^2$$

临界应力计算：

① σ_{cr} 的计算：

$$\lambda_{n,b} = \frac{2h_c/t_w}{153}\sqrt{\frac{f_y}{235}} = \frac{190/1.4}{153} = 0.887 > 0.85$$

$$\sigma_{cr} = [1 - 0.75(\lambda_{n,b} - 0.85)]f = [1 - 0.75(0.887 - 0.85)] \times 205 \text{ N/mm}^2 = 199.3 \text{ N/mm}^2$$

② τ_{cr} 的计算：

$$\frac{a}{h_0} = \frac{250}{190} = 1.32 > 1.0$$

$$\lambda_s = \frac{h_0/t_w}{41\sqrt{5.34 + 4(h_0/a)^2}}\sqrt{\frac{f_y}{235}} = \frac{190/1.4}{41\sqrt{5.34 + 4(190/250)^2}} = 1.2$$

$$\tau_{cr} = [1 - 0.59(\lambda_s - 0.8)]f_v = [1 - 0.59(1.2 - 0.8)] \times 120 \text{ N/mm}^2 = 91.68 \text{ N/mm}^2$$

腹板局部稳定验算：

$$\left(\frac{\sigma_2}{\sigma_{cr}}\right)^2 + \left(\frac{\tau_2}{\tau_{cr}}\right)^2 = \left(\frac{151.6}{199.3}\right)^2 + \left(\frac{24.3}{91.68}\right)^2 = 0.65 < 1$$

区段Ⅱ的局部稳定满足要求。

(4)区段Ⅲ的局部稳定验算(略)

思 考 题

4.1 钢梁主要有哪几种截面形式? 各适用条件是什么?

4.2 钢梁的强度计算包括哪些内容? 怎样计算?

4.3 什么是梁的整体稳定性? 影响梁的整体稳定性的因素是什么? 如何提高梁的整体稳定性?

4.4 在梁的整体稳定性验算时,当稳定系数 $\varphi_b > 0.6$ 时,为什么要用 φ'_b 替代 φ_b 代入公式中进行计算? 在什么情况下可不进行梁的整体稳定验算?

4.5 组合梁截面的选择包括哪些内容? 梁高的选择又包括哪些内容? 最大梁高、最小梁高及经济梁高是根据什么原则确定的?

4.6 薄板的失稳有哪几种形式? 在不同的荷载作用下,会发生怎样的失稳?

4.7 组合梁腹板和翼缘板的失稳有何不同,在组合梁设计中,如何保证组合梁腹板和翼缘板的失稳? 为什么?

4.8 组合梁腹板在支承区段和跨中区段的局部失稳有何不同? 为什么在这两个区段内要分别用横向加劲肋和纵向加劲肋来提高局部稳定性?

4.9 梁格布置有哪几种形式? 各有何优缺点和适用范围?

4.10 已知焊接双轴对称工字形等截面简支梁的计算跨径 $l = 7$ m,跨中上翼缘作用有固定的集中荷载标准值 $P_k = 328$ kN,设计值 $P = 394$ kN,跨中设置有侧向支承点,腹板选用 -900×8,翼缘选用 -260×14,钢材选用 Q235 钢。不考虑自重的影响,试计算该梁的弯曲强度、抗剪强度、局部承压强度和刚度是否满足要求。

4.11 在集中荷载作用下双轴对称焊接工字形截面简支梁的强度、刚度和整体稳定性验算。梁的计算跨径 $l = 15$ m,截面为双轴对称工字形截面,腹板选用 $-1\,500 \times 12$,翼缘选用 -400×20;梁上跨中作用集中荷载设计值 $P = 845$ kN,荷载标准值 $P_k = 650$ kN/m。该梁为工作平台梁,跨中设置侧向支承,钢材为 Q345,集中荷载作用处设置有支承加劲肋。

4.12 某坡度为 1/2.5 的屋面,采用简支槽钢檩条(图4.38),计算跨径 $l = 6$ m,跨中设一道拉条。檩条上活荷载标准值为 0.6 kN/m,恒荷载标准值为 0.2 kN/m(包括梁自重)。钢材选用 Q235 钢,檩条容许挠度 $[v] = l/150$,选用 ⌐10。试验算该梁的强度和刚度。

4.13 已知焊接双轴对称工字形等截面简支梁的计算跨径 $l = 15$ m,跨中无侧向支承点,腹板选用 -900×8,翼缘选用 -260×14,钢材选用 Q235 钢,承受均布荷载作用(不考虑自重的影响)。试根据该梁的弯曲强度、抗剪强度计算该梁所能承受的最大均布荷载设计值,并验算该梁的整体稳定性和刚度是否满足要求? 请给出合理的解释。

4.14 单轴对称工字形等截面简支梁的整体稳定验算。现有简支钢梁,跨径 $l = 5$ m,跨中无侧向支承点,钢梁截面尺寸为:上翼缘为 -390×16,下翼缘为 -200×14,腹板为

$-1\ 000 \times 8$,当集中荷载作用在跨中的上翼缘时,请①根据该梁的整体稳定性要求计算该梁所能承担的最大集中荷载设计值 P;②试根据该梁的强度要求计算该梁所能承担的最大集中荷载设计值 P。

4.15 工作平台梁格体系设计。工作平台尺寸为 14 m×12 m,次梁跨度为 6 m,次梁间距 2.0 m,预制钢筋混凝土铺板焊于次梁上翼缘。平台永久荷载标准值(不包括次梁自重)为 7.5 kN/m²,荷载分项系数为 1.2,活荷载标准值为 16 kN/m²,荷载分项系数为 1.4,主梁跨度为14 m(若考虑次梁叠接在主梁上,其支承长度 a =15 cm,$[v] = l/400$)。材料用 Q235 钢材,焊条 E43,手工电焊,普通方法检查,要求拟出合理的平台结构布置方案,并扼要说明选型的理由与根据,按比例绘出结构布置简图并设计该平台。

第5章 轴心受力构件

5.1 概 述

轴心受力构件是指承受通过构件截面形心轴线的轴向力作用的构件,当这种轴向力为拉力时,称为轴心受拉构件,简称轴心拉杆;当这种轴向力为压力时,称为轴心受压构件,简称轴心压杆。轴心受力构件广泛地应用于各种类型的钢结构承重构件中,如桁架、托架、塔架、网架和网壳等。这类构件在节点处往往做成铰接连接,节点的转动刚度在确定杆件计算长度时予以适当考虑,一般只承受节点荷载。一些非承重构件,如支承、缀条等,也常常由轴心受力构件组成。

轴心受力构件的截面形式有 3 种:第 1 种是热轧型钢截面,如图 5.1(a)中的工字钢、H 型钢、槽钢、角钢、T 型钢、圆钢、圆管、方管等,其中最常用的是工字钢或 H 型钢;第 2 种是冷弯薄壁型钢截面,如图 5.1(b)中卷边或不卷边的冷弯角钢、槽钢和方管等;第 3 种是用型钢和钢板或钢板和钢板连接而成的组合截面,如图 5.1(c)所示的实腹式组合截面和图 5.1(d)所示的格构式组合截面等。

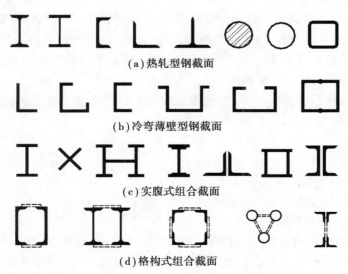

(a)热轧型钢截面

(b)冷弯薄壁型钢截面

(c)实腹式组合截面

(d)格构式组合截面

图 5.1 轴心受力构件的截面形式

实腹式构件一般是组合截面,有时也采用轧制 H 型钢或圆管截面。格构式构件一般由两个或多个分肢格构式构件。在格构式构件截面中,通过分肢腹板的主轴称为实轴,通过分肢缀件的主轴称为虚轴。分肢通常采用轧制槽钢或工字钢,承受荷载较大时可采用焊接工字形或槽形组合截面。缀件有缀条或缀板两种,一般设置在分肢翼缘两侧平面内,其作用是将各分肢连成整体,使其共同受力,并承受绕虚轴弯曲时产生的剪力。缀条用斜杆组成或斜杆与横杆共同组成,缀条常采用单角钢,与分肢翼缘组成桁架体系,使承受横向剪力时有较大的刚度。缀板常采用钢板,与分肢翼缘组成刚架体系。在构件产生绕虚轴弯曲而承受横向剪力时,刚度比缀条格构式构件略低,所以通常用于受拉构件或压力较小的受压构件。实腹式构件比格构式构件构造简单、制造方便、整体受力和抗剪性能好,但截面尺寸较大时钢材用量较多,而格构式构件容易实现两主轴方向的等稳定性,刚度较大,抗扭性能较好,用料较省。

轴心受力构件的截面必须满足强度、刚度要求,且制作简单、便于连接、施工方便。因此,一般要求截面宽度大而壁厚较薄,能提供较大的刚度,尤其是对于轴心受压构件,承载力一般由整体稳定控制,宽大的截面因稳定性能好从而用料经济,但此时应注意板件的局部屈曲问题,板件的局部屈曲势必影响构件的承载力。

5.2 轴心受力构件的强度和刚度

5.2.1 轴心受力构件的强度计算

从钢材的应力-应变关系可知,当轴心受力构件的截面平均应力达到钢材的抗拉强度 f_u 时,构件达到强度极限承载力。但在设计时必须留有较多的安全储备,以防止构件被突然拉断。另外,当构件的平均应力达到钢材的屈服强度 f_y 时,由于构件塑性变形的发展,将使构件的变形过大以致达到不适于继续承载的状态。因此,轴心受力构件是以截面的平均应力达到钢材的屈服强度作为强度计算准则的。

对于无孔洞的轴心受力构件,以全截面平均应力达到屈服强度为强度极限状态,应按式(5.1)进行毛截面强度计算:

$$\sigma = \frac{N}{A} \leqslant f \qquad (5.1)$$

式中 N——构件的轴心力设计值;

f——钢材抗拉强度设计值或抗压强度设计值;

A——构件的毛截面面积。

对于有孔洞的构件,在孔洞附近存在着高度的应力集中现象,如图 5.2(a)所示。孔洞边缘的应力较早的达到屈服应力而发展塑性变形,由于应力重分布,净截面的应力最终可以均匀地达到屈服强度 f_y,如图 5.2(b)所示。如果外力继续增加,一方面构件的变形过大,另一方面孔壁附近因塑性变形过大有可能被拉裂而降低了构件的承载力。因此,此类构件的强度应以

净截面的平均应力不超过钢材的屈服强度为准则,计算公式为:

$$\sigma = \frac{N}{A_n} \leq f \qquad (5.2)$$

式中 A_n——构件的净截面面积,其余同上。

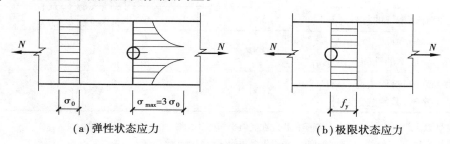

（a）弹性状态应力   （b）极限状态应力

图 5.2 孔洞处截面应力分布

对于高强度螺栓的摩擦型连接,计算板件强度时要考虑孔前传力的影响,按有关内容进行计算。

5.2.2 轴心受力构件的刚度计算

按照正常使用极限状态的要求,轴心受力构件应具有一定的刚度,防止产生过大的变形。轴心受力构件的刚度通常采用长细比 λ 来衡量,长细比越小,表示构件的刚度越大,反之则刚度越小。

构件的容许长细比 $[\lambda]$,是按照构件的受力性质、构件类别和荷载性质确定的。对于受压构件,长细比显得尤为重要,因为受压构件一旦发生弯曲变形,因变形而增加的附加弯矩影响比受拉构件严重,长细比过大会使稳定承载力降低很多。构件的容许长细比按表 5.1 或表 5.2 中采用。轴心受力构件对主轴 x 轴、y 轴的长细比 λ_x,λ_y 分别应满足式(5.3)的要求:

$$\lambda_x = \frac{l_{0x}}{i_x} \leq [\lambda] \qquad \lambda_y = \frac{l_{0y}}{i_y} \leq [\lambda] \qquad (5.3)$$

式中 l_{0x},l_{0y}——分别为构件对主轴 x 轴和 y 轴的计算长度;

  i_x,i_y——分别为截面对主轴 x 轴和 y 轴的回转半径。

表 5.1 受压构件的容许长细比

项　次	构件名称	容许长细比
1	柱、桁架和天窗架中的杆件	150
	柱的缀条、吊车梁或吊车桁架以下的柱间支撑	
2	支撑(吊车梁或吊车桁架以下的柱间支撑除外)	200
	用以减少受压构件长细比的杆件	

注:①桁架(包括空间桁架)的受压腹杆,当其内力等于或小于承载能力的 50% 时,容许长细比可取为 200。

②计算单角钢受压构件的长细比时,应采用角钢的最小回转半径;但在计算单角钢交叉受压杆件平面外的长细比时,应采用与角钢肢边平行轴的回转半径。

③跨度等于或大于 60 m 的桁架,其受压弦杆和端压杆的长细比宜取为 100,其他受压腹杆可取为 150(承受静力荷载)或 120(承受动力荷载)。

表 5.2　受拉构件的容许长细比

项　次	构件名称	承受静力荷载或间接承受动力荷载的结构		直接承受动力荷载的结构
		一般建筑结构	有重级工作制吊车的厂房	
1	桁架的杆件	350	250	250
2	吊车梁或吊车桁架以下的柱间支撑	300	200	—
3	其他拉杆、支撑、系杆等（张紧的圆钢除外）	400	350	—

注：①承受静力荷载的结构中，可仅计算受拉构件在竖向平面内的长细比。

②在直接或间接承受动力荷载的结构中，单角钢受拉构件长细比的计算方法与表 5.1 的注②相同。

③中、重级工作制吊车桁架下弦杆的长细比不宜超过 200。

④在设有夹钳吊车或刚性料耙等硬钩吊车的厂房中，支撑（表中第 2 项除外）的长细比不宜超过 300。

⑤受拉构件在永久荷载与风荷载组合作用下受压时，其长细比不宜超过 250。

⑥跨度等于或大于 60 m 的桁架，其受拉弦杆和腹杆的长细比不宜超过 300（承受静力荷载）或 250（承受动力荷载）。

　　一般而言，设计轴心受拉构件时，应根据结构用途、构件受力大小和材料选用合理的截面形式，并对所选截面进行强度和刚度计算。而设计轴心受压构件时，除了使截面满足强度和刚度的要求之外，必须注意要使构件满足整体稳定和局部稳定的要求。实际上，只有长细比很小的以及有孔洞削弱的轴心受压构件才有可能发生强度破坏。多数情况下，轴心受压构件是由整体稳定控制其承载能力，而且轴心受压构件丧失整体稳定极具突然性，容易造成严重后果，在设计时应予以特别重视。

5.3　实腹式轴心受压构件的整体稳定

　　轴心受压构件的受力性能和受拉构件不同。除了有些较短的构件因局部有孔洞削弱、净截面的平均应力有可能达到屈服强度而需要进行强度计算外，一般而言，轴心受压构件的承载能力是由稳定条件决定的。构件应满足整体稳定和局部稳定的要求。

5.3.1　理想轴心受压构件的整体失稳现象

　　无缺陷的轴心受压构件，当轴心压力 N 较小时，构件只产生轴向压缩变形，保持直线平衡状态。若有外界干扰力，构件会产生微小弯曲。当压力 N 小于临界值，干扰力消失后，构件立即恢复到原来的平衡状态，称为稳定平衡；当压力 N 达到临界值，干扰力消失后，构件不能恢复到原来的直线平衡状态而转入微弯平衡状态，称为随遇平衡。此时，若压力继续增加，弯曲变形会突然增大，从而使构件丧失承载能力，这种现象称为理想轴心受压构件的屈曲，即理想轴心受压构件丧失了整体稳定性。

在轴心压力作用下如果构件发生屈曲,屈曲变形可能有 3 种形式:第 1 种是弯曲变形,构件的轴线由直线变为曲线,如图 5.3(a)所示,此时构件的截面只绕一个主轴回转,这种屈曲称为弯曲屈曲;第 2 种是扭转屈曲,如图 5.3(b)所示,各个截面均绕构件纵轴扭转,这种屈曲称为扭转屈曲;第 3 种是弯扭屈曲,即构件在发生弯曲变形的同时伴有扭转变形,如图 5.3(c)所示。轴心受压构件究竟以什么样的形式屈曲,主要取决于截面的形式和尺寸、构件的长度和构件端部的连接条件。

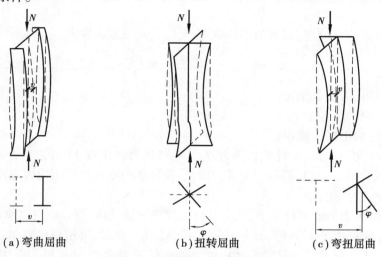

（a）弯曲屈曲　　　　　（b）扭转屈曲　　　　　（c）弯扭屈曲

图 5.3　轴心受压构件的屈曲变形

轴心受压构件在微弯状态下保持平衡的最小轴心压力,称为欧拉临界力,用 N_{cr} 表示,其计算公式为:

$$N_{cr} = \frac{\pi^2 EI}{(\mu l)^2} = \frac{\pi^2 EI}{l_0^2} \tag{5.4}$$

式中　E——材料的弹性模量;

　　　I——构件弯曲时截面绕屈曲轴的惯性矩;

　　　l_0——受压构件的计算长度或有效长度,$l_0 = \mu l$,l 为构件的几何长度,μ 称为构件的计算长度系数,由构件两端的支承情况决定,见表 5.3。

表 5.3　轴心受压构件的临界力和计算长度系数 μ

两端支承情况	两端铰接	上端自由下端固定	上端铰接下端固定	两端固定	上端可移动但不转动下端固定	上端可移动但不转动下端铰接
屈曲形状	$l_0 = l$	$l_0 = 2l$	$l_0 = 0.7l$	$l_0 = 0.5l$	$l_0 = l$	$l_0 = 2l$

续表

两端支承情况	两端铰接	上端自由下端固定	上端铰接下端固定	两端固定	上端可移动但不转动下端固定	上端可移动但不转动下端铰接
计算长度 $l_0 = \mu l$ μ 为理论值	$1.0l$	$2.0l$	$0.7l$	$0.5l$	$1.0l$	$2.0l$
μ 的设计建议值	1	2	0.8	0.65	1.2	2

EI 代表构件的弯曲刚度,截面的平均应力 σ_{cr} 称为欧拉临界应力,令 $I = Ai^2$,得到:

$$\sigma_{cr} = \frac{N_{cr}}{A} = \frac{\pi^2 E}{l_0/i} = \frac{\pi^2 E}{\lambda^2} \tag{5.5}$$

式中　λ——构件的有效长细比;

i——截面的回转半径;

A——构件的毛截面面积。

从式(5.5)中可以看出,构件的临界力 N_{cr} 与构件的弯曲刚度 EI 成正比,与构件的计算长度 l_0 的平方成反比,而与材料的强度无关。因此,构件的稳定性只能用增大截面惯性矩 I 或减小计算长度 l_0 的办法来提高。

另外,欧拉临界力公式的推导中,假定材料为理想弹塑性体、符合虎克定律,因此当截面应力超过钢材的比例极限 f_p 后,欧拉临界力公式不再适用。此时,可用恩格塞尔(Engesser)提出的切线模量 $E_t = d\sigma/d\varepsilon$ 来代替欧拉公式中的弹性模量 E,将欧拉公式推广应用于非弹性范围内(图5.4),即改进的欧拉公式:

$$N_{cr} = \frac{\pi^2 E_t I}{l_0^2} = \frac{\pi^2 E_t A}{\lambda^2} \tag{5.6}$$

相应的切线模量临界应力为:

$$\sigma_{cr} = \frac{\pi^2 E_t}{\lambda^2} \tag{5.7}$$

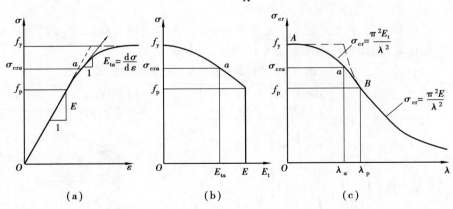

图5.4　切线模量理论

从形式上看,切线模量临界应力公式和欧拉临界应力公式仅 E_t 和 E 不同,但在使用上却有很大区别。采用欧拉公式时可直接由长细比 λ 求得临界应力 σ_{cr},但是切线模量公式则不能,因为切线模量 E_t 与临界应力 σ_{cr} 互为函数。由于确定切线模量较为困难,在实际使用中非弹性范围的临界应力常采用经验公式进行计算。

5.3.2　轴心受压构件受力性能对弯曲屈曲的影响

上述介绍的是理想轴心受压构件的稳定问题,实际轴心受压钢构件的受力性能与理想轴心受压构件有很大不同。以欧拉公式为例,严格来说,其假定均不成立,只不过影响的程度不同而已。实际上,轴心受压构件的受力性能受到许多因素的影响,已有研究表明,实际轴心受压构件必须考虑截面中的残余应力、杆轴的初弯曲、荷载作用点的初偏心以及杆端的约束条件等因素的影响。

1）力学缺陷对轴心受压构件弯曲屈曲的影响

构件中的力学缺陷主要是指残余应力,它的产生主要是由于钢材热轧以及板边火焰切割、构件焊接和校正调直等加工制造过程中不均匀的高温加热和冷却所引起的。其中,焊接残余应力的数值最大,通常可达到或接近钢材的屈服强度 f_y。

图 5.5(a)所示的 H 型钢,在热轧后的冷却过程中,翼缘板端的单位体积的暴露面积大于腹板与翼缘交接处,冷却较快,而腹板与翼缘的交接处冷却较慢。同理,腹板中部也比其两端冷却较快。后冷却部分的收缩受到先冷却部分的约束从而产生了残余拉应力,而先冷却部分则产生了与之平衡的残余压应力。因此,残余应力是构件尚未承受外荷载之前就已经存在的

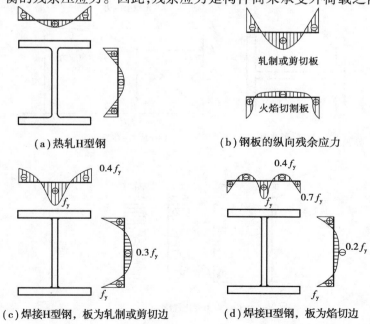

（a）热轧H型钢　　　　　　　　（b）钢板的纵向残余应力

（c）焊接H型钢,板为轧制或剪切边　　（d）焊接H型钢,板为焰切边

图 5.5　构件纵向残余应力的分布

一种初应力,在一个截面上具有自相平衡的特点。

热轧或剪切钢板的残余应力较小,如图5.5(b)所示,常可忽略。用这种带钢焊接组合而成的工字形钢截面,其焊缝处的残余拉应力可能达到屈服点,如图5.5(c)所示。

对于火焰切割钢板,由于切割时热量集中在切割处的很小范围内,在板边缘的一定范围内可能产生高于屈服点的残余拉应力,板的中部则产生较小的残余压应力,如图5.5(b)所示。用这种钢板焊接组合而成的工字形钢截面,在翼缘板的焊缝处变号为残余拉应力,如图5.5(d)所示。

下面分析残余应力对短柱稳定性的不利影响,通常由短柱压缩试验进行测定。所谓短柱是指取一柱段,其长细比不大于10,不致在受压时发生屈曲破坏,又能够保证其中部截面反映实际的残余应力。

现以图5.6(a)例,为使问题简化起见,忽略影响不大的腹板残余应力的影响。如果短柱内不存在残余应力,则其应力-应变曲线与小试件测得的 σ-ε 曲线相同,接近理想的弹塑性体,如图5.6(b)虚线所示。但是,由于残余应力的存在,在轴心压力 N 的作用下,残余应力与截面上的平均应力 N/A 相叠加,将使截面的某些部位提前屈服并发展成塑性变形。假设两翼缘上的残余应力为线性分布,翼缘两外端的最大残余压应力为 $\sigma_r = 0.3f_y$,翼缘中点为最大残余应力。当 $N/A < 0.7f_y$ 时,截面上的应力处于弹性阶段;当 $N/A = 0.7f_y$ 时,与残余应力叠加后,翼缘端部应力达到屈服点 f_y,此时短柱的平均应力-应变曲线开始弯曲,该点称为有效比例极限 $f_p = f_y - \sigma_r$;当 N/A 继续增加超过 $0.7f_y$ 后,截面的屈服逐渐向中间发展,弹性区逐渐减小,直到 $N/A = f_y$ 翼缘全部屈服为止[图5.6(c)]。从图5.6(b)中可以看出,在 f_p 和 f_y 之间出现了一

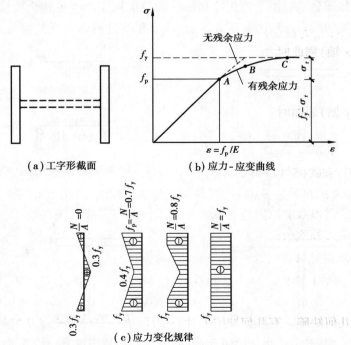

（a）工字形截面　　　（b）应力-应变曲线

（c）应力变化规律

图5.6　残余应力对轴心受压短柱平均应力-应变曲线的影响

条渐变曲线,此即为残余应力使部分材料提前屈服的结果。由此可见,残余应力对短柱的 $\sigma\text{-}\varepsilon$ 曲线的影响表现在降低了构件的比例极限;当外荷载引起的应力超过比例极限后,残余应力使构件的平均应力-应变曲线变成非线性关系,同时减小了截面的有效面积和有效惯性矩,从而降低了构件的稳定承载力。

若 $\sigma\leqslant f_p$,构件处于弹性阶段,可采用欧拉公式计算其临界力与临界应力。

若 $f_p\leqslant\sigma\leqslant f_y$,此时构件在弹塑性阶段工作,截面由变形模量不同的两部分组成,塑性区的变形模量为零,而弹性区的模量仍为 E。构件发生微小弯曲时,能够产生抵抗力矩的只是截面的弹性区。因此,只能按截面弹性区的有效截面惯性矩 I_e 代替全截面的惯性矩 I 来计算其临界力,即:

$$N_{cr} = \frac{\pi^2 EI_e}{l_0^2} = \frac{\pi^2 EI}{l_0^2}\left(\frac{I_e}{I}\right) \tag{5.8}$$

相应的临界应力为:

$$\sigma_{cr} = \frac{N_{cr}}{A} = \frac{\pi^2 E}{\lambda^2}\left(\frac{I_e}{I}\right) \tag{5.9}$$

式(5.9)表明,由于残余应力的影响使构件截面提前出现塑性区,从而降低了构件的临界力或临界应力,其值为弹性欧拉临界值乘以小于1的折减系数 I_e/I。而比值 I_e/I 与残余应力的分布和大小、构件截面的形状以及构件屈曲时的弯曲方向有关。

现以图5.7所示的工字形截面为例说明 I_e/I 的计算。截面的屈服区在翼缘两端有阴影部分,考虑到腹板靠近截面形心轴,计算时忽略其作用。截面弹性部分的翼缘宽度为 b_e,令 $\eta = b_e/b = b_e t/bt = A_e/A$,$A_e$ 为截面弹性部分的面积,则:

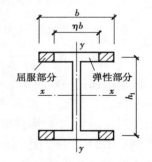

图5.7　屈曲时截面部分屈服

绕强轴(x—x 轴)屈曲时:

$$\frac{I_{ex}}{I_x} = \frac{2t(\eta b)h_1^2/4}{2tbh_1^2/4} = \eta \tag{5.10}$$

绕弱轴(y—y 轴)屈曲时:

$$\frac{I_{ey}}{I_y} = \frac{2t(\eta b)^3/12}{2tb^3/12} = \eta^3 \tag{5.11}$$

比较式(5.10)和式(5.11)可知,残余应力对临界力的不利影响,随构件屈曲方向而不同。由于 $\eta<1$,故 $\eta^3\ll\eta$,可见这种截面(屈服区在翼缘的两端)残余应力的不利影响对弱轴屈曲要比对强轴屈曲严重得多。原因是远离弱轴的部分是残余应力最大的部分,而远离强轴的部分则兼有残余压应力和残余拉应力。

2)构件几何缺陷对轴心受压构件弯曲屈曲的影响

实际轴心受压构件不可能是完全挺直的。在制造、运输和安装过程中,构件不可避免地会存在微小弯曲。由于构造、施工和加载等方面的原因,还可能产生一定程度的初偏心。初弯曲和初偏心统称为几何缺陷。有几何缺陷的轴心受压构件,其侧向挠度从加载开始就不断增加,因此构件除轴心力作用外,还存在因构件弯曲而产生的弯矩,从而降低了构件的稳定承载力。

(1)初弯曲对轴心受压构件的影响

首先研究初弯曲的影响。图5.8所示两端铰接、有初弯曲的构件在未受力前就成弯曲状

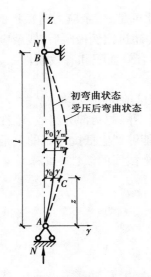

图 5.8　有初弯曲的轴心受压构件

态,假设初弯曲形状为正弦曲线的一个半波,即:

$$y_0 = v_0 \sin\frac{\pi z}{l} \qquad (5.12)$$

式中　v_0——构件中央的初始挠度值,已有的统计资料表明该值为构件几何长度 l 的 $1/500 \sim 1/2\,000$。

在加载之前,构件任意点 C 处的曲率为 $-y_0''$,作用轴线压力 N,构件总的挠度为 y,曲率为 $-y''$,在弹性弯曲状态下,根据内外力矩平衡条件可建立平衡微分方程为:

$$EIy'' + Ny = EIy_0'' \qquad (5.13)$$

解此方程可得压杆的弹性挠度曲线为:

$$y = \frac{v_0'}{1 - N/N_E}\sin\frac{\pi z}{l} \qquad (5.14)$$

构件中央的最大挠度和最大弯矩分别为

$$y_m = \frac{v_0}{1 - N/N_E} \qquad M_m = Ny_m = \frac{Nv_0}{1 - N/N_E}$$

$$(5.15)$$

式中　N_E——欧拉临界力,$N_E = \dfrac{\pi^2 EI}{l_0^2}$;

A_m——初始挠度放大系数或弯矩放大系数,反映了初弯曲对弹性轴心受压构件的影响,$A_m = \dfrac{1}{1 - N/N_E}$。

任意截面的一阶弯矩为 $Nv_0\sin(\pi z/l)$,二阶弯矩为 $A_m Nv_0\sin(\pi z/l)$,二者之间的差别称为构件本身的二阶效应,简称 $N\text{-}\delta$ 效应。

由式(5.14)可知构件的最大挠度 y_{max} 不是随着压力 N 按比例增加的,当压力达到构件的欧拉临界力 N_E 时,对于不同初弯曲的轴心受压构件,y_{max} 均达到无穷大。图 5.9 中的实线给出了 $v_0 = 1$ mm 和 $v_0 = 3$ mm 的轴心受压构件的荷载-挠度曲线,对于弹性构件,曲线均以 $N = N_E$ 为水平渐进线。但实际中的轴心受压构件,当其截面承受弯矩较大时,受力最大的截面边缘纤维开始屈服而进入塑性状态,使得构件的刚度降低,如图 5.9 中虚线所示。因此,初弯曲降低了轴心受压构件的承载力,其极限荷载与构件截面形式、长细比 λ、弯曲方向以及钢材的屈服强度 f_y 有关。

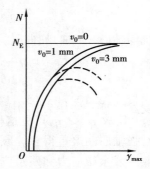

图 5.9　有初弯曲的轴心受压构件荷载-挠度曲线

(2)初偏心对轴心受压构件的影响

下面研究初偏心对轴心受压构件的影响。由于构造上的原因和构件截面尺寸的变异,作用在构件端部的轴压力实际上不可避免地会偏离截面的形心而形成初偏心 e_0,图 5.10 表示两端铰接、有初偏心 e_0 的轴心受压构件。在弹性弯曲状态下,可建立平衡微分方程如下:

$$EIy'' + Ny = -Ne_0 \qquad (5.16)$$

令 $k^2 = \dfrac{N}{EI}$，可解得：

$$y = e_0\left(\cos kx + \frac{1 - \cos kl}{\sin kl}\sin kx - 1\right) \qquad (5.17)$$

因此，构件中点的最大挠度为：

$$y_{\max} = e_0\left(\sec \frac{\pi}{2}\sqrt{\frac{N}{N_E}} - 1\right) \qquad (5.18)$$

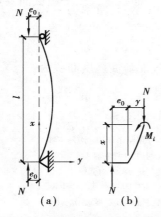

图 5.10　有初偏心的轴心受压构件

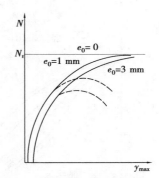

图 5.11　有初偏心的轴心受压
构件荷载-挠度曲线

有初偏心的轴心受压构件的荷载-挠度曲线如图 5.11 所示，从图中可知，初偏心对轴心受压构件的影响与初弯曲的影响类似，只是在影响程度上有所差别，因此在研究实际构件的承载能力时，常把二者的影响一并考虑。

5.3.3　轴心受压构件的整体稳定计算

理想的轴心受压构件实际上是不存在的，总是存在各种初始缺陷，如初偏心、初弯曲、残余应力等，它们会在一定程度上影响轴心受压构件的稳定承载力，有的影响还很大，所以实际的轴心受压构件一经压力作用就产生挠度。现行《钢结构设计标准》（GB 50017—2017）对轴心受压构件临界力的计算，考虑了杆长 1/1 000 的初挠度，并计入残余应力的影响，根据最大强度理论用数值方法计算构件的稳定承载力。根据临界力计算临界应力，计入材料抗力分项系数，即

$$\sigma = \frac{N}{A} \leqslant \frac{\sigma_{cr}}{\gamma_R} = \frac{\sigma_{cr}}{f_y}\frac{f_y}{\gamma_R} = \varphi f \qquad (5.19)$$

《钢结构设计标准》（GB 50017—2017）对轴心受压构件的整体稳定计算采用下列形式：

$$\frac{N}{\varphi A} \leqslant f \qquad (5.20)$$

式中　σ_{cr}——构件的失稳临界应力；

　　　γ_R——抗力分项系数；

f——钢材的抗压强度设计值,按附表1.1采用;

φ——轴心受压构件的整体稳定系数。可根据表5.4和表5.5的截面分类以及构件的长细比,按附表4.1—附表4.4查出。

在进行理论计算时,由于考虑了不同截面形式、尺寸、加工条件和相应的残余应力,并考虑了1/1 000杆长的初弯曲,若仍用一条φ-λ关系曲线(也称柱子曲线)来表达,显然不合理。因此,把稳定承载能力相近的截面及弯曲失稳所对应的轴合为一类,归纳为a,b,c,d 4类,每类中柱子曲线的平均值作为代表曲线,如图5.12所示。这4条曲线各代表一组截面及弯曲失稳所对应的轴,见表5.4和表5.5。

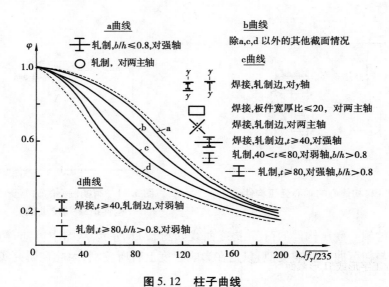

图5.12 柱子曲线

表5.4 轴心受压构件的截面分类(板厚 $t < 40$ mm)

截面形式			对 x 轴	对 y 轴
轧制			a 类	a 类
轧制,$b/h > 0.8$	焊接,翼缘为焰切边	焊接	b 类	b 类
轧制		焊接		
轧制,焊接(板件宽厚比>20)	轧制或焊接			

续表

截面形式		对 x 轴	对 y 轴
焊接	轧制截面和翼缘为焰切边的焊接截面	b 类	b 类
格构式	焊接,板件边缘焰切		
焊接,板件边缘轧制或剪切		b 类	c 类
焊接,板件边缘轧制或剪切	焊接,板件宽厚比≤20	c 类	c 类

表 5.5　轴心受压构件的截面分类(板厚 $t \geqslant 40$ mm)

			对 x 轴	对 y 轴
轧制工字形或 H 形截面		$t < 80$ mm	b 类	c 类
		$t \geqslant 80$ mm	c 类	d 类
焊接工字形截面		翼缘为焰切边	b 类	b 类
		翼缘为轧制或剪切边	c 类	d 类
焊接箱形截面		板件宽厚比 > 20	b 类	b 类
		板件宽厚比≤20	c 类	c 类

5.4　实腹式轴心受压构件的局部稳定

5.4.1　实腹式轴心受压构件局部稳定问题的概述

如前所述,提高轴心受压构件整体稳定承载力的措施是尽可能采用宽展的截面以增大截面的惯性矩,从而达到节约钢材的目的。因此,实腹式轴心受压构件一方面采用钢板组合而成的工字形或箱形等截面形式,另一方面采用较薄的钢板组成构件。然而,组成实腹式轴心受压构件的板件本身也受到均匀轴心压应力,自身也存在稳定问题,而且板件越薄,越容易失稳。当其临界应力低于整体失稳的临界应力时,组成构件的板件失稳将在构件整体失稳之前发生,这种现象称为局部失稳。

板件的局部失稳并不一定导致整个构件丧失承载力,但是由于失稳的板件退出工作,将使受力的有效截面面积减小,同时可能使原本对称的截面变得不对称,从而促使构件整体破坏。因此,构件的局部稳定必须予以保证。

5.4.2　实腹式轴心受压构件局部失稳的临界应力

在组合构件中任取一板件,如图 5.13 所示。根据弹性理论,建立弹性失稳时的平衡微分方程,求解得到板件的临界应力公式为:

$$\sigma_{cr} = \frac{\chi k\pi^2 E}{12(1-\nu^2)}\left(\frac{t}{b}\right)^2 \tag{5.21}$$

式中　χ——考虑组成构件板件间弹性嵌固作用约束系数;

　　　k——板件的屈曲系数,与荷载种类、荷载分布情况及板件的边长比例有关;

　　　ν——钢材的泊松比;

　　　t——板件的厚度;

　　　b——板件受载边的边长(受剪时为板件短边的边长)。

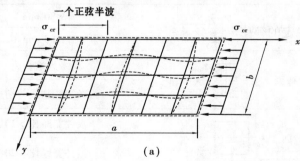

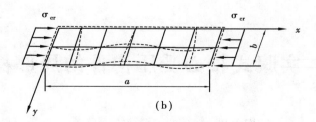

图 5.13　四边简支和三边简支一边自由板的屈曲

当板件在弹塑性阶段屈曲时,板件在受力方向的变形是非线性的,可用切线模量 $E_t = \eta E$ 来表示其应力-应变的变化规律,但在垂直于受力方向仍为线弹性。此时其临界应力用式(5.22)

确定：

$$\sigma_{cr} = \frac{\chi k \pi^2 E \sqrt{\eta}}{12(1 - \nu^2)} \left(\frac{t}{b}\right)^2 \tag{5.22}$$

式中 η——弹性模量折减系数，根据轴心受压构件局部稳定的试验资料可取为：

$$\eta = 0.101\ 3\lambda^2 \left(1 - 0.024\ 8\lambda^2 \frac{f_y}{E}\right) \frac{f_y}{E} \tag{5.23}$$

从式(5.22)可知，组成受压构件的板件的厚宽比 t/b 越大，其临界力越大，反之则越小。

5.4.3 实腹式轴心受压构件局部稳定的验算方法

为了保证实腹式轴心受压构件的局部稳定，通常采用限制其板件宽(高)厚比的方法来实现。确定板件宽(高)厚比限值的原则有两种：

①使构件应力达到屈服前其板件不发生局部屈曲，即局部屈曲临界应力不低于构件的屈服应力；

②使构件整体屈曲前其板件不发生局部屈曲，即局部屈曲临界应力不低于整体屈曲临界应力，也称等稳定性准则。

《钢结构设计标准》(GB 50017—2017)在规定轴心受压构件宽厚比限值时，主要采用准则②，在长细比很小时参照准则①加以调整。

具体来讲，轴心受压构件当采用轧制型钢，如工字钢、H 型钢、槽钢、T 型钢、角钢等，其翼缘和腹板一般都有较大厚度，宽厚(高)比相对较小，都能满足局部稳定要求，可不作验算。但对于焊接组合截面构件(图 5.14)，一般采用限制板件宽厚(高)比的办法来保证局部稳定，即根据局部稳定和整体稳定的等稳定性，应保证板件的局部稳定临界应力 σ_{cr} 不小于构件整体稳定的临界力 φf_y：

$$\frac{\chi k \pi^2 E \sqrt{\eta}}{12(1 - \nu^2)} \left(\frac{t}{b}\right)^2 \geqslant \varphi f_y \tag{5.24}$$

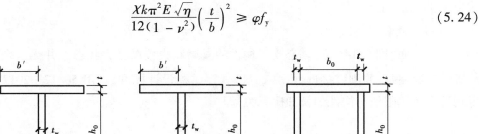
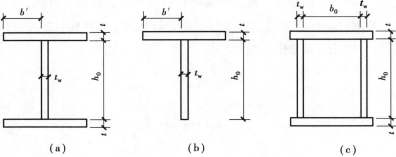

(a)　　　　　　　(b)　　　　　　　(c)

图 5.14　轴心受压构件板件宽厚比

1)工字形截面

由于工字形截面[图 5.14(a)]的腹板一般较薄，对翼缘板几乎没有嵌固作用，因此翼缘可视为三边简支一边自由的均匀受压板，取屈曲系数 $k = 0.425$，弹性嵌固系数 $\chi = 1.0$。而腹板可视为四边简支板,屈曲系数 $k=4$。当腹板屈曲时,翼缘板作为腹板纵向边的支承,对腹板起到一定的弹性嵌固作用,可使腹板的临界应力提高,根据试验可取弹性嵌固系数 $\chi=1.3$。由式(5.24)可分别得到翼缘板外伸部分的宽厚比 b'/t 与长细比 λ 的关系曲线以及腹板高厚比 h_0/t_w 与长细比 λ 的关系曲线。两种曲线的关系式都较为复杂,为了便于应用,《钢结构设计标准》(GB 50017—2017)采用下列简化的直线式表达:

翼缘

$$\frac{b'}{t} \leqslant (10 + 0.1\lambda)\sqrt{\frac{235}{f_y}} \tag{5.25}$$

腹板

$$\frac{h_0}{t_w} \leqslant (25 + 0.5\lambda)\sqrt{\frac{235}{f_y}} \tag{5.26}$$

式中 λ——构件两方向长细比的较大值,当 $\lambda < 30$ 时,取 $\lambda = 30$;当 $\lambda > 100$ 时,取 $\lambda = 100$。

2)T 形截面

T 形截面[图 5.14(b)]轴心受压构件的翼缘板外伸宽度 b' 与厚度 t 之比和工字形截面相同,其翼缘板 b'/t 限值按式(5.25)计算。

T 形截面的腹板也是三边支承一边自由的板,但它受到翼缘弹性嵌固作用稍强,《钢结构设计标准》(GB 50017—2017)规定腹板高厚比 h_0/t_w 的限值按下列规定计算:

热轧 T 型钢

$$\frac{h_0}{t_w} \leqslant (15 + 0.2\lambda)\sqrt{\frac{235}{f_y}} \tag{5.27}$$

焊接 T 型钢

$$\frac{h_0}{t_w} \leqslant (13 + 0.17\lambda)\sqrt{\frac{235}{f_y}} \tag{5.28}$$

式中 λ 的取值同上。

3)箱形截面

箱形截面[图 5.14(c)]轴心受压构件的翼缘和腹板在受力状态上并无区别,均为四边支承板,翼缘和腹板的刚度接近,可取 $\chi=1$。《钢结构设计标准》(GB 50017—2017)采用准则①得到的宽厚比限值与构件的长细比无关,即

$$\frac{b_0}{t} \leqslant 40\sqrt{\frac{235}{f_y}} \tag{5.29}$$

$$\frac{h_0}{t_w} \leqslant 40\sqrt{\frac{235}{f_y}} \tag{5.30}$$

4)圆管截面

圆管截面属于圆柱壳,根据弹性稳定理论,无缺陷的圆柱壳(外径为 D,管壁厚度为 t)在均匀轴心压力下的弹性屈曲临界应力为:

$$\sigma_{cr} = 1.21\frac{Et}{D} \tag{5.31}$$

由于壳体屈曲对缺陷的敏感性大,所以圆管的缺陷对 σ_{cr} 的影响显著,一般要将理论计算结果折减很多,并且局部屈曲往往发生在弹塑性阶段,弹性临界应力仍需加以修正。《钢结构设计标准》(GB 50017—2017)规定为:

$$\frac{D}{t} \leqslant 100\left(\frac{235}{f_y}\right) \tag{5.32}$$

5.4.4 加强实腹式轴心受压构件局部稳定的措施

当工字形截面的腹板高厚比 h_0/t_w 不满足要求时,除了加厚腹板外,还可以采用有效截面的概念进行计算。计算时,腹板截面面积仅考虑两侧宽度各为 $20t_w\sqrt{235/f_y}$ 的部分,如图5.15所示,但在计算构件的长细比和整体稳定系数 φ 时仍采用全截面。

当腹板高厚比不满足要求时,还可以采用在腹板中部设置纵向加劲肋的方法予以加强,纵向加劲肋宜在腹板两侧成对配置,其单侧外伸宽度和厚度需满足:

$$b_z \geqslant 10t_w \qquad t_z \geqslant 0.75t_w \tag{5.33}$$

纵向加劲肋通常在横向加劲肋之间设置,此时加强后的腹板仍按式(5.26)计算,但 h_0 应取翼缘与纵向加劲肋之间的距离,如图5.16所示。

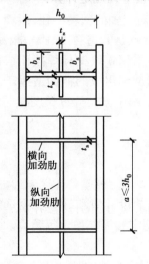

图 5.15 纵向加劲肋加强腹板

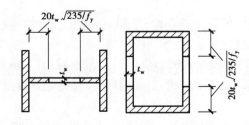

图 5.16 纵向加劲肋腹板有效截面

5.5　实腹式轴心受压构件的设计

5.5.1　实腹式轴心受压构件截面设计原则

实腹式轴心受压构件的截面形式有如图 5.1 所示的型钢和组合截面两种类型,为了避免弯扭失稳,一般采用双轴对称截面。

在选择截面类型和设计截面尺寸时,应考虑以下几个原则:

①宽肢薄壁。如前所述,宽展的截面形式及尺寸可以获得较大的截面惯性矩和回转半径,从而提高构件的刚度和稳定承载力。因此,在满足局部稳定(板件宽厚比限值)的前提下,应使截面面积尽可能远离截面形心。

②等稳定性。构件两个主轴方向等稳定,即 $\varphi_x = \varphi_y$,会使构件失稳时两主轴方向的稳定承载力充分发挥出来,从而避免仅由某个方向控制稳定承载力造成浪费。

③连接方便。构造简单、制造省工、取材方便。

另外,单根轧制普通工字钢由于对 y 轴的回转半径小于对 x 轴的回转半径,因而仅适用于计算长度 $l_{0x} \geq 3l_{0y}$ 的情况;热轧宽翼缘 H 型钢(HW)的最大优点是制造省工、腹板较薄、翼缘较宽,可以做到与截面的高度相同,因而具有很好的截面特性;采用 3 块钢板焊接而成的工字形及十字形组合截面,易使截面分布合理,制造也不复杂;采用型钢组成的截面适用于承受压力很大的柱;圆管截面由于两个方向的回转半径相同,最适合于两个方向计算长度相同的轴心受压柱,但与其他构件的连接和构造稍复杂。

5.5.2　实腹式轴心受压构件截面选择

选择实腹式轴心受压构件截面时,首先应根据轴心压力的设计值和计算长度选定合适的截面形式,再初步确定截面尺寸,然后进行强度、刚度、整体稳定和局部稳定等验算。具体步骤如下:

①假定构件的长细比 λ,求出需要的截面面积 A。一般假定构件的长细比 $\lambda = 50 \sim 100$,当压力大而计算长度小时取较小值,反之取较大值。根据 λ、截面分类和钢材级别可查得整体稳定系数 φ,则所需要的截面面积为:

$$A_{\text{req}} = \frac{N}{\varphi f} \tag{5.34}$$

②根据假定的 λ 值和等稳定条件确定两个主轴所需要的回转半径。

$$i_{x,\text{req}} = \frac{l_{0x}}{\lambda} \quad i_{y,\text{req}} = \frac{l_{0y}}{\lambda} \tag{5.35}$$

③由计算的截面面积 A 和两个主轴的回转半径 i_x 和 i_y 优先选用轧制型钢,如普通工字

钢、H 型钢等。当现有型钢规格不满足所需截面尺寸时,可以采用组合截面,此时需要首先初步选定截面的轮廓尺寸,一般是根据回转半径由式(5.36)确定所需截面的高度 h 和宽度 b:

$$h_{\text{req}} \approx \frac{i_{x,\text{req}}}{\alpha_1} \qquad b_{\text{req}} \approx \frac{i_{y,\text{req}}}{\alpha_2} \tag{5.36}$$

式中 α_1, α_2——系数,表示一种近似的数值关系,对于型钢截面可由附表9查得。

④由所需要的 A, h, b 等,同时考虑构造要求、局部稳定以及钢材规格等,确定截面的初选尺寸。由于假定的 λ 值不一定恰当,初选的截面可能会使板件厚度过大或过小,此时可适当调整 h 和 b,一般 h_0 和 b 宜取 10 mm 的倍数,t 和 t_w 宜取 2 mm 的倍数且应符合钢板规格,t_w 应比 t 小,但一般不小于 4 mm。

⑤依照上述步骤初选截面后,分别按式(5.3)、式(5.20)、式(5.25)和式(5.26)等进行刚度、整体稳定和局部稳定的验算。如果截面有孔洞削弱,还应按式(5.2)进行强度验算。如果验算结果不完全满足要求,则应调整截面尺寸后进行重新验算,直到满足各项要求为止。

5.5.3 实腹式轴心受压构件构造要求

当实腹式轴心受压构件的腹板高厚比 $h_0/t_w > 80\sqrt{235/f_y}$ 时,为防止腹板在施工和运输过程中发生变形,提高构件的抗扭刚度,应设置横向加劲肋,如图 5.15 所示。横向加劲肋一般双侧布置,间距不得大于 $3h_0$,双侧加劲肋的截面尺寸要求如下:

外伸宽度

$$b_s \geqslant \frac{h_0}{30} + 40 \text{ mm} \tag{5.37}$$

厚度

$$t_s \geqslant \frac{1}{15}b_s \tag{5.38}$$

此外,为了保证构件截面几何形状不变,提高构件抗扭刚度,以及传递必要的内力,对大型实腹式构件(工字形或箱形),在受到较大横向力处和每个运输单元的两端应设置横隔(图 5.17),构件较长时还应设置中间横隔,横隔的间距不得大于构件较大宽度的 9 倍或 8 m。

工字形截面实腹式构件的横隔只能用钢板,它与横向加劲肋的区别在于横隔与翼缘同宽,而横向加劲肋则通常较窄。箱形截面实

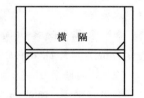

图 5.17 横隔

腹式构件的横隔有一边或两边不能预先焊接,可先焊两边或三边,装配后再在构件壁钻孔用电渣焊焊接其他边。

实腹式轴心受压构件翼缘与腹板的纵向连接焊缝受力很小,不必计算,可按构造要求确定焊缝尺寸。

【例 5.1】 图 5.18(a)所示为某工作平台柱,承受轴心压力设计值 $N = 1\,200$ kN,柱上、下两端铰接。钢材为 Q345,截面无削弱。试设计该柱截面:①采用轧制工字钢;②采用焊接工字形截面(翼缘为剪切边)。

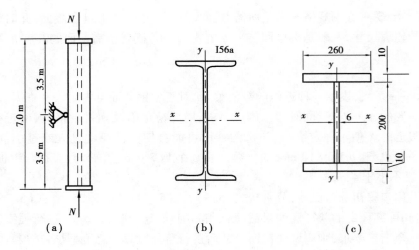

图 5.18 例 5.1 图

【解】 由于该柱两主轴方向的计算长度不等,故取图 5.18(b)、(c)所示的截面朝向,即取 x 轴为强轴,y 轴为弱轴。这样,$l_{0x} = 7\,000$ mm,$l_{0y} = 3\,500$ mm。

1)轧制工字钢

(1)选择截面

假定 $\lambda = 100$,$\lambda\sqrt{f_y/235} = 100 \times 1.21 = 121$,查附表 4.1(先按 $b/h < 0.8$,即 a 类考虑),$\varphi_x = 0.488$;查附表 4.2(属于 b 类),$\varphi_y = 0.432$。

$$A_{req} = \frac{N}{\varphi_{min}f} = \frac{1\,200 \times 10^3}{0.432 \times 310}\ mm^2 = 8\,960\ mm^2$$

$$i_{x,req} = \frac{l_{0x}}{\lambda} = \frac{7\,000}{100}\ mm = 70\ mm$$

$$i_{y,req} = \frac{l_{0y}}{\lambda} = \frac{3\,500}{100}\ mm = 35\ mm$$

查附表 7.1 选择出同时满足 A_{req},$i_{x,req}$ 和 $i_{y,req}$ 的工字钢,现试选 I56a:$A = 135.38$ cm^2,$i_x = 22.01$ cm,$i_y = 3.18$ cm,$b/h = 166/560 = 0.29 < 0.8$。

(2)截面验算

①强度验算:因截面无削弱,无须进行强度验算。

②整体稳定验算:

$$\lambda_x = \frac{l_{0x}}{i_x} = \frac{7\,000}{220.1} = 31.8,\ \lambda_x\sqrt{\frac{f_y}{235}} = 1.21\lambda_x = 38.5,\ 查附表 4.1(a 类)得 \varphi_x = 0.945。$$

$$\lambda_y = \frac{l_{0y}}{i_y} = \frac{3\,500}{31.8} = 110.1,\ \lambda_y\sqrt{\frac{f_y}{235}} = 1.21\lambda_y = 133.2,\ 查附表 4.2(b 类)得 \varphi_y = 0.373。$$

因此,$\varphi_{min} = 0.373$。

$$\sigma = \frac{N}{\varphi A} = \frac{1\,200 \times 10^3}{0.373 \times 135.38 \times 10^2}\ N/mm^2 = 237.6\ N/mm^2 < f = 310\ N/mm^2$$

③局部稳定(宽厚比)验算:为型钢,无须进行局部稳定验算。

④刚度验算：

$$\lambda_x = 31.8 < [\lambda] = 150, \qquad \lambda_y = 110.1 < [\lambda] = 150$$

结论：各项验算通过，构件安全。

2）焊接工字形截面

（1）试选截面

由于焊接工字形截面的宽度可适当加大，因此长细比可适当减小。假定 $\lambda = 60$，$\lambda\sqrt{\dfrac{f_y}{235}} = 60 \times 1.21 = 73$，查附表 4.2（绕 x 轴属于 b 类），$\varphi_x = 0.732$；查附表 4.3（绕 y 轴属于 c 类），$\varphi_y = 0.623$；查附表 8，$\alpha_1 = 0.43$，$\alpha_2 = 0.24$。

$$A_{\text{req}} = \frac{N}{\varphi_{\min} f} = \frac{1\,200 \times 10^3}{0.623 \times 310} \text{ mm}^2 = 6\,210 \text{ mm}^2$$

$$i_{x,\text{req}} = \frac{l_{0x}}{\lambda} = \frac{7\,000}{60} \text{ mm} = 117 \text{ mm}, \qquad h_{\text{req}} = \frac{i_{x,\text{req}}}{\alpha_1} = \frac{117}{0.43} \text{ mm} = 271 \text{ mm}$$

$$i_{y,\text{req}} = \frac{l_{0y}}{\lambda} = \frac{3\,500}{60} \text{ mm} = 58.3 \text{ mm}, \qquad b_{\text{req}} = \frac{i_{y,\text{req}}}{\alpha_2} = \frac{58.3}{0.24} \text{ mm} = 243 \text{ mm}$$

试选 $h = 260$ mm，$b = 200$ mm 和翼缘厚度 $t = 10$ mm，因此所需的腹板厚度 t_w 为：

$$t_{w,\text{req}} = \frac{A_{\text{req}} - 2bt}{h - 2t} = \frac{6\,210 - 2 \times 200 \times 10}{260 - 2 \times 10} \text{ mm} = 9.2 \text{ mm}$$

按肢宽薄壁和腹板比翼缘薄的经济原则，取 $t_w = 6$ mm，如图 5.18（c）所示。

（2）截面验算

$$A = 2 \times 260 \times 10 \text{ mm}^2 + 200 \times 6 \text{ mm}^2 = 6\,400 \text{ mm}^2$$

$$I_x = \frac{1}{12} \times 6 \times 200^3 \text{ mm}^4 + 2 \times 260 \times 10 \times 105^2 \text{ mm}^4 = 61.33 \times 10^3 \text{ mm}^4$$

$$I_y = 2 \times \frac{1}{12} \times 10 \times 260^3 \text{ mm}^4 = 29.29 \times 10^6 \text{ mm}^4$$

$$i_x = \sqrt{\frac{I_x}{A}} = \sqrt{\frac{61.33 \times 10^6}{6\,400}} \text{ mm} = 97.9 \text{ mm}$$

$$i_y = \sqrt{\frac{I_y}{A}} = \sqrt{\frac{29.29 \times 10^6}{6\,400}} \text{ mm} = 67.7 \text{ mm}$$

①强度验算：因截面无削弱，无须进行强度验算。

②整体稳定验算：

$$\lambda_x = \frac{l_{0x}}{i_x} = \frac{7\,000}{97.9} = 71.5, \quad \lambda_x\sqrt{\frac{f_y}{235}} = 1.21\lambda_x = 86.5, \text{查附表 4.2（b 类）得 } \varphi_x = 0.645。$$

$$\lambda_y = \frac{l_{0y}}{i_y} = \frac{3\,500}{67.7} = 51.7, \quad \lambda_y\sqrt{\frac{f_y}{235}} = 1.21\lambda_y = 62.6, \text{查附表 4.3（c 类）得 } \varphi_y = 0.691。$$

因此，$\varphi_{\min} = 0.645$。

$$\sigma = \frac{N}{\varphi A} = \frac{1\,200 \times 10^3}{0.645 \times 6\,400} \text{ N/mm}^2 = 290.7 \text{ N/mm}^2 < f = 310 \text{ N/mm}^2$$

③局部稳定(宽厚比)验算:

翼缘　　$\dfrac{b_1}{t} = \dfrac{127}{10} = 12.7 < (10 + 0.1\lambda)\sqrt{\dfrac{235}{f_y}} = \dfrac{(10 + 0.1 \times 71.5)}{1.21} = 14.2$

腹板　　$\dfrac{h_0}{t_w} = \dfrac{200}{6} = 33.3 < (25 + 0.5\lambda)\sqrt{\dfrac{235}{f_y}} = \dfrac{(25 + 0.5 \times 71.5)}{1.21} = 50.2$

④刚度验算:

$$\lambda = \lambda_{max} = 71.5 < [\lambda] = 150$$

结论:各项验算通过,构件安全。

5.6　格构式轴心受压构件设计

格构式轴心受压构件也称为格构式柱[图5.1(d)],一般采用两个肢件组成,其分肢通常采用槽钢或工字钢,肢件间用缀条或缀板连成整体,构件截面具有对称轴。缀条一般用单根角钢制成,而缀板常用钢板制成。

采用4根角钢组成的四肢格构式柱,适用于长度较大而受力较小的柱,四面皆以缀材相连,两个主轴均为虚轴;三面用缀材相连的三肢格构式柱,一般采用圆管作为肢件,受力性能好,两个主轴也均为虚轴。

5.6.1　格构式轴心受压构件的整体稳定

当格构式轴心受压构件丧失整体稳定时,发生扭转屈曲和弯扭屈曲的可能性不大,往往发生绕截面主轴的弯曲屈曲。因此,计算格构式轴心受压构件的整体稳定时,只需分别计算绕截面实轴(y轴)和虚轴(x轴)的抗弯曲屈曲的能力。

格构式轴心受压构件绕实轴的整体稳定计算方法与实腹式轴心受压构件相同,即采用式(5.20)并按b类截面进行计算。但绕虚轴的整体稳定临界力比长细比相同的实腹式轴心受压构件要低。

轴心受压构件整体弯曲后,沿构件各截面将产生弯矩和剪力。对实腹式轴心受压构件,由于抗剪刚度大,剪力引起的附加剪切变形很小,对构件临界力的降低不到1%,可以忽略不计。但是对于格构式轴心受压构件,当绕虚轴发生弯曲失稳时,由于肢件之间并不是连续的板而只是每隔一定距离用缀材联系起来的,缀材抗剪切变形的能力小,因此剪力产生的剪切变形大,对整体稳定承载力的不利影响必须予以考虑。

通常采用换算长细比 λ_{0x} 来考虑缀材剪切变形对格构式轴心受压构件绕虚轴的稳定承载能力的影响。对于双肢缀条格构式构件,根据弹性稳定理论分析可得轴心受压格构式构件绕虚轴(x轴)弯曲屈曲的临界力为:

$$\sigma_{cr} = \frac{\pi^2 E}{\lambda_{0x}^2} \tag{5.39}$$

其中

$$\lambda_{0x} = \sqrt{\lambda_x^2 + \frac{\pi^2}{\sin^2 \alpha \cos \alpha} \frac{A}{A_{1x}}} \qquad (5.40)$$

式中 λ_x——整个构件的长细比;

       A——整个构件的毛截面面积;

       A_{1x}——构件一个节间内垂直于虚轴 x 的各斜缀条毛截面面积之和;

       α——缀条与构件轴线间的夹角。

一般斜缀条与构件轴线间的夹角 α 为 $40° \sim 70°$,在此范围内 $\pi^2/(\sin^2 \alpha \cos \alpha)$ 的值变化不大,《钢结构设计标准》(GB 50017—2017)按 $\alpha = 45°$ 计算为 27,因此对于双肢缀条格构式构件:

$$\lambda_{0x} = \sqrt{\lambda_x^2 + 27 \frac{A}{A_{1x}}} \qquad (5.41)$$

同理可得轴心受压双肢缀板格构式构件的换算长细比,由于其形式过于复杂,《钢结构设计标准》(GB 50017—2017)采用如下简化式:

$$\lambda_{0x} = \sqrt{\lambda_x^2 + \lambda_1^2} \qquad (5.42)$$

式中 $\lambda_1 = \dfrac{l_{01}}{i_1}$——分肢的长细比;

       l_{01}——缀板间的净距离;

       i_1——分肢弱轴的回转半径。

对于四肢和三肢组合的格构式轴心受压构件,可得出类似的对其虚轴的换算长细比公式,详见《钢结构设计标准》(GB 50017—2017)。

5.6.2   格构式轴心受压构件分肢的稳定和强度计算

格构式轴心受压构件的分肢既是组成整体截面的一部分,在缀件节点之间又可看作单独的实腹式轴心受压构件,因此,应保证各分肢不先于构件整体失去承载能力。

由于初弯曲等缺陷的影响,可能使构件受力时呈弯曲状态,从而产生附加弯矩和剪力,附加弯矩使两分肢的内力不等,其强度或稳定的计算相当复杂。因此《钢结构设计标准》(GB 50017—2017)规定分肢的长细比满足下列条件时可以不计算分肢的强度、刚度和稳定性:

当缀件为缀条时

$$\lambda \leqslant 0.7\lambda_{\max} \qquad (5.43)$$

当缀件为缀板时

$$\lambda_1 \leqslant 0.5\lambda_{\max},\text{且不大于} 40 \qquad (5.44)$$

式中 $\lambda_{\max}$——构件两个方向长细比(对虚轴取换算长细比)的较大值,当 $\lambda_{\max} < 50$ 时,
         取 $\lambda_{\max} = 50$。

另外,当分肢采用焊接组合截面时,还应对其翼缘和腹板进行宽厚比验算,以满足局部稳定要求。

5.6.3 格构式轴心受压构件的缀件设计

格构式轴心受压构件绕虚轴弯曲屈曲时,纵向力将在垂直于构件轴线方向产生横向剪力,如图 5.19 所示,此剪力由缀材承受。考虑初始缺陷的影响并经理论分析,《钢结构设计标准》(GB 50017—2017)采用以下实用公式计算格构式轴心受压构件中可能发生的最大剪力设计值 V 为:

$$V = \frac{Af}{85}\sqrt{\frac{f_y}{235}} \tag{5.45}$$

式中 f——钢材的强度设计值。

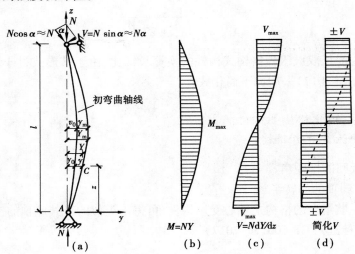

图 5.19 格构式轴心受压构件的弯矩和剪力

为使缀材尺寸统一、方便施工且偏于安全,可认为此剪力沿构件全长为定值,方向可以为正或负,由承受该剪力的各个缀件共同承担。

1)缀条设计

缀条的布置形式一般宜采用单斜式缀条[图 5.20(a)],对于受力很大的受压构件,可采用交叉缀条[图 5.20(b)]。此外,当两肢的间距较大时,还可以在斜缀条之间设置横缀条来减小单肢的计算长度[图 5.20(c)],可加设节点板,节点板与肢件翼缘厚度相同。

计算斜缀条的内力时,可将格构式构件的侧面的缀条和单肢视作平行弦桁架来分析,此时缀条可看作桁架的腹杆,每根斜缀条的内力为:

$$N_1 = \frac{V_1}{n \sin \alpha} \tag{5.46}$$

式中 V_1——分配到每一个缀条面的剪力;

图 5.20 缀条的布置

n——承受剪力的斜缀条数,采用单斜式缀条时 $n = 1$,交叉缀条时 $n = 2$;

α——缀条的倾角。

由于构件弯曲变形的方向不定,因此剪力的方向可正可负,斜缀条可能受拉也可能受压,设计时应按轴心压杆选择截面。缀条一般采用单角钢,与构件分肢单面连接,考虑到受力时的偏心和受压时的弯扭,当按轴心受力构件设计时,应将钢材强度设计值乘以折减系数 γ_R。具体来讲,计算构件的强度和连接时,$\gamma_R = 0.85$。计算构件的稳定时:等边角钢,$\gamma_R = 0.6 + 0.0015\lambda$,但不大于 1.0;长边相连的不等边角钢,$\gamma_R = 0.70$;短边相连的不等边角钢,$\gamma_R = 0.5 + 0.0025\lambda$,但不大于 1.0。此处 λ 为缀条的长细比,对于中间无联系的单角钢压杆,按最小回转半径计算,当 $\lambda < 20$ 时,取 $\lambda = 20$。

横缀条主要用来减小单肢的计算长度,以提高分肢的稳定性,一般采用与斜缀条相同的截面,不进行计算。

所有缀条都应满足刚度(长细比)的要求,即 $\lambda \leqslant [\lambda] = 150$。

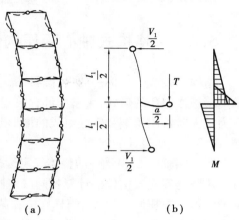

图 5.21 缀板的内力

2)缀板设计

当采用缀板时,可将格构式构件的缀板与两侧单肢视为多层刚架体系。假定各肢段的中点和各缀板的中点为反弯点。取图 5.21 所示隔离体,根据力的平衡条件,可得到每个缀板的剪力 V_{b1} 和缀板与分肢连接处的弯矩 M_{b1}:

$$V_{b1} = \frac{V_1 l_1}{a} \qquad M_{b1} = \frac{V_1 l_1}{2} \tag{5.47}$$

根据弯矩和剪力可验算缀板的弯曲强度、剪切强度以及缀板与分肢的连接强度。通常 M_{b1} 和 V_{b1} 不大,缀板尺寸按构造要求控制。一般轴心受压构件截面的高宽大致相等,当其 $\lambda_{0x} \approx \lambda_y$ 时,取缀板高度 $h_b \geqslant 2a/3$,厚度 $t_b \geqslant a/40$ 及 $t_b > 6~\mathrm{mm}$,就可以满足《钢结构设计标准》(GB 50017—2017)的要求,即在同一截面处各缀板的线刚度之和不得小于构件较大分肢线刚度的 6 倍。

缀板与构件分肢采用角焊缝连接,可以采用三面围焊,或只用缀板短部纵向焊缝与分肢相连,搭接长度一般为 $20 \sim 30~\mathrm{mm}$。

3)横隔设计

为了保证格构式构件在运输和吊装过程中具有必要的刚度,防止因碰撞而使构件截面发生歪扭变形,应设置用钢板或角钢做成的横隔。横隔分为隔板和隔材两种,如图5.22所示。

横隔沿构件纵向的设置为:

①每隔不超过 8 m 或构件截面较大宽度的 9 倍处设置一个横隔;

②每个运输单元不得少于 2 个横隔;

③构件直接承受较大集中力处应设置横隔,以避免发生分肢局部受弯。

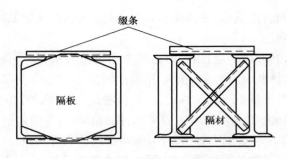

图 5.22　格构式构件的横隔

5.6.4　格构式轴心受压构件的截面设计

　　格构式轴心受压构件的设计需首先选择分肢截面和缀材的形式,一般而言,中小型构件可采用缀板或缀条的形式,大型构件宜采用缀条的形式。轴心压力较小时分肢可采用槽钢,轴心压力很大时常用角钢和钢板组成的槽形截面作分肢。现以常见的双肢格构式轴心受压构件为例,说明其截面设计的问题。

　　①按实轴(设为 y 轴)的整体稳定选择两单肢的截面。

　　步骤与实腹式构件的计算相同。先假定长细比 $\lambda_y = 60 \sim 100$,当 N 较大时取较小值,反之取较大值。根据假定的 λ_y、钢材规格和截面类别查得整体稳定系数 φ 值,即可由式(5.34)求得所需截面面积 A_{req},注意此为两肢的总面积。而后可求出绕实轴的回转半径 $i_{y,req} = l_{0y}/\lambda_y$,如分肢为组合截面,则还应由 $i_{y,req}$ 求出所需截面宽度 $b = i_{y,req}/\alpha_1$。这样就可根据需要的 A_{req} 和 $i_{y,req}$ 初选分肢型钢规格或截面尺寸,并进行实轴整体稳定和刚度验算,必要时还应进行强度验算和板件宽厚比验算。若验算结果不完全满足要求,应重新假定 λ_y 再次试选截面,直到满足要求为止。

　　②按虚轴(设为 x 轴)与实轴等稳定原则确定两分肢间距。

　　等稳定原则是 $\lambda_{0x} = \lambda_y$。

　　对缀条格构式构件,根据预先确定的斜缀条的截面 A_{1x}(按 $A_{1x} = 0.1A$ 预估计角钢型号)可以得到 $\lambda_{x,req}$:

$$\lambda_{x,req} = \sqrt{\lambda_y^2 - 27\frac{A}{A_{1x}}} \qquad (5.48)$$

　　对缀板格构式构件,根据假定的分肢长细比 λ_1[按式(5.44)的最大值取用]就可以得到 $\lambda_{x,req}$:

$$\lambda_{x,req} = \sqrt{\lambda_y^2 - \lambda_1^2} \qquad (5.49)$$

　　由 λ_x 可求得所需 $i_{x,req} = l_{0x}/\lambda_{x,req}$,从而可以确定分肢间距 $h = i_{x,req}/\alpha_2$,并且注意两分肢翼缘间的净空应大于 $100 \sim 150$ mm,以便于构件内表面的油漆。h 的实际尺寸应调整为 10 mm 的倍数。

　　③初选截面后,按式(5.3)、式(5.20)、式(5.43)和式(5.44)分别进行刚度、整体稳定和分肢稳定的验算,并按前述有关内容进行缀件设计。如有孔洞削弱,还应按式(5.2)进行强度

验算。如验算结果不完全满足要求,应调整截面尺寸并重新进行验算,直到满足要求为止。

【例5.2】 图5.23所示为一管道支架,其支柱的轴心压力(包括自重)设计值$N = 1\,450$ kN,柱两端铰接,钢材为Q345钢,焊条为E50型,截面无削弱。试设计成格构式轴心受压构件:①缀条柱;②缀板柱。

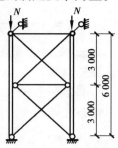

图5.23 例5.2图

【解】 1)缀条柱

(1)按实轴(y轴)的稳定条件确定截面尺寸

假定$\lambda_y = 40$,按Q345钢b类截面从附表4.2查得$\varphi = 0.863$。所需截面面积和回转半径分别为:查附表7.3试选2[18b,截面形式如图5.24所示。实际$A = 2 \times 29.3 = 58.6$ cm²,$i_y = 6.84$ cm,$i_1 = 1.95$ cm,$z_0 = 1.84$ cm,$I_1 = 111$ cm⁴。

验算绕实轴稳定:

$$\lambda_y = \frac{l_{0y}}{i_y} = \frac{300}{6.84} = 43.86 < [\lambda] = 150(满足要求)$$

查附表4.2得$\varphi = 0.841$(b类截面),则

$$\frac{N}{\varphi A} = \frac{1\,450 \times 10^3}{0.841 \times 58.6 \times 10^2} \text{ N/mm}^2 = 294 \text{ N/mm}^2 < f = 310 \text{ N/mm}^2(满足要求)$$

(2)按绕虚轴(x轴)的稳定条件确定分肢间距

缀条确定为∟45×5,两个斜缀条毛截面面积之和$A_{1x} = 2 \times 4.29$ cm² $= 8.58$ cm²。

按等稳条件$\lambda_{0x} = \lambda_y$,得:

$$\lambda_{x,\text{req}} = \sqrt{\lambda_y^2 - 27 \frac{A}{A_{1x}}} = \sqrt{43.86^2 - 27 \times \frac{58.6}{8.58}} = 41.70$$

$$i_{x,\text{req}} = \frac{l_{0x}}{\lambda_{x,\text{req}}} = \frac{600}{41.7} \text{ cm} = 14.39 \text{ cm}$$

$$h \approx \frac{i_{x,\text{req}}}{\alpha_2} = \frac{14.39}{0.44} \text{ cm} = 32.7 \text{ cm},取整后 h = 30 \text{ cm}$$

两槽钢翼缘间净距 $= 300$ mm $- 2 \times 70$ mm $= 160$ mm > 100 mm,满足构造要求。

验算虚轴稳定:

$$I_x = 2 \times (111 + 29.29 \times 13.36^2) \text{ cm}^4 = 10\,682 \text{ cm}^4$$

$$i_x = \sqrt{\frac{I_x}{A}} = \sqrt{\frac{10\,682}{58.6}} \text{ cm} = 13.5 \text{ cm}$$

$$\lambda_x = \frac{l_{0x}}{i_x} = \frac{600}{13.5} = 44.44$$

$$\lambda_{0x} = \sqrt{\lambda_x^2 + 27 \frac{A}{A_{1x}}} = \sqrt{44.44^2 + 27 \times \frac{58.6}{8.58}} = 46.47 < [\lambda] = 150$$

查附表4.2得$\varphi = 0.827$(b类截面),则:

$$\frac{N}{\varphi A} = \frac{1\,450 \times 10^3}{0.827 \times 58.6 \times 10^2} \text{ N/mm}^2 = 299 \text{ N/mm}^2 < f = 310 \text{ N/mm}^2(满足要求)$$

(3)分肢稳定

$$\lambda_1 = \frac{l_{01}}{i_1} = \frac{2 \times 26.5}{1.95} = 27.18 < 0.7\lambda_{max} = 0.7 \times 46.47 = 32.53(满足要求)$$

因此,无须验算分肢刚度、强度和整体稳定;分肢采用型钢,也不必验算局部稳定。可认为所选截面满意。

(4)缀条设计

缀条尺寸初步确定为角钢∟45×5,$A_{d1} = 4.29$ cm^2,$i_{min} = 0.88$ cm。采用单缀条体系,$\theta = 45°$,分肢 $l_{01} = 53$ cm,斜缀条长度 $l_{d1} = \frac{26.32}{\sin 45°} = 37.22$。

柱的剪力:

$$V = \frac{Af}{85}\sqrt{\frac{f_y}{235}} = \frac{58.6 \times 10^2 \times 310}{85}\sqrt{\frac{345}{235}} N = 25\ 895\ N$$

$$V_1 = \frac{V}{2} = 12\ 948\ N$$

斜缀条内力:

$$N_1 = \frac{V_1}{\sin \theta} = \frac{12\ 948}{\sin 45°} N = 18\ 311\ N$$

$$\lambda_1 = \frac{l_{d1}}{i_{min}} = \frac{37.22}{0.88} = 42.3 < [\lambda] = 150$$

查附表4.2得 $\varphi = 0.851$(b类截面),强度设计值折减系数如下:

$$\gamma_R = 0.6 + 0.001\ 5\lambda = 0.6 + 0.001\ 5 \times 42.3 = 0.664$$

斜缀条的稳定:

$$\frac{N_1}{\varphi A} = \frac{18\ 311}{0.851 \times 4.29 \times 10^2} N/mm^2 = 50.21\ N/mm^2 < \gamma_R f = 0.664 \times 310\ N/mm^2 = 206\ N/mm^2,$$

(满足要求)。

缀条无孔洞削弱,不必验算强度。缀条的连接角焊缝采用两面侧焊,按构造要求取 $h_f = 4$ mm。单面连接的单角钢按轴心受力计算连接时 $\gamma_R = 0.85$,则:

肢背焊缝长度:

$$l_{w1} = \frac{k_1 N_1}{0.7 h_f \gamma_R f_t^w} = \frac{0.7 \times 18\ 605}{0.7 \times 0.4 \times 0.85 \times 200 \times 10^2} cm + 0.8\ cm = 3.5\ cm$$

肢尖焊缝长度:

$$l_{w2} = \frac{k_2 N_1}{0.7 h_f \gamma_R f_t^w} = \frac{0.3 \times 18\ 605}{0.7 \times 0.4 \times 0.85 \times 200 \times 10^2} cm + 0.8\ cm = 2.1\ cm$$

为方便起见,肢背与肢尖焊缝长度均取4 cm。

(5)横隔

柱截面最大宽度为30 cm,要求横隔间距≤9×0.30 m = 2.7 m和8 m。柱高6 m,上下两端有柱头柱脚,中间三分点处设两道钢板横隔,与斜缀条节点配合设置(图5.24)。

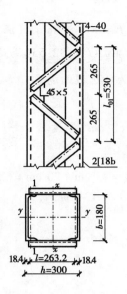

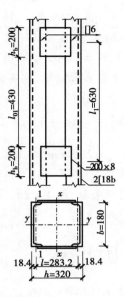

图 5.24 缀条柱图   图 5.25 缀板柱图

2)缀板柱

(1)按实轴(y 轴)的稳定条件确定截面尺寸

同缀条柱,选用 2[18b(图 5.25),$\lambda_y = 48.36$。

(2)按绕虚轴(x 轴)的稳定条件确定分肢间距

取 $\lambda_1 = 22$,基本满足 $\lambda_1 \leqslant 0.5\lambda_{max} = 0.5 \times 43.86 = 21.93$,且不大于 40 的分肢稳定要求。

按等稳条件 $\lambda_{0x} = \lambda_y$,得:

$$\lambda_{x,req} = \sqrt{\lambda_y^2 - \lambda_1^2} = \sqrt{43.86^2 - 22^2} = 37.94$$

$$i_{x,req} = \frac{l_{0x}}{\lambda_{x,req}} = \frac{600}{37.94} \text{ cm} = 15.81 \text{ cm}$$

$$h \approx \frac{i_{x,req}}{\alpha_2} = \frac{15.81}{0.44} \text{ cm} = 35.93 \text{ cm},取整后 } h = 32 \text{ cm}$$

两槽钢翼缘间净距 $= 320 \text{ mm} - 2 \times 70 \text{ mm} = 180 \text{ mm} > 100 \text{ mm}$,满足构造要求。

验算虚轴稳定:

缀板净距 $l_{01} = \lambda_1 i_1 = 22 \times 1.95 \text{ cm} = 42.9 \text{ cm}$,取 43 cm,则

$$\lambda_1 = \frac{l_{01}}{i_1} = \frac{43}{1.95} = 22.05$$

$$I_x = 2 \times (111 + 29.3 \times 14.16^2) \text{ cm}^4 = 11\,972 \text{ cm}^4$$

$$i_x = \sqrt{\frac{I_x}{A}} = \sqrt{\frac{11\,972}{58.6}} \text{ cm} = 14.29 \text{ cm}$$

$$\lambda_x = \frac{l_{0x}}{i_x} = \frac{600}{14.29} = 41.99$$

$$\lambda_{0x} = \sqrt{\lambda_x^2 + \lambda_1^2} = \sqrt{44.44^2 + 22.05^2} = 47.43 < [\lambda] = 150$$

查附表 4.2 得 $\varphi = 0.826$(b 类截面),则

$$\frac{N}{\varphi A} = \frac{1\ 450 \times 10^3}{0.826 \times 58.6 \times 10^2} \text{ N/mm}^2 = 300 \text{ N/mm}^2 < f = 310 \text{ N/mm}^2, (满足要求)$$

$\lambda_{max} = 47.43, \lambda_1 = 22.05 < 0.5\lambda_{max} = 23.72$ 和 40，(满足要求)因此无须验算分肢刚度、强度和整体稳定；分肢采用型钢，也不必验算局部稳定，可认为所选截面满意。

（3）缀板设计

初选缀板尺寸：纵向高度 $h_b \geq \frac{2a}{3} = \frac{2 \times 28.32}{3} = 18.88 \text{ cm}$，厚度 $t_b \geq \frac{a}{40} = \frac{28.32}{40} \text{ cm} = 0.71 \text{ cm}$，取 $h_b \times t_b = 200 \text{ mm} \times 8 \text{ mm}$。

相邻缀板净距 $l_{01} = 43 \text{ cm}$，相邻缀板中心距 $l_1 = l_{01} + h_b = 43 \text{ cm} + 20 \text{ cm} = 63 \text{ cm}$。

柱的剪力同缀条柱，即 $V = 26\ 313 \text{ N}$，每个缀板面剪力 $V_1 = 13\ 157 \text{ N}$，则

$$M_{b1} = \frac{V_1 l_1}{2} = \frac{(13\ 157 \times 63)}{2} \text{ N} \cdot \text{cm} = 414\ 446 \text{ N} \cdot \text{cm}$$

$$V_{b1} = \frac{V_1 l_1}{a} = \frac{(13\ 157 \times 63)}{28.32} \text{ N} = 29\ 269 \text{ N}$$

$$\sigma = \frac{6M_{b1}}{t_b h_b^2} = \frac{6 \times 414\ 446 \times 10}{8 \times 200^2} \text{ N/mm}^2 = 77 \text{ N/mm}^2 < f = 215 \text{ N/mm}^2, (满足要求)$$

$$\tau = \frac{1.5 V_{b1}}{t_b h_b} = \frac{1.5 \times 29\ 269}{8 \times 200} \text{ N/mm}^2 = 27 \text{ N/mm}^2 < f_v = 215 \text{ N/mm}^2, (满足要求)$$

（4）缀板焊缝计算

采用三面围焊。计算时可偏于安全地考虑端部纵向焊缝，按构造要求取焊脚尺寸 $h_f = 6 \text{ mm}, l_w = 200 \text{ mm}$，则

$$A_f = 0.7 \times 0.6 \times 20 \text{ cm}^2 = 8.4 \text{ cm}^2$$

$$W_f = \frac{0.7 \times 0.6 \times 20^2}{6} \text{ cm}^3 = 28 \text{ cm}^3$$

在弯矩和剪力共同作用下焊缝的应力为：

$$\sqrt{\left(\frac{\sigma_f}{\beta_f}\right)^2 + \tau_f^2} = \sqrt{\left(\frac{M_{b1}}{\beta_f W_f}\right)^2 + \left(\frac{V_{b1}}{A_f}\right)^2} =$$

$$\sqrt{\left(\frac{414\ 446 \times 10}{1.22 \times 28 \times 10^3}\right) + \left(\frac{29\ 269}{8.4 \times 10^2}\right)} \text{ N/mm}^2 = 126 \text{ N/mm}^2 < f_f^w = 310 \text{ N/mm}^2$$

满足要求。

思 考 题

5.1 轴心受压构件的刚度不影响其承载力，为什么要验算刚度？

5.2 为什么轴心受力构件强度验算用净截面，刚度验算却用毛截面？

5.3 简述轴心受压构件失稳的形式及其实质。

5.4 什么是轴心受压构件的等稳定设计？等稳定设计有何优点？

5.5　残余应力为什么会降低轴心受压构件的整体稳定承载力?

5.6　实腹式轴心受压构件设计的主要步骤有哪些?

5.7　宽厚比限制值的确定原则是什么?

5.8　格构式轴心受压构件绕虚轴失稳时为何要用换算长细比?

5.9　格构式轴心受压构件设计的主要步骤有哪些?

5.10　格构式轴心受压构件为什么要设置横隔? 如何设置?

5.11　有一实腹式轴心受压构件,焊接工字形截面,构件两端铰接,高 6 m,采用 Q235 钢,E43 型焊条(自动焊),翼缘为焰切边,轴心压力设计值为 5 000 kN。试设计该受压构件截面。

5.12　图 5.26(a)、(b)所示的两种焊接组合工字形截面,截面面积相等,且均为两端铰接,$l_{0x} = l_{0y} = 8.7$ m,翼缘为焰切边,钢材采用 Q345。试计算并比较两轴心受压柱所能承受的最大轴心压力设计值,并作局部稳定分析。

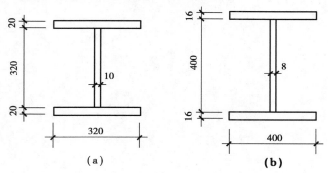

图 5.26　思考题 5.12 图

5.13　如图 5.27 所示轴心受压柱,已知:$N = 950$ kN,钢材为 Q235,$A = 56$ cm^2,$I_x = 5\ 251$ cm^4,$I_y = 1\ 775$ cm^4,$l_{0x} = l_{0y} = 4.4$ m。求:①验算该柱是否安全;②如不安全,则在不改变柱截面尺寸和端支座的前提下采用合理的办法满足承载力要求,并计算采取措施后该柱的最大承载力 N_{max}。

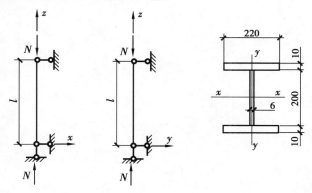

图 5.27　思考题 5.13 图(单位:mm)

5.14　设计一轴心受压缀条柱。柱肢采用角钢。已知轴心压力设计值 $N = 1\ 200$ kN(包括自重),计算长度 $l_{0x} = 20$ m, $l_{0y} = 10$ m(x 轴为虚轴),材料为 Q235 钢。

5.15 设计一轴心受压缀板柱。柱肢采用工字钢。已知轴心压力设计值 $N = 2\ 000$ kN(包括自重),计算长度 $l_{0x} = 30$ m, $l_{0y} = 15$ m(x 轴为虚轴),材料为 Q235 钢。

5.16 某工作平台柱承受轴心压力设计值 $N = 1\ 450$ kN,柱两端铰接,柱高为 6 m, $l_{0x} = l_{0y} = 6$ m,钢材采用 Q235,焊条为 E43 型(自动焊)。试设计:①缀条柱;②缀板柱。

第6章　拉弯和压弯构件

6.1　概　述

压弯(或拉弯)构件是指同时承受轴心压力(或拉力)和绕截面形心主轴弯矩作用的构件,也常称为偏心受拉构件或偏心受压构件,如图6.1和图6.2所示。这类构件有3种类型:第1种是弯矩由偏心轴力引起的偏压(或拉)构件;第2种是弯矩作用在截面的一个主轴平面内的单向压弯(或拉弯)构件;第3种是弯矩同时作用在两个主轴平面的双向压弯(或拉弯)构件。由于压弯构件兼有受弯构件和轴心受压构件的性质,因此压弯构件也称为梁柱。

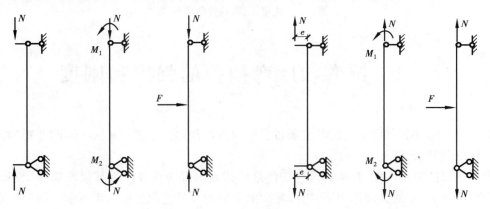

图6.1　压弯构件　　　　　　　　　　　　　　图6.2　拉弯构件

钢结构中的桁架、塔架和网架等由杆件组成的结构,一般都将节点假定为铰接,对于这一类结构如果存在着非节点荷载,就会出现拉弯和压弯构件。另外,单层厂房柱、框架柱以及某些工作平台结构的支柱等构件都属于压弯构件的范畴。

与轴心受力构件一样,拉弯和压弯构件也可按截面形式分为实腹式构件和格构式构件两种,如图6.3所示。设计偏心受力构件时,应同时满足承载能力极限状态和正常使用极限状态。前者包括强度和稳定,后者通过刚度计算使构件的最大长细比不超过规定的容许值。具体来说,对拉弯构件的设计一般只需要考虑强度和刚度两个方面,而对于压弯构件则应同时满足强度、刚度和整体稳定的要求。此外,对实腹式截面构件还必须保证组成截面的板件的局部稳定,对格构式截面则必须保证分肢稳定。

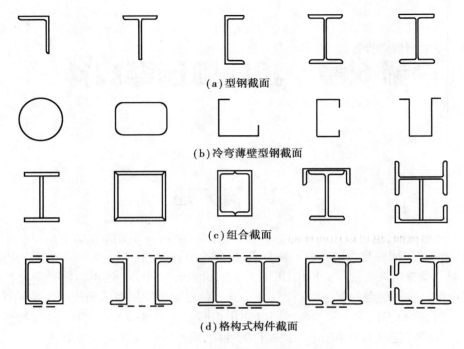

(a)型钢截面

(b)冷弯薄壁型钢截面

(c)组合截面

(d)格构式构件截面

图6.3　拉弯、压弯构件截面形式

6.2　拉弯和压弯构件的强度和刚度

对于拉弯构件和截面有孔洞等削弱过多的构件以及构件端部弯矩大于跨间弯矩的压弯构件,需要进行强度计算。

考虑钢材的塑性性能,拉弯和压弯构件是以截面出现塑性铰作为其强度极限状态。在轴心压力 N 和弯矩 M 的共同作用下,矩形截面上应力的发展过程如图6.4所示。假设轴线力不变而弯矩不断增加,截面上应力的发展经历4个阶段:

①边缘纤维的最大应力达到屈服点,如图6.4(b)所示。

②最大应力一侧部分截面发展塑性,如图6.4(c)所示。

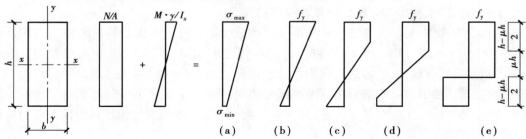

图6.4　压弯构件截面应力的发展过程

③两侧部分截面均发展塑性,如图6.4(d)所示。

④全截面进入塑性状态出现塑性铰,如图6.4(e)所示,此时达到承载能力的极限状态。

当构件截面出现塑性铰时,根据力的平衡条件可得到如下关系式:

$$N = \int_A \sigma dA = \mu b h f_y \tag{6.1}$$

$$M = \int_A \sigma y dA = b\left(\frac{h - \mu h}{2}\right)\left(\mu h + \frac{h - \mu h}{2}\right)f_y = \frac{bh^2}{4}(1 - \mu^2)f_y \tag{6.2}$$

在上面两式中,注意到 $A = bh$,$W_P = \dfrac{bh^2}{4}$,消去 μ,可得到 N 和 M 的关系式如下:

$$\left(\frac{N}{Af_y}\right)^2 + \frac{M}{W_p f_y} = 1 \tag{6.3}$$

对于工字形截面,也可以用同样的方法求得它们的 N 和 M 的相关关系。由于工字形截面翼缘和腹板的相对尺寸不同,相关曲线会在一定范围内变化。图6.5中的阴影区给出了常用的工字形截面绕强轴和弱轴弯曲相关曲线的变化范围。在制定规范时,采用了图中的直线作为强度计算的依据,这样做计算简便且偏于安全:

$$\frac{N}{Af_y} + \frac{M}{W_p f_y} = 1 \tag{6.4}$$

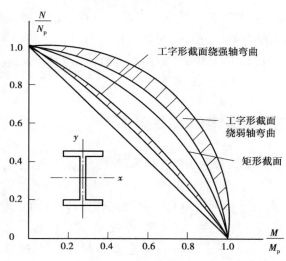

图6.5　压弯构件强度计算相关曲线

设计时以 A_n 代替式(6.4)中的 A,考虑到破坏时仅允许截面出现部分塑性,以 $\gamma_x W_{nx}$ 和 $\gamma_y W_{ny}$ 代替式(6.4)中的 W_p,引入抗力分项系数后,就可得到实腹式拉弯和压弯构件的强度计算公式。

对于弯矩作用在一个主平面内的单向拉弯、压弯构件:

$$\frac{N}{A_n} \pm \frac{M_x}{\gamma_x W_{nx}} \leq f \tag{6.5}$$

式(6.5)也适用于单轴对称截面,弯曲正应力一项带有正负号,计算时应使两项应力的代数和的绝对值最大。

对于弯矩作用在两个主平面内的双向拉弯、压弯构件:

$$\frac{N}{A_n} \pm \frac{M_x}{\gamma_x W_{nx}} \pm \frac{M_y}{\gamma_y W_{ny}} \leq f \qquad (6.6)$$

式中　A_n——构件验算截面净截面面积;

　　　　W_{nx}, W_{ny}——构件验算截面分别对 x 轴和 y 轴的净截面模量;

　　　　γ_x, γ_y——截面塑性发展系数,按附录 3 采用。

当压弯构件受压翼缘自由外伸宽度与厚度之比大于 $13\sqrt{235/f_y}$ 而小于 $15\sqrt{235/f_y}$ 时,$\gamma_x = 1.0$。

对直接承受动力荷载的构件,不宜考虑截面的塑性发展,取 $\gamma_x = \gamma_y = 1.0$。

拉弯和压弯构件的容许长细比分别与轴心受拉和轴心受压构件的规定完全相同,请参见相关内容。

6.3　实腹式压弯构件的整体稳定

压弯构件的承载力通常由整体稳定控制。对双轴对称截面一般将弯矩绕强轴作用,而单轴对称截面则将弯矩作用在对称轴平面内,使压力作用在分布材料较多的一侧。压弯构件可能在弯矩作用平面内弯曲失稳,也可能在弯矩作用平面外弯扭失稳。所以,压弯构件应分别计算弯矩作用平面内和弯矩作用平面外的稳定。

6.3.1　弯矩作用平面内的稳定计算

现以图 6.6(a)所示的两端铰接的压弯构件为例,除轴心压力 N 外,两端各作用有弯矩 M。压弯构件由于轴心压力和弯矩的同时作用,在弯矩作用平面内一开始就产生弯曲变形,压力—挠度曲线如图 6.6(b)中的 $oabc$ 所示。oa 段为弹性工作阶段,但由于附加弯矩 $N \cdot y$ 的存在而呈现非线性关系;a 点之后进入弹塑性工作阶段,曲线 ab 段呈现上升状,挠度随 N 的增加才能增加,此时平衡是稳定的;在 bc 段为了维持平衡,N 要不断减小,且挠度不断增加,平衡是不稳定的。b 点为稳定平衡状态过渡到不稳定平衡状态的曲线极值点,与之对应的 N_u 值为构件在弯矩作用平面内的稳定极限承载力,相应的截面平均应力称为极限应力。

单向压弯构件在弯矩作用平面内的稳定计算方法目前有 3 种,即按边缘纤维屈服准则的方法,按极限承载能力准则的方法和实用计算公式。下面介绍《钢结构设计标准》(GB 50017—2017)采用的边缘纤维屈服准则。

边缘纤维屈服准则的方法是用应力问题代替稳定计算的近似方法,即以构件截面应力最大边缘纤维开始屈服时的荷载,亦即构件在弹性阶段的最大荷载,作为压弯构件的确定承载力。以图 6.6(a)为例,该准则的表达式为:

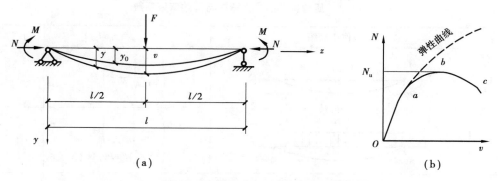

（a）　　　　　　　　　　　　　　　　（b）

图 6.6　单向压弯构件在弯矩作用平面内的整体屈曲

$$\frac{N}{A} + \frac{M_{\max}}{W_{1x}} = f_y \tag{6.7}$$

式中　N——轴心压力；

　　　$M_{\max}$——考虑 N 和初始缺陷影响后的最大弯矩；

　　　A——构件的毛截面面积；

　　　W_{1x}——构件较大受压边缘的毛截面抵抗矩。

在轴心压力 N 和弯矩 M 共同作用下，构件中点的挠度为 v，在离端部 x 处的挠度为 y，此处的平衡方程为：

$$EI \frac{\mathrm{d}^2 y}{\mathrm{d}x^2} + Ny = -M \tag{6.8}$$

令 $k^2 = \dfrac{N}{EI}$，$N_{Ex} = \dfrac{\pi^2 EI}{l^2}$ 为欧拉临界力，则 $kl = \pi \sqrt{\dfrac{N}{N_{Ex}}}$，求解方程可得：

$$y = \frac{M}{N}\left(\frac{\sin kx + \sin k(l-x)}{\sin kl} - 1\right) \tag{6.9}$$

构件中点的最大挠度为：

$$v = \frac{M}{N}\left(\sec \frac{\pi}{2}\sqrt{\frac{N}{N_{Ex}}} - 1\right) \tag{6.10}$$

构件最大弯矩位于中部截面，其值为：

$$M_{x,\max} = M_x + Nv = M_x \sec\left(\frac{\pi}{2}\sqrt{\frac{N}{N_{Ex}}}\right) \approx M_x\left(\frac{1}{1 - N/N_{Ex}}\right) = M_x \eta_1 \tag{6.11}$$

式中　η_1——压弯构件的挠度增大系数；

　　　M_x——构件的端弯矩，$M_x = Ne$。

其他几种常见荷载作用下的压弯构件，其最大弯矩 $M_{x,\max,i} = \eta_i M_x$ 的近似值见表 6.1。其弯矩等效系数 β_{mi} 可按式（6.12）计算：

$$\beta_{mi} = \frac{M_{x,\max,1}}{M_{x,\max,i}} \tag{6.12}$$

表 6.1　压弯构件的最大弯矩与等效弯矩系数

i	荷载作用简图	$M_{x,\max,i} = \eta_i M_x$	β_{mi}
1		$\left(\dfrac{1}{1-N/N_{Ex}}\right)M_x$	1
2		$\left(\dfrac{1}{1-N/N_{Ex}}\right)M_x$ 其中 $M_x = Pl^2/8$	1
3		$\left(\dfrac{k_1}{1-N/N_{Ex}}\right)M_x$ 其中 $k_1 = 1-0.2N/N_{Ex}$ $M_x = Pl/4$	k_1
4	 $\lvert M_1 \rvert > \lvert M_2 \rvert$	$\left(\dfrac{k_2}{1-N/N_{Ex}}\right)M_x$ 其中 $k_2 = 0.65 + 0.35 M_2/M_1$ 且 $k_2 \geqslant 0.4$	k_2

利用 β_{mi} 可以在弯矩作用平面内的稳定计算中,把各种荷载作用的弯矩分布形式转化为均匀受弯来对待,考虑构件初始缺陷后,把最大弯矩值代入式(6.7)中,可得到:

$$\frac{N}{A} + \frac{\beta_{mi}M + Ne_0}{W_{1x}(1-N/N_{Ex})} = f_y \tag{6.13}$$

式中,e_0 是用来考虑构件综合缺陷的等效初弯曲。当 $M=0$ 时,构件实际上即为带有缺陷偏心 e_0 的轴心受压构件,此时构件的临界力 $N = N_x = \varphi_x A f_y$,由式(6.13)可得到:

$$e_0 = \frac{(Af_y - N_x)(N_{Ex} - N_x)}{N_x N_{Ex}} \frac{W_{1x}}{A} \tag{6.14}$$

将式(6.14)代入式(6.13),经整理后得:

$$\frac{N}{\varphi_x A} + \frac{\beta_{mx}M_x}{W_{1x}(1 - \varphi_x N/N_{Ex})} = f_y \tag{6.15}$$

为了限制偏心或长细比较大构件的变形,只容许截面塑性发展的总深度不超过截面高度的 1/4。根据对 11 种常见截面形式进行的计算比较,《钢结构设计标准》(GB 50017—2017)对式(6.15)作了修正,用来验算实腹式压弯构件在弯矩作用平面内的稳定性:

$$\frac{N}{\varphi_x A} + \frac{\beta_{mx}M_x}{\gamma_x W_{1x}(1 - 0.8N/N'_{Ex})} \leqslant f \tag{6.16}$$

式中　$N'_{Ex} = \pi^2 EA/(1.1\lambda_x^2)$;

φ_x——弯矩作用平面内的轴心受压构件稳定系数;

M_x——所计算构件范围内的最大弯矩;

β_{mx}——等效弯矩系数。

对于单轴对称截面压弯构件,当弯矩作用在对称轴平面内且使较大翼缘受压时,构件达到临界状态时的应力分布可能在拉、压两侧都出现塑性铰,也可能只在受拉一侧出现塑性铰。对于前者,平面内的稳定仍按式(6.16)验算;对于后者,因受拉塑性区的开展会导致构件失稳,因此除按式(6.16)计算外,还应按式(6.17)计算:

$$\left| \frac{N}{A} - \frac{\beta_{mx} M_x}{\gamma_x W_{2x} (1 - 1.25 N/N'_{Ex})} \right| \leq f \tag{6.17}$$

式中　W_{2x}——受拉一侧的边缘纤维毛截面模量。

β_{mx} 可按以下规定采用:

①悬臂构件和在内力分析中未考虑二阶效应的无支撑框架和弱支撑框架柱,$\beta_{mx} = 1.0$。

②框架柱和两端支承的构件:无横向荷载作用时,$\beta_{mx} = 0.65 + 0.35 M_2/M_1$,$M_1$ 和 M_2 分别是构件两端的弯矩,且 $|M_1| \geq |M_2|$,当两端弯矩使构件产生同向曲率时取同号,使构件产生反向曲率(有反弯点)时取异号;有端弯矩和横向荷载同时作用时,使构件产生同向曲率时取 $\beta_{mx} = 1.0$,使构件产生反向曲率时取 $\beta_{mx} = 0.85$;无端弯矩但有横向荷载作用时,取 $\beta_{mx} = 1.0$。

6.3.2　弯矩作用平面外的稳定计算

开口薄壁截面压弯构件的抗扭刚度及弯矩作用平面外的抗弯刚度通常较小,当构件在弯矩作用平面外没有足够的支承以阻止其产生侧向位移和扭转时,构件可能发生弯扭屈曲而破坏,这种弯扭屈曲又称为压弯构件弯矩作用平面外的整体失稳。

根据弹性稳定理论,对两端支承承受轴心压力和弯矩作用的双轴对称截面实腹式压弯构件,当构件没有弯矩作用平面外的初始几何缺陷(初挠度与初扭转)时,在弯矩作用平面外的弯扭屈曲临界条件可用式(6.18)表达:

$$\left(1 - \frac{N}{N_{Ey}}\right)\left(1 - \frac{N}{N_\theta}\right) - \frac{M_x^2}{M_{crx}^2} = 0 \tag{6.18}$$

式中　N_{Ey}——构件轴心受压时绕 y 轴弯曲屈曲的临界力;

　　　N_θ——构件绕纵轴 z 轴扭转屈曲的临界力;

　　　M_{crx}——构件绕 x 轴的均匀弯矩作用时的弯扭屈曲临界弯矩。

式(6.18)可绘制成图6.7形式的相关曲线。根据钢结构构件常用的截面形式分析,绝大多数情况下 N_θ/N_{Ey} 都大于1.0,为安全起见取 $N_\theta/N_{Ey} = 1.0$,则可得到判别构件弯矩作用平面外稳定性的直线相关方程为:

$$\frac{N}{N_{Ey}} + \frac{M_x}{M_{crx}} = 1 \tag{6.19}$$

式(6.19)是根据双轴对称理想压弯构件导出并经简化的理论公式。将该式中的 N_{Ey} 和 M_{crx} 分别用 $\varphi_y A f_y$ 和 $\varphi_b W_{1x} f_y$ 代入,引入等效弯矩系数 β_{tx}、截面影响系数 η 和抗力分项系数并整理后可以得到《钢结构设计标准》(GB 50017—2017)计算压弯构件弯矩作用平面外整体稳定的验算公式:

$$\frac{N}{\varphi_y A} + \eta \frac{\beta_{tx} M_x}{\varphi_b W_{1x}} \leq f \tag{6.20}$$

式中　M_x——所计算构件范围内(构件侧向支承点之间)的最大弯矩;

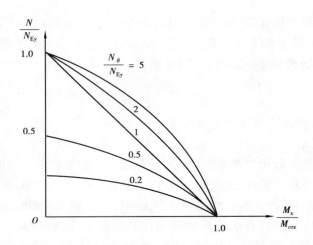

图 6.7　单向压弯构件在弯矩作用平面外失稳的相关曲线

η——截面影响系数,箱形截面取 $\eta = 0.7$,其他截面 $\eta = 1.0$;

φ_y——弯矩作用平面外的轴心受压构件稳定系数,对于单轴对称截面应考虑扭转效应,采用换算长细比 λ_{yz} 确定,对于双轴对称截面或极对称截面可直接用 λ_y 确定;

φ_b——均匀弯曲的受弯构件整体稳定系数,对工字形截面和 T 形截面可按《钢结构设计标准》(GB 50017—2017)附录中的近似公式计算,对于箱形截面取 $\varphi_b = 1.0$;

β_{tx}——弯矩等效系数,应根据所计算构件段的荷载和内力情况确定,按下列规定采用:

①在弯矩作用平面外有支承的构件,应根据两相邻支承点间构件段内的荷载和内力情况确定:构件段无横向荷载作用时,$\beta_{tx} = 0.65 + 0.35 M_2/M_1$,$M_1$ 和 M_2 是构件段在弯矩作用平面内的端弯矩,且 $|M_1| \geqslant |M_2|$,当使构件段产生同向曲率时取同号,产生反向曲率时取异号;构件段内有端弯矩和横向荷载同时作用时,使构件段产生同向曲率 $\beta_{tx} = 1.0$;使构件段产生反向曲率取 $\beta_{tx} = 0.85$;构件段内无端弯矩但有横向荷载作用时,$\beta_{tx} = 1.0$。

②弯矩作用平面外为悬臂构件,$\beta_{tx} = 1.0$。

弯矩作用在两个主轴平面内为双向弯曲压弯构件,双向压弯构件的整体失稳常伴随着构件的扭转变形,其稳定承载力与 N,M_x 和 M_y 三者的比例有关,无法给出解析解,只能采用数值解。因为当两个方向弯矩很小时,双向压弯构件应接近轴心受压构件的受力情况,当某一个方向的弯矩很小时,应接近单向压弯构件的受力情况。为了设计方便,并与轴心受压构件和单向压弯构件计算衔接,采用相关公式计算。《钢结构设计标准》(GB 50017—2017)规定,弯矩作用在两个主平面内的双轴对称实腹式工字形截面(含 H 形)和箱形(闭口)截面的压弯构件,其稳定按下列公式计算:

$$\frac{N}{\varphi_x A} + \frac{\beta_{mx} M_x}{\gamma_x W_{1x}(1 - 0.8N/N'_{Ex})} + \eta \frac{\beta_{ty} M_y}{\varphi_{by} W_{1y}} \leqslant f \qquad (6.21)$$

$$\frac{N}{\varphi_y A} + \frac{\beta_{my} M_y}{\gamma_y W_{1y}(1 - 0.8N/N'_{Ey})} + \eta \frac{\beta_{tx} M_x}{\varphi_{bx} W_{1x}} \leqslant f \qquad (6.22)$$

式中　M_x 和 M_y——所计算构件段范围内对 x 轴和 y 轴的最大弯矩。

φ_x,φ_y——对 x 轴和 y 轴的轴心受压构件稳定系数。

φ_{bx},φ_{by}——均匀弯曲的受弯构件整体稳定系数,对工字形截面的非悬臂构件,φ_{bx}可按受弯构件整体稳定系数近似公式计算,$\varphi_{by}=1.0$;对闭口截面,$\varphi_{bx}=\varphi_{by}=1.0$。

β_{mx},β_{my}——等效弯矩系数,应按弯矩作用平面内稳定计算的有关规定采用。

β_{tx},β_{ty}和η应按弯矩作用平面外稳定计算的有关规定采用。

6.4 实腹式压弯构件的局部稳定

实腹式压弯构件中组成截面的板件与轴心受压构件和受弯构件的板件相似,在均匀压应力下或不均匀压应力和剪应力作用下,当应力达到一定大小时,可能偏离其平面位置发生波状鼓曲,即板件发生屈曲,也称为构件丧失局部稳定性。压弯构件的局部稳定常采用限制板件高(宽)厚比的方法来保证。

6.4.1 工字形截面

1)腹板屈曲

压弯构件腹板受非均匀正应力和均匀剪应力的共同作用,如图6.8(a)所示,它的临界状态缺乏比较精确的公式。把这种应力状态与梁腹板及轴心受压柱腹板的应力状态[图6.8(b)、(c)]进行比较,可见图6.8(a)介于图6.8(b)和图6.8(c)之间。图6.8(b)的梁腹板弹性稳定临界状态方程可写为:

$$\left(\frac{\sigma}{\sigma_{cr}}\right)^2 + \left(\frac{\tau}{\tau_{cr}}\right)^2 = 1 \qquad (6.23)$$

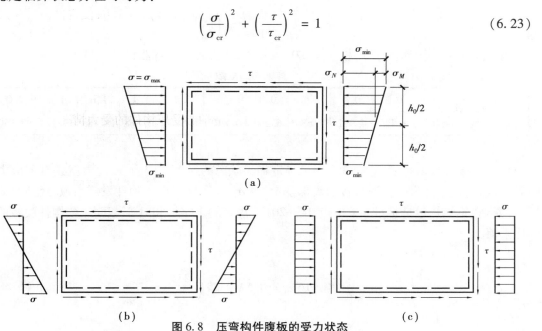

图6.8 压弯构件腹板的受力状态

对于均匀正应力 σ 和剪应力 τ 的板件[图6.8(c)],腹板弹性稳定临界状态方程可写为:

$$\frac{\sigma}{\sigma_{cr}} + \left(\frac{\tau}{\tau_{cr}}\right)^2 = 1 \qquad (6.24)$$

对四边简支板在非均匀正应力和均匀剪应力共同作用下的弹性屈曲,《钢结构设计标准》(GB 50017—2017)采用了如下相关公式:

$$\left[1 - \left(\frac{\alpha_0}{2}\right)^5\right]\frac{\sigma}{\sigma_{cr}} + \left(\frac{\alpha_0}{2}\right)^5\left(\frac{\sigma}{\sigma_{cr}}\right)^2 + \left(\frac{\tau}{\tau_{cr}}\right)^2 = 1 \qquad (6.25)$$

式中　α_0——与腹板边缘最大正应力 σ_{max} 和最小正应力 σ_{min} 有关的应力梯度系数,σ_{min} 为拉应力时取负号;

　　　τ——构件腹板上的平均剪应力;

　　　σ——在弯矩和轴力共同作用下腹板边缘的最大压应力;

　　　τ_{cr}——仅受均匀剪应力作用时腹板的临界剪应力;

　　　σ_{cr}——腹板在弯矩和轴力共同作用下的临界应力。

具体计算式如下:

$$\alpha_0 = \frac{\sigma_{max} - \sigma_{min}}{\sigma_{max}} \qquad (6.26)$$

$$\tau_{cr} = k\frac{\pi^2 E}{12(1 - \nu)}\left(\frac{t_w}{h_0}\right)^2 \qquad (6.27)$$

式中,$\nu = 0.3$,k 是弹性屈曲系数,见表6.2。当 $a/h \geqslant 1$ 时,a 为板的长边,对于柱的腹板,可取 $a = 3h_0$。

$$k = 5.34 + \frac{4}{(a/h_0)^2} \qquad (6.28)$$

$$\sigma_{cr} = k\frac{\pi^2 E}{12(1 - \nu^2)}\left(\frac{t_w}{h_0}\right)^2 \qquad (6.29)$$

当 $\alpha_0 = 0$ 时,属于均匀受压板,$k = 4.0$;当 $\alpha_0 = 2$ 时,属于纯弯曲板,$k = 23.9$。

表6.2　弹性屈曲系数 k 值

α_0	0	0.2	0.4	0.6	0.8	1.0	1.2	1.4	1.6	1.8	2.0
屈曲系数	4.000	4.443	4.992	5.689	6.595	7.812	9.503	11.868	15.183	19.524	23.922

只要知道剪应力 τ,由式(6.25)即可确定临界状态的最大压应力 σ,此值就是有剪应力时临界力以 σ_{cr}^v 表示。为了保证腹板的局部稳定,令 $\sigma_{cr}^v = f_y$,同时引入塑性发展系数,经适当简化后,可得到《钢结构设计标准》(GB 50017—2017)规定的工字形和 H 形截面压弯构件腹板的宽厚比限值:

当 $0 \leqslant \alpha_0 \leqslant 1.6$ 时

$$\frac{h_0}{t_w} \leqslant (16\alpha_0 + 0.5\lambda + 25)\sqrt{\frac{235}{f_y}} \qquad (6.30)$$

当 $1.6 \leqslant \alpha_0 \leqslant 2.0$ 时

$$\frac{h_0}{t_w} \leqslant (48\alpha_0 + 0.5\lambda - 26.2)\sqrt{\frac{235}{f_y}} \tag{6.31}$$

式中　λ——构件在弯矩作用平面内的长细比,当 $\lambda < 30$ 时,取 $\lambda = 30$;当 $\lambda > 100$ 时,
取 $\lambda = 100$。

2)翼缘屈曲

工字形和箱形截面压弯构件的最大受压翼缘主要承受正应力,剪应力很小,可忽略不计。
长细比较大,且承受 N 为主时,最大压应力可能低于 f_y;长细比较小或承受以 M 为主时,其值
可能较大,常达到甚至进入塑性区。当考虑截面部分塑性发展时,受压翼缘全部形成塑性区。
可见压弯构件翼缘的应力状态与轴心受压或受弯构件的受压翼缘基本相同,其翼缘在均匀压
应力下丧失稳定也和这种构件一样。《钢结构设计标准》(GB 50017—2017)规定,工字形截面
压弯构件受压翼缘自由外伸宽度 b 与其厚度 t 之比应满足式(6.32)的要求:

$$\frac{b}{t} \leqslant 13\sqrt{\frac{235}{f_y}} \tag{6.32}$$

当强度和稳定计算中取 $\gamma_x = 1.0$,宽厚比可放宽取为 $15\sqrt{235/f_y}$。翼缘板自由外伸宽度 b
的取值对焊接结构,取腹板边至翼缘板(肢)边缘的距离;对轧制构件,取内圆弧起点至翼缘板
(肢)边缘的距离。

6.4.2　箱形截面

对于箱形截面,考虑到腹板的受力可能不均匀,翼缘对腹板的嵌固条件不如工字形截面,
《钢结构设计标准》(GB 50017—2017)规定 h_0/t_w 值应满足式(6.30)和式(6.31)中右侧乘以
0.8 后的限值,使腹板厚一些(当限值 $< 40\sqrt{235/f_y}$,应采用 $40\sqrt{235/f_y}$)。同时,箱形截面压弯
构件受压翼缘在两腹板之间的宽度 b_0 与其厚度 t 之比应满足式(6.33)要求:

$$\frac{b_0}{t} \leqslant 40\sqrt{\frac{235}{f_y}} \tag{6.33}$$

H 形、工字形和箱形截面受压构件的腹板,其高厚比不满足以上限值时,可用纵向加劲肋
加强,或在计算构件的强度和稳定性时将腹板的截面仅考虑计算高度边缘范围内两侧宽度各
为 $20t_w\sqrt{235/f_y}$ 的部分(计算构件的稳定系数时,仍用全截面)。

用纵向加劲肋加强的腹板,其在受压较大翼缘与纵向加劲肋之间的高厚比,应满足以上限
值要求。

纵向加劲肋宜在腹板两侧成对配置,其一侧外伸宽度不应小于 $10t_w$,厚度不应小于
$0.75t_w$。为了防止构件变形,每隔 $4 \sim 6$ m 应设置横隔,每个运输单元不宜少于 2 个横隔。

6.4.3　T 形截面

1)腹板

在 T 形截面受压构件中,腹板高度与厚度之比不应超过下列限值:

《钢结构设计标准》(GB 50017—2017)规定对于弯矩使腹板自由边受拉的压弯构件:

热轧 T 型钢

$$\frac{h_0}{t_w} \leq (15 + 0.2\lambda)\sqrt{\frac{235}{f_y}} \tag{6.34}$$

焊接 T 型钢

$$\frac{h_0}{t_w} \leq (13 + 0.17\lambda)\sqrt{\frac{235}{f_y}} \tag{6.35}$$

《钢结构设计标准》(GB 50017—2017)规定对于弯矩使腹板自由边受压的压弯构件:

当 $\alpha_0 \leq 1.0$ 时

$$\frac{h_0}{t_w} \leq 15\sqrt{\frac{235}{f_y}} \tag{6.36}$$

当 $\alpha_0 > 1.0$ 时

$$\frac{h_0}{t_w} \leq 18\sqrt{\frac{235}{f_y}} \tag{6.37}$$

2)翼缘

同式(6.32)。

6.5 实腹式压弯构件的设计

6.5.1 截面形式

对实腹式压弯构件,要按受力大小、使用要求和构造要求选择合适的截面形式。当承受的弯矩较小时,其截面形式一般和轴心受压构件相同,可采用对称截面;当弯矩较大时,宜采用在弯矩作用平面内截面高度较大的双轴对称截面,或采用截面一侧翼缘加大的单轴对称截面。在满足局部稳定、使用要求和构造要求时,截面应尽量符合宽肢薄壁以及弯矩作用平面内和平面外的整体稳定性相等的原则,从而节省钢材。

6.5.2 截面选择及验算

设计时需首先选定截面的形式,再根据构件所承受的轴力 N、弯矩 M 和构件的计算长度 l_{0x}、l_{0y} 初步确定截面的尺寸,然后进行强度、整体稳定、局部稳定和刚度的验算。由于压弯构件的验算式中所涉及的未知量较多,根据估计所初选出来的截面尺寸不一定合适,因而初选的截面尺寸往往需要进行多次调整和重复验算,直到满意为止。初选截面时,可参考已有的类似设计进行估算。对初选截面需做如下估算:

①强度验算。按式(6.5)或式(6.6)进行计算。

②整体稳定验算。弯矩作用平面内的稳定性按式(6.16)计算,对于单轴对称截面压弯构件尚需按式(6.17)做补充验算。弯矩作用平面外的稳定性按式(6.19)验算。

③局部稳定验算。工字形、T形截面和箱形截面受压翼缘外伸板按式(6.32)计算,箱形截面在两腹板之间的受压翼缘按式(6.33)计算。工字形截面腹板按式(6.30)或式(6.31)计算,计算结果还应乘以 0.8 且不小于 $40\sqrt{235/f_y}$;T形截面腹板,当最大压应力作用在腹板自由边时,按式(6.36)或式(6.37)计算,当最大压应力作用在腹板与翼缘连接处时,按式(6.34)或式(6.35)计算。

④刚度计算。压弯构件的长细比不应超过第5章中表5.1和表5.2规定的容许长细比。

6.5.3 构造要求

实腹式压弯构件的构造要求与实腹式轴心受压构件相似。当腹板 $h_0/t_w > 80$ 时,为防止腹板在施工和运输中发生变形,应设置间距不大于 $3h_0$ 的横向加劲肋。另外,设有纵向加劲肋的同时也应设置横向加劲肋,加劲肋的截面选择同轴心受压构件。为保持截面形状不变,提高构件抗扭刚度,防止施工和运输过程中发生变形,实腹式压弯构件在受有较大水平力处和运输单元的端部应设置横隔,构件较长时应设置中间横隔,设置方法同轴心受压构件。压弯构件设置侧向支撑,当截面高度较小时,可在腹板加横肋或横隔连接支撑;当截面高度较大或受力较大时,则应在两个翼缘平面内同时设置支撑。

【例6.1】 验算如图 6.9 所示压弯构件的整体稳定和局部稳定。钢材为 Q235-A,翼缘为焰切边。跨中作用有集中荷载设计值 $F = 150$ kN,轴心压力设计值 $N = 1\ 200$ kN。$E = 2.06 \times 10^5$ N/mm²。

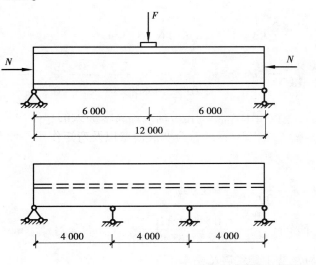
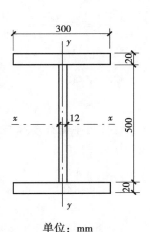

图 6.9 例题 6.1 图

【解】 1)验算整体稳定

(1)计算内力

$$N = 1\ 200\ \text{kN},\ M_x = \frac{Fl}{4} = \frac{150 \times 12}{4}\ \text{kN·m} = 450\ \text{kN·m}$$

(2)计算截面几何特征

$$A = 300 \times 20 \times 2\ \text{mm}^2 + 500 \times 12\ \text{mm}^2 = 18\ 000\ \text{mm}^2$$

$$I_x = \frac{1}{12}bh^3 = \frac{300 \times 540^3 - 288 \times 500^3}{12}\ \text{mm}^4 = 9.366 \times 10^8\ \text{mm}^4$$

$$I_y = \frac{1}{12}bh^3 = 2 \times \frac{20 \times 300^3}{12}\ \text{mm}^4 + \frac{500 \times 12^3}{12}\ \text{mm}^4 = 9.007\ 2 \times 10^7\ \text{mm}^4$$

$$i_x = \sqrt{\frac{I_x}{A}} = \sqrt{\frac{9.366 \times 10^8}{18\ 000}}\ \text{mm} = 228.11\ \text{cm}$$

$$i_y = \sqrt{\frac{I_y}{A}} = \sqrt{\frac{9.007\ 2 \times 10^7}{18\ 000}}\ \text{mm} = 70.74\ \text{mm}$$

$$W_{1x} = \frac{I_x}{h/2} = \frac{9.366 \times 10^8}{540/2}\ \text{mm}^3 = 3.468\ 8 \times 10^6\ \text{mm}^3$$

$$\lambda_x = \frac{l_{0x}}{i_x} = \frac{12\ 000}{228.11} = 52.6$$

$$\lambda_y = \frac{l_{0y}}{i_y} = \frac{4\ 000}{70.74} = 56.5$$

对 x,y 轴均为 b 类截面,查附表 4.2 得:$\varphi_x = 0.843$,$\varphi_y = 0.824$。

(3)弯矩作用平面内整体稳定计算

查表 6.1 可得,$\gamma_x = 1.05$。

$$N'_{Ex} = \frac{\pi^2 EA}{1.1\lambda_x^2} = \frac{\pi^2 \times 2.06 \times 10^5 \times 18\ 000}{1.1 \times 52.6^2}\ \text{kN} = 12\ 024.73\ \text{kN},\ \beta_{mx} = 1.0$$

$$\frac{N}{\varphi_x A} + \frac{\beta_{mx}M_x}{\gamma_x W_{1x}\left(1 - 0.8\dfrac{N}{N'_{Ex}}\right)} = \frac{1\ 200 \times 10^3}{0.843 \times 18\ 000}\ \text{N/mm}^2 + \frac{1.0 \times 450 \times 10^6}{1.05 \times 3.468\ 8 \times 10^6 \times \left(1 - 0.8 \times \dfrac{1\ 200}{12\ 024.73}\right)}$$

$$\text{N/mm}^2 = 213.4\ \text{N/mm}^2 < f = 215\ \text{N/mm}^2(满足要求)$$

(4)弯矩作用平面外整体稳定计算

$\beta_{tx} = 1.0,\eta = 1.0$。

$$\varphi_b = 1.07 - \frac{\lambda_y^2}{44\ 000} \times \frac{f_y}{235} = 1.07 - \frac{56.5^2}{44\ 000} \times \frac{235}{235} = 0.997$$

$$\frac{N}{\varphi_y A} + \eta\frac{\beta_{tx}M_x}{\varphi_b W_{1x}} = \frac{1\ 200 \times 10^3}{0.824 \times 18\ 000}\ \text{N/mm}^2 + \frac{1.0 \times 450 \times 10^6}{0.997 \times 3.468\ 8 \times 10^6}\ \text{N/mm}^2 = 211\ \text{N/mm}^2 < f =$$

215 N/mm²,满足要求,因此该压弯构件整体稳定满足要求。

2)验算局部稳定

(1)翼缘局部稳定验算

$$\frac{b}{t} = \frac{144}{20} = 7.2 < 13\sqrt{\frac{235}{235}} = 13,满足要求。$$

（2）腹板局部稳定验算

$$\lambda_x = 52.6$$

$$\sigma_{max} = \frac{N}{A} + \frac{M_x}{I_x} \frac{h_0}{2} = \frac{1\ 200 \times 10^3}{18\ 000}\ \text{N/mm}^2 + \frac{450 \times 10^6}{9.366 \times 10^8} \times \frac{500}{2}\ \text{N/mm}^2 = 186.78\ \text{N/mm}^2$$

$$\sigma_{min} = \frac{N}{A} - \frac{M_x}{I_x} \frac{h_0}{2} = \frac{1\ 200 \times 10^3}{18\ 000}\ \text{N/mm}^2 - \frac{450 \times 10^6}{9.366 \times 10^8} \times \frac{500}{2}\ \text{N/mm}^2 = 53.45\ \text{N/mm}^2$$

$$\alpha_0 = \frac{\sigma_{max} - \sigma_{min}}{\sigma_{max}} = \frac{186.78 - (-53.45)}{186.78} = 1.286 < 1.6,\ \text{则}$$

$$\frac{h_0}{t_w} = \frac{500}{12} = 41.67 \leqslant (16 \times 1.286 + 0.5 \times 52.6 + 25)\sqrt{\frac{235}{235}} = 71.876$$

满足要求，因此该压弯构件也满足局部稳定要求。

6.6 格构式压弯构件的设计

格构式压弯构件广泛应用于厂房的框架柱和高大的独立支柱，构件的截面可以设计成双轴对称或单轴对称。当弯矩较大时，常采用不对称截面，并将截面较大的分肢放在较大压力的一侧。由于在弯矩作用平面内的截面宽度较大，故分肢之间的联系常采用缀条，较少采用缀板。

格构式压弯构件由于有实轴和虚轴之分，无论在强度、刚度、整体稳定和局部稳定等方面的计算都有一些特点。

6.6.1 弯矩绕虚轴作用的格构式压弯构件

格构式压弯构件当弯矩绕虚轴（x轴）作用时，如图6.10所示，应进行弯矩作用平面内的整体稳定计算和分肢的稳定计算。

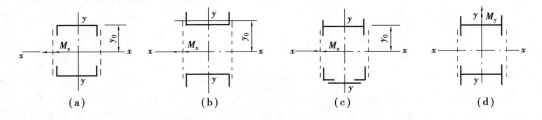

（a）　　　　　　（b）　　　　　　（c）　　　　　　（d）

图6.10　格构式压弯构件的截面形式

1）弯矩作用平面内的整体稳定计算

弯矩绕虚轴作用的格构式压弯构件，由于截面中部空心，不能考虑塑性的发展，故弯矩作用平面内的整体稳定计算按式（6.38）计算：

$$\frac{N}{\varphi_x A} + \frac{\beta_{mx} M_x}{W_{1x}(1 - \varphi_x N/N'_{Ex})} \leqslant f \tag{6.38}$$

式中　$W_{1x} = \dfrac{I_x}{y_0}$;

I_x——对 x 轴的毛截面惯性矩;

y_0——由 x 轴到压力较大分肢轴线的距离或者到压力较大分肢腹板边缘的距离,二者取较大值;

φ_x——轴心受压构件的整体稳定系数,由对虚轴的换算长细比 λ_{0x} 确定。

2)分肢的稳定计算

弯矩绕虚轴作用的压弯构件,在弯矩作用平面内的整体稳定性一般由分肢的稳定计算得到保证,故不必再计算整个构件在弯矩作用平面外的整体稳定性。

将整个构件视为一平行弦桁架,将构件的两个分肢看作桁架体系的弦杆,如图 6.10 所示,两分肢的轴心力按下列公式计算:

分肢 1

$$N_1 = N\frac{y_2}{a} + \frac{M_x}{a} \tag{6.39}$$

分肢 2

$$N_2 = N - N_1 \tag{6.40}$$

缀条式压弯构件的分肢按轴心受压构件计算。分肢的计算长度,在缀体平面内(分肢绕 1—1 轴)取缀条体系的节间长度(图 6.11),在缀条平面外(分肢绕 2—2 轴)取整个构件两侧向支撑点间的距离。

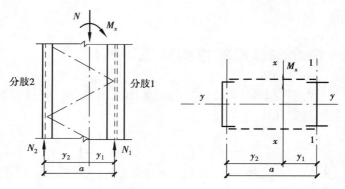

图 6.11　分肢的内力计算

进行缀板式压弯构件的分肢计算时,除轴心力 N_1(或 N_2)外,还应考虑由缀板的剪力作用引起的局部弯矩,按实腹式压弯构件验算单肢的稳定性。在缀板平面内分肢的计算长度(分肢绕 1—1 轴)取缀板间净距。

3)缀材的计算

计算压弯构件的缀材时,应取构件实际剪力和按式(5.45)计算所得剪力两者中的较大值,其计算方法与格构式轴心受压构件相同。

6.6.2 弯矩绕实轴作用的格构式压弯构件

当弯矩作用在与缀材面垂直的主平面内时[图6.10(d)],构件绕实轴产生弯曲失稳,其受力性能与实腹式压弯构件完全相同。因此,弯矩绕实轴作用的格构式压弯构件,弯矩作用平面内和平面外的整体稳定计算均与实腹式构件相同,在计算弯矩作用平面外的整体稳定时,长细比应取换算长细比,整体稳定系数取 $\varphi_b = 1.0$。

缀材(缀板或缀条)所受剪力按式(5.45)计算。

6.6.3 双向受弯的格构式压弯构件

弯矩作用在两个主平面内的双肢格构式压弯构件(图6.12),其稳定性按下列规定计算:

1)整体稳定计算

《钢结构设计标准》(GB 50017—2017)采用与边缘屈服准则导出的弯矩绕虚轴作用的格构式压弯构件弯矩作用平面内整体稳定计算式相衔接的直线式进行计算:

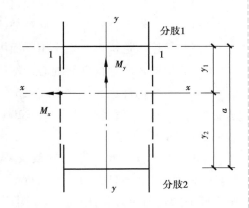

图6.12 双向受弯格构柱

$$\frac{N}{\varphi_x A} + \frac{\beta_{mx} M_x}{W_{1x}(1 - \varphi_x N/N'_{Ex})} + \frac{\beta_{ty} M_y}{W_{1y}} \leqslant f \qquad (6.41)$$

式中,W_{1y} 为在 M_y 作用下对较大受压纤维的毛截面模量。其他系数与实腹式压弯构件相同,但对虚轴(x 轴)的系数应采用换算长细比 λ_{0x} 确定。

2)分肢的稳定计算

分肢按实腹式压弯构件计算其稳定性,在轴力和弯矩共同作用下产生的内力按以下原则分配:N 和 M_x 在两分肢产生的轴心力 N_1 和 N_2 分别按式(6.39)和式(6.40)计算;M_y 在两分肢间的分配按下列公式计算:

分肢1的弯矩

$$M_{y1} = \frac{I_1/y_1}{I_1/y_1 + I_2/y_2} M_y \qquad (6.42)$$

分肢2的弯矩

$$M_{y2} = M_y - M_{y1} \qquad (6.43)$$

式中 I_1, I_2——分肢1和分肢2对 y 轴的惯性矩。

对缀板式压弯构件还应考虑缀板剪力产生的局部弯矩,其分肢稳定按双向压弯构件计算。

思 考 题

6.1 试述压弯构件弯矩作用平面外失稳的概念。

6.2 单轴对称的压弯构件和双轴对称的压弯构件弯矩作用平面内稳定验算内容是否相同?

6.3 压弯构件需要验算哪些项目?

6.4 在压弯构件整体稳定计算公式中,β_{mx} 和 β_{tx} 分别表示什么? 如何取值?

6.5 简述压弯构件弯矩作用平面内稳定验算公式中各符号的意义及取值。

6.6 格构式压弯构件和轴心受压构件的缀材计算有何异同之处?

6.7 压弯构件长 5 m,采用 Q235 轧制工字钢 25a,两端铰接并在跨中有一个侧向支撑点,承受静力荷载设计值:轴心压力 $N = 200$ kN,跨中横向集中荷载 50 kN。试验算该构件的强度和稳定是否满足要求。

6.8 图 6.13 所示为两端铰支焊接工字形截面压弯杆件,杆长 $l = 10$ m,已知截面 $I_x = 32\,997$ cm^4,$A = 84.8$ cm^2,b 类截面,钢材 Q235,$f = 215$ N/mm^2,$E = 2.06 \times 10^5$ N/mm^2。作用于杆上的轴向压力和杆端弯矩如图 6.13 所示,试由弯矩作用平面内的稳定性确定该杆能承受的最大弯矩 M。

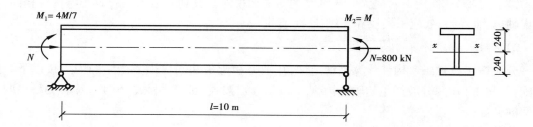

图 6.13 思考题 6.8 图

6.9 如图 6.14 所示压弯构件长 12 m,承受轴心压力设计值 $N = 1\,800$ kN,构件中部作用有横向荷载,其设计值为 $F = 540$ kN。在弯矩作用平面外有两个侧向支撑(在构件的三分点处),钢材为 Q235,翼缘为焰切边,试验算该构件的整体稳定性。

6.10 焊接工字形截面柱,翼缘为焰切边。柱上端作用有荷载设计值,轴心压力 $N = 2\,000$ kN,水平力 $H = 75$ kN。柱上端自由,下端固定,侧向支撑和截面尺寸如图 6.15 所示,钢材采用 Q235,试验算柱的整体稳定性。

6.11 已知压弯构件承受内力设计值 $N = 800$ kN,$M_x = 400$ kN·m,$\lambda_x = 95$,截面尺寸如图 6.16 所示,钢材采用 Q345,试验算翼缘和腹板的局部稳定性。

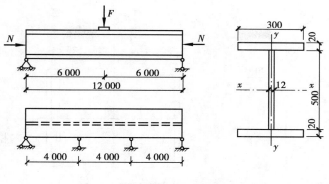

图6.14 思考题6.9图(单位:mm)

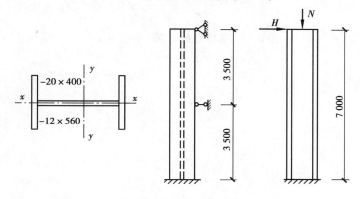

图6.15 思考题6.10图(单位:mm)

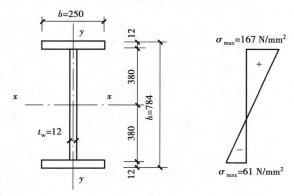

图6.16 思考题6.11图(单位:mm)

6.12 格构式压弯构件,其截面及缀条布置如图6.17所示。构件两端铰接,计算长度 $l_{0x} = l_{0y} = 600$ cm。缀条采用角钢 ∟70×4,缀条倾角为45°,构件轴心压力设计值 $N = 450$ kN,弯矩绕虚轴作用,钢材采用Q235,试计算该构件能承受的最大弯矩设计值。

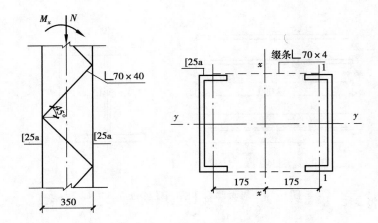

图 6.17 思考题 6.12 图(单位:mm)

附　录

附录1　钢材和连接的强度设计值

附表1.1　钢材的设计用强度指标　　　　　单位:N/mm²

钢材牌号	钢材厚度或直径/mm	抗拉、抗压和抗弯 f	抗剪 f_v	端面承压(刨平顶紧) f_{ce}	屈服强度 f_y	抗拉强度 f_u
Q235 钢	≤16	215	125	320	235	370
	>16,≤40	205	120		225	
	>40,≤100	200	115		215	
Q345 钢	≤16	305	175	400	345	470
	>16,≤40	295	170		335	
	>40,≤63	290	165		325	
	>63,≤80	280	160		315	
	>80,≤100	270	155		305	
Q390 钢	≤16	345	200	415	390	490
	>16,≤40	335	190		370	
	>40,≤63	315	180		350	
	>63,≤100	295	170		330	
Q420 钢	≤16	375	215	440	420	520
	>16,≤40	355	205		400	
	>40,≤63	320	185		380	
	>63,≤100	305	175		360	

续表

钢材牌号	钢材厚度或直径/mm	抗拉、抗压和抗弯 f	抗剪 f_v	端面承压(刨平顶紧)f_{cc}	屈服强度 f_y	抗拉强度 f_u
Q460 钢	≤16	410	235	470	460	550
	>16, ≤40	390	225		440	
	>40, ≤63	355	205		420	
	>63, ≤100	340	195		400	

注:①表中直径是指实心棒材直径;厚度是指计算点的钢材或钢管壁厚度,对轴心受拉或受压构件,是指截面中较厚板件的厚度。
②冷弯型材和冷弯钢管,其强度设计值应按现行国家有关标准的规定采用。

附表1.2 焊缝的强度指标 单位:N/mm²

焊接方法和焊条型号	构件钢材		对接焊缝强度设计值				角焊缝强度设计值	对接焊缝抗拉强度 f_u^w	角焊缝抗拉、抗压和抗剪强度 f_u^f
	牌号	厚度或直径/mm	抗压 f_c^w	焊缝质量为下列等级时,抗拉 f_t^w 一级、二级	三级	抗压 f_v^w	抗拉、抗压和抗剪 f_f^w		
自动焊、半自动焊和E43型焊条手工焊	Q235	≤16	215	215	185	125	160	415	240
		>16~40	205	205	175	120			
		>60~100	200	200	170	115			
自动焊、半自动焊和E50、E55型焊条手工焊	Q345	≤16	305	305	260	175	200	480(E50) 540(E55)	280(E50) 315(E55)
		>16, ≤40	295	295	250	170			
		>40, ≤63	290	290	245	165			
		>63, ≤80	280	280	240	160			
		>80, ≤100	270	270	230	155			
	Q345	≤16	345	345	295	200	200(E50) 220(E55)		
		>16, ≤40	330	330	280	190			
		>40, ≤63	310	310	265	180			
		>63, ≤100	295	295	250	170			
自动焊、半自动焊和E55、E60型焊条手工焊	Q420	≤16	375	375	320	215	220(E55) 240(E60)	540(E55) 590(E60)	315(E55) 340(E60)
		>16, ≤40	355	355	300	205			
		>40, ≤63	320	320	270	185			
		>63, ≤100	305	305	260	175			

注:表中厚度是指计算点的钢材厚度,对轴心受拉或受压构件,是指截面中较厚板件的厚度。

附表1.3　螺栓连接的强度指标　　　　　　　　　　单位:N/mm²

螺栓的性能等级、锚栓和构件钢材的牌号		强度设计值						锚栓	承压型连接或网架用高强度螺栓			高强度螺栓的抗拉强度 f_u^b
		普通螺栓						抗拉 f_t^b	抗拉 f_t^b	抗剪 f_v^b	承压 f_c^b	
		C级螺栓			A级、B级螺栓								
		抗拉 f_t^b	抗剪 f_v^b	承压 f_c^b	抗拉 f_t^b	抗剪 f_v^b	承压 f_c^b					
普通螺栓	4.6级、4.8级	170	140	—	—	—	—	—	—	—	—	—
	5.6级	—	—	—	210	190	—	—	—	—	—	—
	8.8级	—	—	—	400	320	—	—	—	—	—	—
锚栓	Q235	—	—	—	—	—	—	140	—	—	—	—
	Q345	—	—	—	—	—	—	180	—	—	—	—
	Q390	—	—	—	—	—	—	185	—	—	—	—
承压型连接高强度螺栓	8.8级	—	—	—	—	—	—	—	400	250	—	830
	10.9级	—	—	—	—	—	—	—	500	310	—	1 040
螺栓球节点用高强度螺栓	9.8级	—	—	—	—	—	—	—	385	—	—	—
	10.9级	—	—	—	—	—	—	—	430	—	—	—
构件钢材牌号	Q235	—	—	305	—	—	405	—	—	—	470	—
	Q345	—	—	385	—	—	510	—	—	—	590	—
	Q390	—	—	400	—	—	530	—	—	—	615	—
	Q420	—	—	425	—	—	560	—	—	—	655	—
	Q460	—	—	450	—	—	595	—	—	—	695	—
	Q345GJ	—	—	400	—	—	530	—	—	—	615	—

注:①A级螺栓用于 $d \leqslant 24$ mm 和 $L \leqslant 10d$ 或 $L \leqslant 150$ mm(按较小值)的螺栓;"B级螺栓用于 $d > 24$ mm 和 $L > 10d$ 或 $L > 150$ mm(按较小值)的螺栓。d 为公称直径,L 为公称长度。

②A、B级螺栓孔的精度和孔壁表面粗糙度,C级螺栓孔的允许偏差和孔壁表面粗糙度,均应符合现行国家标准《钢结构工程施工质量验收规范》(GB 50205)的要求。

③用于螺栓球节点网架的高强度螺栓,M12 ~ M36 为 10.9级,M39 ~ M64 为 9.8级。

附表 1.4　结构构件或连接设计强度的折减系数

项　次	情　况	折减系数
1	单面连接的角钢 (1)按轴心受压计算强度和连接 (2)按轴心受压计算稳定性 　　等边角钢 　　短边相连的不等边角钢 　　长边相连的不等边角钢	0.85 $0.6+0.0015\lambda$,但不大于 1.0 $0.5+0.0025\lambda$,但不大于 1.0 0.7
2	跨度≥60 m 桁架的受压杆和端部受压腹杆	0.95
3	无垫板的单面施焊对接焊缝	0.85
4	施工条件较差的高空安装焊缝和铆钉连接	0.90
5	沉头和半沉头铆钉连接	0.80

注:①λ 为长细比,对中间无联系的单角钢压杆,应按最小回转半径计算;当 $\lambda<20$ 时,取 $\lambda=20$。
　　②当几种情况同时出现时,其折减系数应连乘。

附录 2　受弯构件的容许挠度

项　次	构件类型	挠度容许值	
		$[v_{\mathrm{T}}]$	$[v_{\mathrm{Q}}]$
1	吊车梁和吊车桁架(按自重和起重量最大的一台吊车计算挠度) (1)手动吊车和单梁吊车(含悬挂吊车) (2)轻级工作制桥式吊车 (3)中级工作制桥式吊车 (4)重级工作制桥式吊车	 $l/500$ $l/800$ $l/1\,000$ $l/1\,200$	
2	手动或电动葫芦的轨道梁	$l/400$	
3	有重轨(质量≥38 kg/m)轨道的工作平台梁 有轻轨(质量≤24 kg/m)轨道的工作平台梁	$l/600$ $l/400$	

项　次	构件类型	挠度容许值	
		$[v_T]$	$[v_Q]$
4	楼(屋)盖梁或桁架,工作平台梁(第3项除外)和平台梁		
	(1)主梁或桁架(包括设有悬挂起重设备的梁和桁架)	$l/400$	$l/500$
	(2)抹灰顶篷的次梁	$l/250$	$l/350$
	(3)除(1)、(2)外的其他梁	$l/250$	$l/300$
	(4)屋盖檩条		
	支承无积灰的瓦楞铁和石棉瓦者	$l/150$	
	支承压型金属板、有积灰的瓦楞铁和石棉瓦等屋面者	$l/200$	
	支承其他屋面材料者	$l/200$	
	(5)平台板	$l/150$	
5	墙架构件(风荷载不考虑阵风系数)		
	(1)支柱(水平方向)		$l/400$
	(2)抗风桁架(作为连续支柱的支承时,水平位移)		$l/1\,000$
	(3)砌体墙的横梁(水平方向)		$l/300$
	(4)支承压型金属板、瓦楞铁和石棉瓦墙面的横梁(水平方向)		$l/200$
	(5)带有玻璃窗的横梁(竖直和水平方向)	$l/200$	$l/200$

注:①l 为受弯构件的跨度(对悬臂梁和伸臂梁为悬伸长度的2倍)。
　②$[v_T]$ 为全部荷载标准值产生的挠度(如有起拱减去拱度)的容许值;$[v_Q]$ 为可变荷载标准值产生的挠度容许值。

附录 3　截面塑性发展系数

项次	截面形式	γ_x	γ_y
1		1.05	1.2
2			1.05

续表

项次	截面形式	γ_x	γ_y
3		$\gamma_{x1} = 1.05$ $\gamma_{x2} = 1.2$	1.2
4			1.05
5		1.2	1.2
6		1.15	1.15
7		1.0	1.05
8			1.0

附录 4　轴心受压构件的稳定系数

附表 4.1　a 类截面的轴心受压构件的稳定系数 φ

$\lambda\sqrt{\dfrac{f_y}{235}}$	0	1	2	3	4	5	6	7	8	9
0	1.000	1.000	1.000	1.000	0.999	0.999	0.998	0.998	0.997	0.996
10	0.995	0.994	0.993	0.992	0.991	0.989	0.988	0.986	0.985	0.983
20	0.981	0.979	0.977	0.976	0.974	0.972	0.970	0.968	0.966	0.964
30	0.963	0.961	0.959	0.957	0.955	0.952	0.950	0.948	0.946	0.944
40	0.941	0.939	0.937	0.934	0.932	0.929	0.927	0.924	0.921	0.919
50	0.916	0.913	0.910	0.907	0.904	0.900	0.897	0.894	0.890	0.886
60	0.883	0.879	0.875	0.871	0.876	0.863	0.858	0.854	0.849	0.844
70	0.839	0.834	0.829	0.824	0.818	0.813	0.807	0.801	0.795	0.789
80	0.783	0.776	0.770	0.763	0.757	0.750	0.743	0.736	0.728	0.721
90	0.714	0.706	0.699	0.691	0.684	0.676	0.668	0.661	0.653	0.654
100	0.638	0.630	0.622	0.615	0.607	0.600	0.592	0.585	0.577	0.570
110	0.563	0.555	0.548	0.541	0.534	0.527	0.520	0.514	0.507	0.500
120	0.494	0.488	0.481	0.475	0.469	0.463	0.457	0.451	0.445	0.440
130	0.434	0.429	0.423	0.418	0.412	0.407	0.402	0.397	0.392	0.387
140	0.383	0.378	0.373	0.369	0.364	0.360	0.356	0.351	0.347	0.343
150	0.339	0.335	0.331	0.327	0.323	0.320	0.316	0.312	0.309	0.305
160	0.302	0.298	0.295	0.292	0.289	0.285	0.282	0.279	0.276	0.273
170	0.270	0.267	0.264	0.262	0.259	0.256	0.253	0.251	0.248	0.246
180	0.243	0.241	0.238	0.236	0.233	0.231	0.229	0.226	0.224	0.222
190	0.220	0.218	0.215	0.213	0.211	0.209	0.207	0.205	0.203	0.201
200	0.199	0.198	0.196	0.194	0.192	0.190	0.189	0.187	0.185	0.183
210	0.182	0.180	0.179	0.177	0.175	0.174	0.172	0.171	0.169	0.168
220	0.166	0.165	0.164	0.162	0.161	0.159	0.158	0.157	0.155	0.154
230	0.153	0.152	0.150	0.149	0.148	0.147	0.146	0.144	0.143	0.142
240	0.141	0.140	0.139	0.138	0.136	0.135	0.134	0.133	0.132	0.131
250	0.130	—	—	—	—	—	—	—	—	—

附表4.2　b类截面的轴心受压构件的稳定系数 φ

$\lambda\sqrt{\dfrac{f_y}{235}}$	0	1	2	3	4	5	6	7	8	9
0	1.000	1.000	1.000	0.999	0.999	0.998	0.997	0.996	0.995	0.994
10	0.992	0.991	0.989	0.987	0.985	0.983	0.981	0.978	0.976	0.973
20	0.970	0.967	0.963	0.960	0.957	0.953	0.950	0.946	0.943	0.939
30	0.936	0.932	0.929	0.925	0.922	0.918	0.914	0.910	0.906	0.903
40	0.899	0.895	0.891	0.887	0.882	0.878	0.874	0.870	0.865	0.861
50	0.856	0.852	0.847	0.842	0.838	0.833	0.828	0.823	0.818	0.813
60	0.807	0.802	0.797	0.791	0.786	0.780	0.774	0.769	0.763	0.757
70	0.751	0.745	0.739	0.732	0.726	0.720	0.714	0.707	0.701	0.694
80	0.688	0.681	0.675	0.668	0.661	0.655	0.648	0.641	0.625	0.628
90	0.621	0.614	0.608	0.601	0.594	0.588	0.581	0.575	0.568	0.561
100	0.555	0.549	0.542	0.536	0.529	0.523	0.517	0.511	0.505	0.499
110	0.493	0.487	0.481	0.475	0.470	0.464	0.458	0.453	0.447	0.442
120	0.437	0.432	0.426	0.421	0.416	0.411	0.406	0.402	0.397	0.392
130	0.387	0.383	0.378	0.374	0.370	0.365	0.361	0.357	0.353	0.349
140	0.345	0.341	0.337	0.333	0.329	0.326	0.322	0.318	0.315	0.311
150	0.308	0.304	0.301	0.298	0.295	0.291	0.288	0.285	0.282	0.279
160	0.276	0.273	0.270	0.267	0.265	0.262	0.259	0.256	0.254	0.251
170	0.249	0.246	0.244	0.241	0.239	0.236	0.234	0.232	0.229	0.227
180	0.225	0.223	0.220	0.218	0.216	0.214	0.212	0.210	0.208	0.206
190	0.204	0.202	0.200	0.198	0.197	0.195	0.193	0.191	0.190	0.188
200	0.186	0.184	0.183	0.181	0.180	0.178	0.176	0.175	0.173	0.172
210	0.170	0.169	0.167	0.166	0.165	0.163	0.162	0.160	0.159	0.158
220	0.156	0.155	0.154	0.153	0.151	0.150	0.149	0.148	0.146	0.145
230	0.144	0.143	0.142	0.141	0.140	0.138	0.137	0.136	0.135	0.134
240	0.133	0.132	0.131	0.130	0.129	0.128	0.127	0.126	0.125	0.124
250	0.123	—	—	—	—	—	—	—	—	—

附表4.3　c类截面的轴心受压构件的稳定系数 φ

$\lambda\sqrt{\dfrac{f_y}{235}}$	0	1	2	3	4	5	6	7	8	9
0	1.000	1.000	1.000	0.999	0.999	0.998	0.997	0.996	0.995	0.993
10	0.992	0.990	0.988	0.986	0.983	0.981	0.978	0.976	0.973	0.970

$\lambda\sqrt{\dfrac{f_y}{235}}$	0	1	2	3	4	5	6	7	8	9
20	0.996	0.959	0.953	0.947	0.940	0.934	0.928	0.921	0.915	0.909
30	0.902	0.896	0.890	0.884	0.877	0.871	0.865	0.858	0.852	0.846
40	0.839	0.833	0.826	0.820	0.814	0.807	0.801	0.794	0.788	0.781
50	0.775	0.768	0.762	0.755	0.748	0.742	0.735	0.729	0.722	0.715
60	0.709	0.702	0.695	0.689	0.682	0.676	0.669	0.662	0.656	0.649
70	0.973	0.636	0.629	0.623	0.616	0.610	0.604	0.597	0.591	0.584
80	0.578	0.572	0.566	0.559	0.553	0.547	0.541	0.535	0.529	0.523
90	0.517	0.511	0.505	0.500	0.494	0.488	0.483	0.477	0.472	0.467
100	0.463	0.458	0.454	0.449	0.445	0.441	0.436	0.432	0.428	0.423
110	0.419	0.415	0.411	0.407	0.403	0.399	0.395	0.391	0.387	0.383
120	0.379	0.375	0.371	0.367	0.364	0.360	0.356	0.353	0.349	0.346
130	0.342	0.339	0.335	0.332	0.328	0.325	0.322	0.319	0.315	0.312
140	0.309	0.306	0.303	0.300	0.297	0.294	0.291	0.288	0.285	0.282
150	0.280	0.277	0.274	0.271	0.269	0.266	0.264	0.261	0.258	0.256
160	0.254	0.251	0.249	0.246	0.244	0.242	0.239	0.237	0.235	0.233
170	0.230	0.228	0.226	0.224	0.222	0.220	0.218	0.216	0.214	0.212
180	0.210	0.208	0.206	0.205	0.203	0.201	0.199	0.197	0.196	0.194
190	0.192	0.190	0.189	0.187	0.186	0.184	0.182	0.181	0.179	0.178
200	0.176	0.175	0.173	0.172	0.170	0.169	0.168	0.166	0.165	0.163
210	0.162	0.161	0.159	0.158	0.157	0.156	0.154	0.153	0.152	0.151
220	0.150	0.148	0.147	0.146	0.145	0.144	0.143	0.142	0.140	0.139
230	0.138	0.137	0.136	0.135	0.134	0.133	0.132	0.131	0.130	0.129
240	0.128	0.127	0.126	0.125	0.124	0.124	0.123	0.122	0.121	0.120
250	0.119	—	—	—	—	—	—	—	—	—

附表 4.4 d 类截面的轴心受压构件的稳定系数 φ

$\lambda\sqrt{\dfrac{f_y}{235}}$	0	1	2	3	4	5	6	7	8	9
0	1.000	1.000	0.999	0.999	0.998	0.996	0.994	0.992	0.990	0.987
10	0.984	0.981	0.978	0.974	0.969	0.965	0.960	0.955	0.949	0.944
20	0.937	0.927	0.918	0.909	0.900	0.891	0.883	0.874	0.865	0.857
30	0.848	0.840	0.831	0.823	0.815	0.807	0.799	0.790	0.782	0.774
40	0.766	0.759	0.751	0.743	0.735	0.728	0.720	0.712	0.705	0.697
50	0.690	0.683	0.675	0.668	0.661	0.654	0.646	0.639	0.632	0.625

续表

$\lambda\sqrt{\dfrac{f_y}{235}}$	0	1	2	3	4	5	6	7	8	9
60	0.618	0.612	0.605	0.598	0.591	0.585	0.578	0.572	0.565	0.559
70	0.552	0.546	0.540	0.534	0.528	0.522	0.516	0.510	0.504	0.498
80	0.493	0.487	0.481	0.476	0.470	0.465	0.460	0.454	0.449	0.444
90	0.439	0.434	0.429	0.424	0.419	0.414	0.410	0.405	0.401	0.397
100	0.394	0.390	0.387	0.383	0.380	0.376	0.373	0.370	0.336	0.363
110	0.359	0.356	0.353	0.350	0.346	0.343	0.340	0.337	0.334	0.331
120	0.328	0.325	0.322	0.319	0.316	0.313	0.310	0.307	0.304	0.301
130	0.299	0.296	0.293	0.290	0.288	0.285	0.282	0.280	0.277	0.275
140	0.272	0.270	0.267	0.265	0.262	0.260	0.258	0.255	0.253	0.251
150	0.248	0.246	0.244	0.242	0.240	0.237	0.235	0.233	0.231	0.229
160	0.227	0.225	0.223	0.221	0.219	0.217	0.215	0.213	0.212	0.210
170	0.208	0.206	0.204	0.203	0.201	0.199	0.197	0.196	0.194	0.192
180	0.191	0.189	0.188	0.186	0.184	0.183	0.181	0.180	0.178	0.177
190	0.176	0.174	0.173	0.171	0.170	0.168	0.167	0.166	0.164	0.163
200	0.162	—	—	—	—	—	—	—	—	—

附录5 柱的计算长度系数

附表5.1 有侧移框架柱的计算长度数 μ

k_1 \ k_2	0	0.05	0.1	0.2	0.3	0.4	0.5	1	2	3	4	5	≥10
0	∞	6.02	4.46	3.42	3.01	2.78	2.64	2.33	2.17	2.11	2.08	2.07	2.03
0.05	6.02	4.16	3.47	2.86	2.58	2.42	2.31	2.07	1.94	1.90	1.87	1.86	1.83
0.1	4.46	3.47	3.01	2.56	2.33	2.20	2.11	1.90	1.79	1.75	1.73	1.72	1.70
0.2	3.42	2.86	2.56	2.23	2.05	1.94	1.87	1.70	1.60	1.57	1.55	1.54	1.52
0.3	3.01	2.58	2.33	2.05	1.90	1.80	1.74	1.58	1.49	1.46	1.45	1.44	1.42
0.4	2.78	2.42	2.20	1.94	1.80	1.71	1.65	1.50	1.42	1.39	1.37	1.37	1.35
0.5	2.64	2.31	2.11	1.87	1.74	1.65	1.59	1.45	1.37	1.34	1.32	1.32	1.30
1	2.33	2.07	1.90	1.70	1.58	1.50	1.45	1.32	1.24	1.21	1.20	1.19	1.17
2	2.17	1.94	1.79	1.60	1.49	1.42	1.37	1.24	1.16	1.14	1.12	1.12	1.10
3	2.11	1.90	1.75	1.57	1.46	1.39	1.34	1.21	1.14	1.11	1.10	1.09	1.07

k_1 k_2	0	0.05	0.1	0.2	0.3	0.4	0.5	1	2	3	4	5	≥10
4	2.08	1.87	1.73	1.55	1.45	1.37	1.32	1.20	1.12	1.10	1.08	1.08	1.06
5	2.07	1.86	1.72	1.54	1.44	1.37	1.32	1.19	1.12	1.09	1.08	1.07	1.05
≥10	2.03	1.83	1.70	1.52	1.42	1.35	1.30	1.17	1.10	1.07	1.06	1.05	1.03

注：①表中的计算长度系数 μ 值按下式算得：$\left[36k_1k_2 - \left(\dfrac{\pi}{\mu}\right)^2\right]\sin\dfrac{\pi}{\mu} + 6(k_1 + k_2)\dfrac{\pi}{\mu}\cdot\cos\dfrac{\pi}{\mu} = 0$

式中，k_1，k_2 分别为相交于柱上端、柱下端的横梁线刚度之和与柱线刚度之和的比值。当横梁远端为铰接时，应将横梁线刚度乘以 0.5；当横梁远端为嵌固时，则应乘以 2/3。

②当横梁与柱铰接时，取横梁线刚度为零。

③对底层框架柱，当柱与基础铰接时，取 $k_2 = 0$（对平板支座可取 $k_2 = 0.1$）；当柱与基础刚接时，取 $k_2 = 10$。

附表 5.2　无侧移框架柱的计算长度系数 μ

k_1 k_2	0	0.05	0.1	0.2	0.3	0.4	0.5	1	2	3	4	5	≥10
0	1.000	0.990	0.981	0.964	0.949	0.935	0.922	0.875	0.820	0.791	0.773	0.760	0.732
0.05	0.990	0.981	0.971	0.955	0.940	0.926	0.914	0.867	0.814	0.784	0.766	0.754	0.726
0.1	0.981	0.971	0.962	0.946	0.931	0.918	0.906	0.860	0.807	0.778	0.760	0.748	0.721
0.2	0.964	0.955	0.946	0.930	0.916	0.903	0.891	0.846	0.795	0.767	0.749	0.737	0.711
0.3	0.949	0.940	0.931	0.916	0.902	0.889	0.878	0.834	0.784	0.756	0.739	0.728	0.701
0.4	0.935	0.926	0.918	0.903	0.889	0.877	0.866	0.823	0.774	0.747	0.730	0.719	0.693
0.5	0.922	0.914	0.906	0.891	0.878	0.866	0.855	0.813	0.765	0.738	0.721	0.710	0.685
1	0.875	0.867	0.860	0.846	0.834	0.823	0.813	0.774	0.729	0.704	0.688	0.677	0.654
2	0.820	0.814	0.807	0.795	0.784	0.774	0.765	0.729	0.686	0.663	0.648	0.638	0.615
3	0.791	0.784	0.778	0.767	0.756	0.747	0.738	0.704	0.663	0.640	0.625	0.616	0.593
4	0.773	0.766	0.760	0.749	0.739	0.730	0.721	0.688	0.648	0.625	0.611	0.601	0.580
5	0.760	0.754	0.748	0.737	0.728	0.719	0.710	0.677	0.638	0.616	0.601	0.592	0.570
≥10	0.732	0.726	0.721	0.711	0.701	0.693	0.685	0.654	0.615	0.593	0.580	0.570	0.549

注：①表中的计算长度系数 μ 值按下式算得：

$$\left[\left(\dfrac{\pi}{\mu}\right)^2 + 2(k_1 + k_2) - 4k_1k_2\right]\dfrac{\pi}{\mu}\cdot\sin\dfrac{\pi}{\mu} - 2\left[(k_1 + k_2)\left(\dfrac{\pi}{\mu}\right)^2 + 4k_1k_2\right]\cos\dfrac{\pi}{\mu} + 8k_1k_2 = 0$$

式中，k_1，k_2 分别为相交于柱上端、柱下端的横梁线刚度之和与柱线刚度之和的比值。当横梁远端为铰接时，应将横梁线刚度乘以 1.5；当横梁远端为嵌固时，则应乘以 2.0。

②当横梁与柱铰接时，取横梁线刚度为零。

③对底层框架柱，当柱与基础铰接时，取 $k_2 = 0$（对平板支座可取 $k_2 = 0.1$）；当柱与基础刚接时，取 $k_2 = 10$。

附表 5.3 柱上端为自由的单阶柱下段的计算长度系数 μ

简图		k_1	0.06	0.08	0.10	0.12	0.14	0.16	0.18	0.20	0.22	0.24	0.26	0.28	0.3	0.4	0.5	0.6	0.7	0.8
		η_1																		
		0.2	2.00	2.01	2.01	2.01	2.01	2.01	2.01	2.02	2.02	2.02	2.02	2.02	2.02	2.03	2.04	2.05	2.06	2.07
		0.3	2.01	2.02	2.02	2.02	2.03	2.03	2.03	2.04	2.04	2.05	2.05	2.05	2.06	2.08	2.10	2.12	2.13	2.15
		0.4	2.02	2.03	2.04	2.04	2.05	2.06	2.07	2.07	2.08	2.09	2.09	2.10	2.11	2.14	2.18	2.21	2.25	2.28
		0.5	2.04	2.05	2.06	2.07	2.09	2.10	2.11	2.12	2.13	2.15	2.16	2.17	2.18	2.24	2.29	2.35	2.40	2.45
		0.6	2.06	2.08	2.10	2.12	2.14	2.16	2.18	2.19	2.21	2.23	2.25	2.26	2.28	2.36	2.44	2.52	2.59	2.66
		0.7	2.10	2.13	2.16	2.18	2.21	2.24	2.26	2.29	2.31	2.34	2.36	2.38	2.41	2.52	2.62	2.72	2.81	2.90
		0.8	2.15	2.20	2.24	2.27	2.31	2.34	2.38	2.41	2.44	2.47	2.50	2.53	2.56	2.70	2.82	2.94	3.06	3.16
		0.9	2.24	2.29	2.35	2.39	2.44	2.48	2.52	2.56	2.60	2.63	2.67	2.71	2.74	2.90	3.05	3.19	3.32	3.44
		1.0	2.36	2.43	2.48	2.54	2.59	2.64	2.69	2.73	2.77	2.82	2.86	2.90	2.94	3.12	3.29	3.45	3.59	3.74
		1.2	2.69	2.76	2.83	2.89	2.95	3.01	3.07	3.12	3.17	3.22	3.27	3.32	3.37	3.59	3.80	3.99	4.17	4.34
		1.4	3.07	3.14	3.22	3.29	3.36	3.42	3.48	3.55	3.61	3.66	3.72	3.78	3.83	4.09	4.33	4.56	4.77	4.97
		1.6	3.47	3.55	3.63	3.71	3.78	3.85	3.92	3.99	4.07	4.12	4.18	4.25	4.31	4.61	4.88	5.14	5.38	5.62
		1.8	3.88	3.97	4.05	4.13	4.21	4.29	4.37	4.44	4.52	4.59	4.66	4.73	4.80	5.13	5.44	5.73	6.00	6.26
		2.0	4.29	4.39	4.48	4.57	4.65	4.74	4.82	4.90	4.99	5.07	5.14	5.22	5.30	5.66	6.00	6.32	6.63	6.92
		2.2	4.71	4.81	4.91	5.00	5.10	5.19	5.28	5.37	5.46	5.54	5.63	5.71	5.80	6.19	6.57	6.92	7.26	7.58
		2.4	5.13	5.24	5.34	5.44	5.54	5.64	5.74	5.84	5.93	6.03	6.12	6.21	6.30	6.73	7.14	7.52	7.89	8.24
		2.6	5.55	5.66	5.77	5.88	5.99	6.10	6.20	6.31	6.41	6.51	6.61	6.71	6.80	7.27	7.71	8.13	8.52	8.90
		2.8	5.97	6.09	6.21	6.33	6.44	6.55	6.67	6.78	6.89	6.99	7.10	7.21	7.31	7.81	8.28	8.73	9.16	9.57
		3.0	6.39	6.52	6.64	6.77	6.89	7.01	7.13	7.25	7.37	7.48	7.59	7.71	7.82	8.35	8.86	9.34	9.80	10.24

注:表中的计算长度系数 μ 值按下式计算:$\eta_1 k_1 \tan\dfrac{\pi}{\mu} \tan\dfrac{\pi\eta_1}{\mu} - 1 = 0$,$k_1 = \dfrac{I_1}{I_2} \cdot \dfrac{H_2}{H_1}$,$\eta_1 = \dfrac{H_1}{H_2}\sqrt{\dfrac{N_1}{N_2}\cdot\dfrac{I_2}{I_1}}$。$N_1$——上段柱的轴心力,$N_2$——下段柱的轴心力。

附表 5.4　柱上端可移动但不转动的单阶柱下段的计算长度系数 μ

简 图	k_1 / η_1	0.8	0.7	0.6	0.5	0.4	0.3	0.28	0.26	0.24	0.22	0.20	0.18	0.16	0.14	0.12	0.10	0.08	0.06
	0.2	1.62	1.65	1.68	1.72	1.76	1.81	1.82	1.83	1.84	1.85	1.86	1.88	1.89	1.90	1.91	1.93	1.94	1.96
	0.3	1.63	1.66	1.70	1.73	1.77	1.82	1.83	1.84	1.85	1.86	1.87	1.88	1.89	1.91	1.92	1.93	1.94	1.96
	0.4	1.66	1.68	1.72	1.75	1.79	1.83	1.84	1.85	1.86	1.87	1.88	1.89	1.90	1.91	1.92	1.94	1.95	1.96
	0.5	1.69	1.71	1.74	1.77	1.81	1.85	1.85	1.86	1.87	1.88	1.89	1.90	1.91	1.92	1.93	1.94	1.95	1.96
	0.6	1.73	1.75	1.78	1.80	1.83	1.87	1.87	1.88	1.89	1.90	1.90	1.91	1.92	1.93	1.94	1.95	1.96	1.97
	0.7	1.78	1.80	1.82	1.84	1.86	1.89	1.90	1.90	1.91	1.92	1.92	1.93	1.94	1.94	1.95	1.96	1.97	1.97
	0.8	1.84	1.86	1.87	1.88	1.90	1.92	1.93	1.93	1.93	1.94	1.94	1.95	1.95	1.96	1.96	1.97	1.98	1.98
	0.9	1.92	1.92	1.93	1.94	1.95	1.96	1.96	1.96	1.96	1.97	1.97	1.97	1.97	1.98	1.98	1.98	1.99	1.99
	1.0	2.00	2.00	2.00	2.00	2.00	2.00	2.00	2.00	2.00	2.00	2.00	2.00	2.00	2.00	2.00	2.00	2.00	2.00
	1.2	2.20	2.18	2.17	2.15	2.13	2.11	2.10	2.10	2.09	2.08	2.08	2.07	2.07	2.06	2.05	2.04	2.04	2.03
	1.4	2.42	2.40	2.37	2.33	2.29	2.24	2.23	2.22	2.21	2.20	2.18	2.17	2.16	2.14	2.12	2.11	2.09	2.07
	1.6	2.67	2.63	2.59	2.54	2.48	2.41	2.39	2.37	2.36	2.34	2.32	2.30	2.27	2.25	2.22	2.19	2.16	2.13
	1.8	2.93	2.88	2.83	2.76	2.69	2.59	2.57	2.55	2.53	2.50	2.48	2.45	2.42	2.39	2.35	2.31	2.27	2.22
	2.0	3.20	3.14	3.08	3.00	2.91	2.80	2.77	2.75	2.72	2.69	2.66	2.62	2.59	2.55	2.50	2.46	2.41	2.35
	2.2	3.47	3.41	3.33	3.25	3.14	3.01	2.98	2.95	2.92	2.89	2.85	2.81	2.77	2.73	2.68	2.63	2.57	2.51
	2.4	3.75	3.68	3.59	3.50	3.38	3.24	3.20	3.17	3.13	3.09	3.05	3.01	2.97	2.92	2.88	2.81	2.75	2.68
	2.6	4.03	3.95	3.86	3.75	3.62	3.46	3.43	3.39	3.35	3.31	3.27	3.22	3.17	3.12	3.06	3.00	2.94	2.87
	2.8	4.32	4.23	4.13	4.01	3.87	3.70	3.66	3.62	3.58	3.53	3.48	3.43	3.38	3.33	3.27	3.20	3.14	3.06
	3.0	4.61	4.51	4.40	4.27	4.12	3.93	3.89	3.85	3.80	3.75	3.70	3.65	3.60	3.54	3.47	3.41	3.34	3.26

注：表中的计算长度系数 μ 值按下式计算：$\tan\dfrac{\pi\eta_1}{\mu} + \eta_1 k_1 \tan\dfrac{\pi}{\mu} = 0$，$k_1 = \dfrac{I_1}{I_2}\cdot\dfrac{H_2}{H_1}$，$\eta_1 = \dfrac{H_1}{H_2}\sqrt{\dfrac{N_1}{N_2}\cdot\dfrac{I_2}{I_1}}$。$N_1$——上段柱的轴心力，$N_2$——下段柱的轴心力。

附录6　疲劳计算的构件和连接分类

项次	简　图	说　明	类别
1		无连接处的主体金属 （1）轧制型钢 （2）钢板 　　a. 两边为轧制边或刨边 　　b. 两侧为自动、半自动切割边［切割质量标准应符合《钢结构工程施工质量验收规范》］（GB 50205—2001）	1 1 2
2		横向对接焊缝附近的金属 （1）符合《钢结构工程施工质量验收规范》（GB 50205—2001）的一级焊缝 （2）经加工、磨平的一级焊缝	3 2
3		不同厚度（或宽度）横向对接焊缝附近的主体金属、焊缝加工成平滑过渡并符合一级焊缝标准	2
4		纵向对接焊缝附近的金属、焊缝符合二级焊缝标准	2
5		翼缘连接焊缝附近的金属 （1）翼缘板与腹板的连接金属 　　a. 自动焊、二级焊缝 　　b. 自动焊、三级焊缝，外观缺陷符合二级 　　c. 手工焊、三级焊缝，外观缺陷符合二级 （2）双层翼缘板之间的连接焊缝 　　a. 自动焊、三级焊缝，外观缺陷符合二级 　　b. 手工焊、三级焊缝，外观缺陷符合二级	 2 3 4 3 4
6		横向加劲肋端部附近的主体金属 （1）肋端不断弧（采用回焊） （2）肋端断弧	4 5
7		梯形节点板用对接焊缝焊于梁翼缘、腹板以及桁架构件处的主体金属，过渡处在焊后铲平、磨光、圆滑过渡，不得有焊接起弧、灭弧缺陷	5

项次	简 图	说 明	类别
8		矩形节点板焊接与构件翼缘或腹板处的主体金属,$l > 152$ mm	7
9		翼缘板中断处的主体金属(板端有正面焊缝)	7
10		向正面角焊缝过渡的主体金属	6
11		两侧面角焊缝连接端部的主体金属	8
12		三面围焊的角焊缝端部主体金属	7
13		三面围焊或两侧面角焊缝连接的节点板主体金属(节点板计算宽度按应力扩散角 $\theta = 30°$ 考虑)	7
14		K形对接焊缝处的主体金属,两板轴线偏离小于 $0.15t$,焊缝为二级,焊趾角 $\alpha \leqslant 45°$	5
15		十字接头角焊缝处的主体金属,两板轴线偏离小于 $0.15t$	7
16	角焊缝	按有效截面确定的剪应力幅计算	8

续表

项次	简 图	说 明	类别
17		铆钉连接处的主体金属	3
18		连系螺栓和虚孔处的主体金属	3
19		高强度螺栓摩擦型连接处的主体金属	2

注:①所有对接焊缝均需焊透。所有焊缝的外形尺寸均应符合现行国家标准《钢结构焊缝外形尺寸》的规定。

②角焊缝应符合现行《钢结构设计标准》(GB 50017—2017)第8.2.7和第8.2.8条的要求。

③项次16中的剪应力幅 $\Delta\tau = \tau_{max} - \tau_{min}$,其中 τ_{max} 的正值为:与 τ_{max} 同方向时,取正值;与 τ_{max} 反方向时,取负值。

④第17、18项中的应力应以净截面面积计算,第19项应以毛截面面积计算。

附录7 型钢表

附表7.1 普通工字钢
工字钢截面尺寸、截面面积、理论重量及截面特性

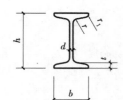

h—高度; b—腿宽度;

d—腰厚度; t—腿中间厚度;

r—内圆弧半径; r_1—腿端圆弧半径

型号	截面尺寸/mm						截面面积/cm²	理论重量/(kg·m⁻¹)	外表面积/(m²·m⁻¹)	惯性矩/cm⁴		惯性半径/cm		截面模数/cm³	
	h	b	d	t	r	r_1				I_x	I_y	i_x	i_y	W_x	W_y
10	100	68	4.5	7.6	6.5	3.3	14.33	11.3	0.432	245	33.0	4.14	1.52	49.0	9.72
12	120	74	5.0	8.4	7.0	3.5	17.80	14.0	0.493	436	46.9	4.95	1.62	72.7	12.7
12.6	126	74	5.0	8.4	7.0	3.5	18.10	14.2	0.505	488	46.9	5.20	1.61	77.5	12.7

型号	截面尺寸/mm						截面面积/cm²	理论重量/(kg·m⁻¹)	外表面积/(m²·m⁻¹)	惯性矩/cm⁴		惯性半径/cm		截面模数/cm³	
	h	b	d	t	r	r_1				I_x	I_y	i_x	i_y	W_x	W_y
14	140	80	5.5	9.1	7.5	3.8	21.50	16.9	0.553	712	64.4	5.76	1.73	102	16.1
16	160	88	6.0	9.9	8.0	4.0	26.11	20.5	0.621	1 130	93.1	6.58	1.89	141	21.2
18	180	94	6.5	10.7	8.5	4.3	30.74	24.1	0.681	1 660	122	7.36	2.00	185	26.0
20a	200	100	7.0	11.4	9.0	4.5	35.55	27.9	0.742	2 370	158	8.15	2.12	237	31.5
20b	200	102	9.0	11.4	9.0	4.5	39.55	31.1	0.746	2 500	169	7.96	2.06	250	33.1
22a	220	110	7.5	12.3	9.5	4.8	42.10	33.1	0.817	3 400	225	8.99	2.31	309	40.9
22b	220	112	9.5	12.3	9.5	4.8	46.50	36.5	0.821	3 570	239	8.78	2.27	325	42.7
24a	240	116	8.0	13.0	10.0	5.0	47.71	37.5	0.878	4 570	280	9.77	2.42	381	48.4
24b	240	118	10.0	13.0	10.0	5.0	52.51	41.2	0.882	4 800	297	9.57	2.38	400	50.4
25a	250	116	8.0	13.0	10.0	5.0	48.51	38.1	0.898	5 020	280	10.2	2.40	402	48.3
25b	250	118	10.0	13.0	10.0	5.0	53.51	42.0	0.902	5 280	309	9.94	2.40	423	52.4
27a	270	122	8.5	13.7	10.5	5.3	54.52	42.8	0.958	6 550	345	10.9	2.51	485	56.6
27b	270	124	10.5	13.7	10.5	5.3	59.92	47.0	0.962	6 870	366	10.7	2.47	509	58.9
28a	280	122	8.5	13.7	10.5	5.3	55.37	43.5	0.978	7 110	345	11.3	2.50	508	56.6
28b	280	124	10.5	13.7	10.5	5.3	60.97	47.9	0.982	7 480	379	11.1	2.49	534	61.2
30a	300	126	9.0	14.4	11.0	5.5	61.22	48.1	1.031	8 950	400	12.1	2.55	597	63.5
30b	300	128	11.0	14.4	11.0	5.5	67.22	52.8	1.035	9 400	422	11.8	2.50	627	65.9
30c	300	130	13.0	14.4	11.0	5.5	73.22	57.5	1.039	9 850	445	11.6	2.46	657	68.5
32a	320	130	9.5	15.0	11.5	5.8	67.12	52.7	1.084	11 100	460	12.8	2.62	692	70.8
32b	320	132	11.5	15.0	11.5	5.8	73.52	57.7	1.088	11 600	502	12.6	2.61	726	76.0
32c	320	134	13.5	15.0	11.5	5.8	79.92	62.7	1.092	12 200	544	12.3	2.61	760	81.2
36a	360	136	10.0	15.8	12.0	6.0	76.44	60.0	1.185	15 800	552	14.4	2.69	875	81.2
36b	360	138	12.0	15.8	12.0	6.0	83.64	65.7	1.189	16 500	582	14.1	2.64	919	84.3
36c	360	140	14.0	15.8	12.0	6.0	90.84	71.3	1.193	17 300	612	13.8	2.60	962	87.4
40a	400	142	10.5	16.5	12.5	6.3	86.07	67.6	1.285	21 700	660	15.9	2.77	1 090	93.2
40b	400	144	12.5	16.5	12.5	6.3	94.07	73.8	1.289	22 800	692	15.6	2.71	1 140	96.2
40c	400	146	14.5	16.5	12.5	6.3	102.1	80.1	1.293	23 900	727	15.2	2.65	1 190	99.6

续表

型号	截面尺寸/mm						截面面积/cm²	理论重量/(kg·m⁻¹)	外表面积/(m²·m⁻¹)	惯性矩/cm⁴		惯性半径/cm		截面模数/cm³	
	h	b	d	t	r	r_1				I_x	I_y	i_x	i_y	W_x	W_y
45a		150	11.5				102.4	80.4	1.411	32 200	855	17.7	2.89	1 430	114
45b	450	152	13.5	18.0	13.5	6.8	111.4	87.4	1.415	33 800	894	17.4	2.84	1 500	118
45c		154	15.5				120.4	94.5	1.419	35 300	938	17.1	2.79	1 570	122
50a		158	12.0				119.2	93.6	1.539	46 500	1 120	19.7	3.07	1 860	142
50b	500	160	14.0	20.0	14.0	7.0	129.2	101	1.543	48 600	1 170	19.4	3.01	1 940	146
50c		162	16.0				139.2	109	1.547	50 600	1 220	19.0	2.96	2 080	151
55a		166	12.5				134.1	105	1.667	62 900	1 370	21.6	3.19	2 290	164
55b	550	168	14.5				145.1	114	1.671	65 600	1 420	21.2	3.14	2 390	170
55c		170	16.5	21.0	14.5	7.3	156.1	123	1.675	68 400	1 480	20.9	3.08	2 490	175
56a		166	12.5				135.4	106	1.687	65 600	1 370	22.0	3.18	2 340	165
56b	560	168	14.5				146.6	115	1.691	68 500	1 490	21.6	3.16	2 450	174
56c		170	16.5				157.8	124	1.695	71 400	1 560	21.3	3.16	2 550	183
63a		176	13.0				154.6	121	1.862	93 900	1 700	24.5	3.31	2 980	193
63b	630	178	15.0	22.0	15.0	7.5	167.2	131	1.866	98 100	1 810	24.2	3.29	3 160	204
63c		180	17.0				179.8	141	1.870	102 000	1 920	23.8	3.27	3 300	214

注:表中 r,r_1 的数据用于孔型设计,不作交货条件。

附表 7.2　H型钢和 T型钢

符号：　h—H型钢截面高度；b—翼缘宽度；
　　　　t₁—腹板厚度；t₂—翼缘厚度；W—截面模量；
　　　　i—回转半径；S—半截面的静力矩；I—惯性矩
对 T型钢：截面面积 A_T，质量 q_T，截面高度 h_T，惯性矩 I_{YT} 等于相应 H型钢的 1/2。
HW，HM，HN 分别代表宽翼缘、中翼缘、窄翼缘 H型钢；TW，TM，TN 分别代表各自 H型钢剖分的 T型钢。

类别	H型钢规格 ($h \times b \times t_1 \times t_2$)	截面积 A cm²	质量 q kg/m	x—x 轴 I_x cm⁴	W_x cm²	i_x cm	y—y 轴 I_y cm⁴	W_y cm⁴	i_y,i_{yT} cm	重心 C_x cm	X_T—X_T 轴 I_{xT} cm⁴	i_{xT} cm	T型钢规格 ($h_T \times b \times t_1 \times t_2$)	类别
HW	100×100×6×8	21.90	17.2	383	76.50	04.18	134.0	26.70	2.47	1.00	16.10	1.21	50×100×6×8	TW
	125×125×6.5×9	30.31	23.8	847	136	5.29	294	47.0	3.11	1.19	35.0	1.52	62.5×125×6.5×9	
	150×150×7×10	40.55	31.9	1 660	221	6.39	564	75.1	3.73	1.37	66.4	1.81	75×150×7×10	
	175×175×7.5×11	51.43	40.3	2 900	331	7.50	984	112	4.37	1.55	115	2.11	87.5×175×7.5×11	
	200×200×8×12	64.28	50.5	4 770	477	8.61	1 600	160	4.99	1.73	185	2.40	100×200×8×12	
	#200×204×12×12	72.28	56.7	5 030	503	8.35	1 700	167	4.85	2.09	256	2.66	#100×204×12×12	
	250×250×9×14	92.18	72.4	10 800	867	10.8	3 650	292	6.29	2.08	412	2.99	125×250×9×14	
	#250×255×14×14	104.7	82.2	11 500	919	10.5	3 880	304	6.09	2.58	589	3.36	#250×255×14×14	
	#294×302×12×12	108.3	85.0	17 000	1 160	12.5	5 520	365	7.14	2.83	858	3.98	#147×302×12×12	
	300×300×10×15	120.4	94.5	20 500	1 370	13.1	6 760	450	7.49	2.47	798	3.64	150×300×10×15	
	300×305×15×15	135.4	106	21 600	1 440	12.6	7 100	466	7.24	3.02	1 110	4.05	150×305×15×15	
	#344×348×10×16	146.0	115	33 300	1 940	15.1	11 200	646	8 078	2.67	1 230	4.11	#172×348×10×16	
	350×350×12×19	173.9	137	40 300	2 300	15.2	13 600	776	8.84	2.86	1 520	4.18	175×350×12×19	

续表

类别	H型钢规格 $(h \times b \times t_1 \times t_2)$	截面积 A cm²	质量 q kg/m	I_x cm⁴	W_x cm²	i_x cm	I_y cm²	W_y cm⁴	i_y, i_{yT} cm	重心 C_x cm	I_{xT} cm⁴	i_{xT} cm	T型钢规格 $(h_T \times b \times t_1 \times t_2)$	类别
				x—x轴			y—y轴				X_T—X_T轴			
HW	#388×402×15×15	179.2	141	49 200	2 540	16.6	16 300	809	9.52	3.69	2 480	5.26	#194×402×15×15	TW
	#394×398×11×18	187.6	147	56 400	2 860	17.3	18 900	951	10.0	3.01	2 050	4.67	#197×398×11×18	
	400×400×13×21	219.5	172	66 900	3 340	17.5	22 400	1 120	10.1	3.21	2 480	4.75	200×400×13×21	
	#400×408×21×21	251.5	197	71 100	3 560	16.8	23 800	1 170	9.73	4.07	3 650	5.39	#200×408×21×21	
	#414×405×18×28	296.2	233	93 000	4 490	17.7	31 000	1 530	10.2	3.68	3 620	4.95	#207×405×18×28	
	#428×407×20×35	361.4	284	119 000	5 580	18.2	39 400	1 930	10.4	3.90	4 380	4.92	#214×407×20×35	
HM	148×100×6×9	27.25	21.4	1 040	140	6.17	151	30.2	2.35	1.55	51.7	1.95	74×100×6×9	HM
	194×150×6×9	39.76	31.2	2 740	283	8.30	508	67.7	3.57	1.78	125	2.50	97×150×6×9	
	244×175×7×11	56.24	44.1	6 120	502	10.4	985	113	4.18	2.27	289	3.20	122×175×7×11	
	294×200×8×12	73.03	57.3	11 400	779	12.5	1 600	160	4.69	2.82	572	3.69	147×200×8×12	
	340×250×9×14	101.5	79.7	21 700	1 280	14.6	3 650	292	6.00	3.09	1 020	4.48	170×250×9×14	
	390×300×10×16	136.7	107	38 900	2 000	16.9	7 210	481	7.26	3.40	1 730	5.03	195×300×10×16	
	440×300×11×18	157.4	124	56 100	2 550	18.9	8 110	541	7.18	4.05	2 680	5.84	220×300×11×18	
	482×300×11×15	146.4	115	60 800	2 520	20.4	6 770	451	6.80	4.90	3 420	6.83	241×300×11×15	
	488×300×11×18	164.4	129	71 400	2 930	20.8	8 120	541	7.03	4.65	3 620	6.64	244×300×11×18	
	582×300×12×17	174.5	137	103 000	3 530	24.3	7 670	511	6.63	6.39	6 360	8.54	291×300×12×17	
	588×300×12×20	192.5	151	118 000	4 020	24.8	9 020	601	6.85	6.08	6 710	8.35	294×300×12×20	
	#594×302×14×23	222.4	175	137 000	4 620	24.9	10 600	701	6.90	6.33	7 920	8.44	#297×302×14×23	

TN												HN
50×50×5×7	1.40	11.9	1.27	1.11	5.96	14.9	3.98	38.5	192	9.54	12.16	100×50×5×7
62.5×60×6×8	1.80	37.5	1.63	1.31	9.75	29.3	4.95	66.8	417	13.3	17.01	125×60×6×8
75×75×5×7	2.17	42.7	1.78	1.65	13.2	49.6	6.12	90.6	679	14.3	18.16	150×75×5×7
87.5×90×5×8	2.47	70.7	1.92	2.05	21.7	97.6	7.26	140	1 220	18.2	23.21	175×90×5×8
99×99×4.5×7	2.82	94.0	2.13	2.20	23.0	114	8.27	163	1 610	18.5	23.59	198×99×4.5×7
100×100×5.5×8	2.88	115	2.27	2.21	26.8	134	8.25	188	1 880	21.7	27.57	200×100×5.5×8
124×124×5×8	3.56	208	2.62	2.78	41.1	255	10.4	287	3 560	25.8	32.89	248×124×5×8
125×125×6×9	3.62	249	2.78	2.79	47.0	294	10.4	326	4 080	29.7	37.87	250×125×6×9
149×149×5.5×8	4.36	395	3.22	3.26	59.4	443	12.4	433	6 460	32.6	41.55	298×149×5.5×8
150×150×6.5×9	4.42	465	3.38	3.27	67.7	508	12.4	490	7 350	37.3	47.53	300×150×6.5×9
173×174×6×9	5.06	681	3.68	3.86	91.0	792	14.5	649	11 200	41.8	53.19	346×174×6×9
175×175×7×11	5.06	816	3.74	3.93	113	985	14.7	782	13 700	50.0	63.66	350×175×7×11
—	—	—	—	3.21	97.9	734	16.3	942	18 800	55.8	71.12	#400×150×8×13
198×199×7×11	5.76	1 190	4.17	4.48	145	1 450	16.7	1 010	20 000	56.7	72.16	396×199×7×11
200×200×9×14	5.76	1 400	4.23	4.54	174	1 740	16.8	1 190	23 700	66.0	84.12	400×200×8×13
				3.08	106	793	18.0	1 200	27 100	65.5	83.41	#450×150×9×14
223×199×8×12	6.65	1 880	5.07	4.31	159	1 580	18.5	1 300	29 000	66.7	84.95	446×199×8×12
225×200×9×14	6.66	2 160	5.13	4.38	187	1 870	18.6	1 500	33 700	76.5	97.41	450×200×9×14

续表

类别	H型钢规格 ($h \times b \times t_1 \times t_2$)	截面积 A (cm²)	质量 q (kg/m)	x—x轴			y—y轴		H和T	重心 C_x (cm)	X_T—X_T轴		T型钢规格 ($h_T \times b \times t_1 \times t_2$)	类别
				I_x (cm⁴)	W_x (cm²)	i_x (cm)	I_y (cm²)	W_y (cm⁴)	i_y, i_{yT} (cm)		I_{xT} (cm⁴)	i_{xT} (cm)		
HN	#500×150×10×16	98.23	77.1	38 500	1 540	19.8	907	121	3.04	—	—	—	—	TN
	496×199×9×14	101.3	79.5	41 900	1 690	20.3	1 840	185	4.27	5.90	2 480	7.49	248×199×9×14	
	500×200×10×16	114.2	89.6	47 800	1 910	20.5	2 140	214	4.33	5.96	3 210	7.50	250×200×10×16	
	#506×201×11×19	131.3	103	56 500	2 230	20.8	2 580	257	4.43	5.95	3 670	7.48	#253×201×11×19	
	596×199×10×15	121.2	95.1	69 300	2 330	23.9	1 980	199	4.04	7.76	5 200	9.27	298×199×10×15	
	600×200×11×17	135.2	106	78 200	2 610	24.1	2 280	228	4.11	7.81	5 820	9.28	300×200×11×17	
	#606×201×12×20	153.3	120	91 000	3 000	24.4	2 720	271	4.21	7.76	6 580	9.26	#303×201×12×20	
	#692×300×13×20	211.5	166	172 000	4 980	28.6	9 020	602	6.53	—	—	—	—	
	700×300×13×24	235.5	185	201 000	5 760	29.3	10 800	722	6.78	—	—	—	—	

注：“#”表示的规格为常用规格。

附表7.3　普通槽钢
槽钢截面尺寸、截面面积、理论重量级截面特性

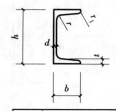

h—高度；　b—腿宽度；

d—腰厚度；　t—腿中间厚度；

r—内圆弧半径；　r_1—腿端圆弧半径

型号	截面尺寸/mm						截面面积 /cm²	理论重量 /(kg· m⁻¹)	外表面积 /(m²· m⁻¹)	惯性距 /cm⁴			惯性半径 /cm		截面模数 /cm³		重心距离 /cm
	h	b	d	t	r	r_1				I_x	I_y	I_{y1}	i_x	i_y	W_x	W_y	Z_0
5	50	37	4.5	7.0	7.0	3.5	6.925	5.44	0.226	26.0	8.30	20.9	1.94	1.10	10.4	3.55	1.35
6.3	63	40	4.8	7.5	7.5	3.8	8.446	6.63	0.262	50.8	11.9	28.4	2.45	1.19	16.1	4.50	1.36
6.5	65	40	4.3	7.5	7.5	3.8	8.292	6.51	0.267	55.2	12.0	28.3	2.54	1.19	17.0	4.59	1.38
8	80	43	5.0	8.0	8.0	4.0	10.24	8.04	0.307	101	16.6	37.4	3.15	1.27	25.3	5.79	1.43
10	100	48	5.3	8.5	8.5	4.2	12.74	10.0	0.365	198	25.6	54.9	3.95	1.41	39.7	7.80	1.52
12	120	53	5.5	9.0	9.0	4.5	15.36	12.1	0.423	346	37.4	77.7	4.75	1.56	57.7	10.2	1.62
12.6	126	53	5.5	9.0	9.0	4.5	15.69	12.3	0.435	391	38.0	77.1	4.95	1.57	62.1	10.2	1.59
14a	140	58	6.0	9.5	9.5	4.8	18.51	14.5	0.480	564	53.2	107	5.52	1.70	80.5	13.0	1.71
14b	140	60	8.0	9.5	9.5	4.8	21.31	16.7	0.484	609	61.1	121	5.35	1.69	87.1	14.1	1.67
16a	160	63	6.5	10.0	10.0	5.0	21.95	17.2	0.538	866	73.3	144	6.28	1.83	108	16.3	1.80
16b	160	65	8.5	10.0	10.0	5.0	25.15	19.8	0.542	935	83.4	161	6.10	1.82	117	17.6	1.75
18a	180	68	7.0	10.5	10.5	5.2	25.69	20.2	0.596	1 270	98.6	190	7.04	1.96	141	20.0	1.88
18b	180	70	9.0	10.5	10.5	5.2	29.29	23.0	0.600	1 370	111	210	6.84	1.95	152	21.5	1.84
20a	200	73	7.0	11.0	11.0	5.5	28.83	22.6	0.654	1 780	128	244	7.86	2.11	178	24.2	2.01
20b	200	75	9.0	11.0	11.0	5.5	32.83	25.8	0.658	1 910	144	268	7.64	2.09	191	25.9	1.95
22a	220	77	7.0	11.5	11.5	5.8	31.83	25.0	0.709	2 390	158	298	8.67	2.23	218	28.2	2.10
22b	220	79	9.0	11.5	11.5	5.8	36.23	28.5	0.713	2 570	176	326	8.42	2.21	234	30.1	2.03
24a	240	78	7.0	12.0	12.0	6.0	34.21	26.9	0.752	3 050	174	325	9.45	2.25	254	30.5	2.10
24b	240	80	9.0	12.0	12.0	6.0	39.01	30.6	0.756	3 280	194	355	9.17	2.23	274	32.5	2.03
24c	240	82	11.0	12.0	12.0	6.0	43.81	34.4	0.760	3 510	213	388	8.96	2.21	293	34.5	2.00
25a	250	78	7.0	12.0	12.0	6.0	34.91	27.4	0.772	3 370	176	322	9.82	2.24	270	30.6	2.07
25b	250	80	9.0	12.0	12.0	6.0	39.91	31.3	0.776	3 530	196	353	9.41	2.21	282	32.7	1.98
25c	250	82	11.0	12.0	12.0	6.0	44.91	35.3	0.780	3 690	218	384	9.07	2.21	295	35.9	1.92
27a	270	82	7.5	12.5	12.5	6.2	39.27	30.8	0.826	4 360	216	393	10.5	2.34	323	35.5	2.13
27b	270	84	9.5	12.5	12.5	6.2	44.67	35.1	0.830	4 690	239	428	10.3	2.31	347	37.7	2.06
27c	270	86	11.5	12.5	12.5	6.2	50.07	39.3	0.834	5 020	261	467	10.1	2.28	372	39.8	2.03
28a	280	82	7.5	12.5	12.5	6.2	40.02	31.4	0.846	4 760	218	388	10.9	2.33	340	35.7	2.10
28b	280	84	9.5	12.5	12.5	6.2	45.62	35.8	0.850	5 130	242	428	10.6	2.30	366	37.9	2.02
28c	280	86	11.5	12.5	12.5	6.2	51.22	40.2	0.854	5 500	268	463	10.4	2.29	393	40.3	1.95

续表

型号	截面尺寸/mm						截面面积/cm²	理论重量/(kg·m⁻¹)	外表面积/(m²·m⁻¹)	惯性距/cm⁴			惯性半径/cm		截面模数/cm³		重心距离/cm
	h	b	d	t	r	r_1				I_x	I_y	I_{y_1}	i_x	i_y	W_x	W_y	Z_0
30a		85	7.5				43.89	34.5	0.897	6 050	260	467	11.7	2.43	403	41.1	2.17
30b	300	87	9.5	13.5	13.5	6.8	49.89	39.2	0.901	6 500	289	515	11.4	2.41	433	44.0	2.13
30c		89	11.5				55.89	43.9	0.905	6 950	316	560	11.2	2.38	463	46.4	2.09
32a		88	8.0				48.50	38.1	0.947	7 600	305	552	12.5	2.50	475	46.5	2.24
32b	320	90	10.0	14.0	14.0	7.0	54.90	43.1	0.951	8 140	336	593	12.2	2.47	509	49.2	2.16
32c		92	12.0				61.30	48.1	0.955	8 690	374	643	11.9	2.47	543	52.6	2.09
36a		96	9.0				60.89	47.8	1.053	11900	455	818	14.0	2.73	660	63.5	2.44
36b	360	98	11.0	16.0	16.0	8.0	68.09	53.5	1.057	12 700	497	880	13.6	2.70	703	66.9	2.37
36c		100	13.0				75.29	59.1	1.061	13 400	536	948	13.4	2.67	746	70.0	2.34
40a		100	10.5				75.04	58.9	1.144	17 600	592	1 070	15.3	2.81	879	78.8	2.49
40b	400	102	12.5	18.0	18.0	9.0	83.04	65.2	1.148	18 600	640	1 170	15.0	2.78	932	82.5	2.44
40c		104	14.5				91.04	71.5	1.152	19 700	688	1 220	14.7	2.75	986	86.2	2.42

注:表中 r,r_1 的数据用于孔型设计,不作交货条件。

附表 7.4　等边角钢

等边角钢截面尺寸、截面面积、理论重量及截面特性(按 GB/T 706—2016 计算)

b—边宽度;
d—边厚度;
r—内圆弧半径;
r₁—边端圆弧半径;
z₀—重心距离

型号	截面尺寸/mm b	截面尺寸/mm d	截面尺寸/mm r	截面面积/cm²	理论重量/(kg·m⁻¹)	外表面积/(m²·m⁻¹)	惯性矩/cm⁴ I_x	惯性矩/cm⁴ I_{x1}	惯性矩/cm⁴ I_{x0}	惯性矩/cm⁴ I_{y0}	惯性半径/cm i_x	惯性半径/cm i_{x0}	惯性半径/cm i_{y0}	截面模数/cm³ W_x	截面模数/cm³ W_{x0}	截面模数/cm³ W_{y0}	重心距离/cm Z_0
5.6	56	3	6	3.343	2.62	0.221	10.2	17.6	16.1	4.24	1.75	2.20	1.13	2.48	4.08	2.02	1.48
		4		4.390	3.45	0.220	13.2	23.4	20.9	5.46	1.73	2.18	1.11	3.24	5.28	2.52	1.53
		5		5.415	4.25	0.220	16.0	29.3	25.4	6.61	1.72	2.17	1.10	3.97	6.42	2.98	1.57
		6		6.420	5.04	0.220	18.7	35.3	29.7	7.73	1.71	2.15	1.10	4.68	7.49	3.40	1.61
		7		7.404	5.81	0.219	21.2	41.2	33.6	8.82	1.69	2.13	1.09	5.36	8.49	3.80	1.64
		8		8.367	6.57	0.219	23.6	47.2	37.4	9.89	1.68	2.11	1.09	6.03	9.44	4.16	1.68
6	60	5	6.5	5.829	4.58	0.236	19.9	36.1	31.6	8.21	1.85	2.33	1.19	4.59	7.44	3.48	1.67
		6		6.914	5.43	0.235	23.4	43.3	36.9	9.60	1.83	2.31	1.18	5.41	8.70	3.98	1.70
		7		7.977	6.26	0.235	26.4	50.7	41.9	11.0	1.82	2.29	1.17	6.21	9.88	4.45	1.74
		8		9.020	7.08	0.235	29.5	58.0	46.7	12.3	1.81	2.27	1.17	6.98	11.0	4.88	1.78
6.3	63	4	7	4.978	3.91	0.248	23.2	33.4	30.2	7.89	1.96	2.46	1.26	4.13	6.78	3.29	1.70
		5		6.143	4.82	0.248	23.2	41.7	36.8	9.57	1.94	2.45	1.25	5.08	8.25	3.90	1.74
		6		7.288	5.72	0.247	27.1	50.1	43.0	11.2	1.93	2.43	1.24	6.00	9.66	4.46	1.78
		7		8.412	6.60	0.247	30.9	58.6	49.0	12.8	1.92	2.41	1.23	6.88	11.0	4.98	1.82
		8		9.515	7.47	0.247	34.5	67.1	54.6	14.3	1.90	2.40	1.23	7.75	12.3	5.47	1.85
		10		11.66	9.15	0.246	41.1	84.3	64.9	17.3	1.88	2.36	1.22	9.39	14.6	6.36	1.93

续表

型号	截面尺寸/mm			截面面积/cm²	理论重量/(kg·m⁻¹)	外表面积/(m²·m⁻¹)	惯性矩/cm⁴				惯性半径/cm			截面模数/cm³			重心距离/cm
	b	d	r				I_x	I_{x1}	I_{x0}	I_{y0}	i_x	i_{x0}	i_{y0}	W_x	W_{x0}	W_{y0}	Z_0
7	70	4	8	5.570	4.37	0.275	26.4	45.7	41.8	11.0	2.18	2.74	1.40	5.14	8.44	4.17	1.86
		5		6.876	5.40	0.275	32.2	57.2	51.1	13.3	2.16	2.73	1.39	6.32	10.3	4.95	1.91
		6		8.160	6.41	0.275	37.8	68.7	59.9	15.6	2.15	2.71	1.38	7.48	12.1	5.67	1.95
		7		9.424	7.40	0.275	43.1	80.3	68.4	17.8	2.14	2.69	1.38	8.59	13.8	6.34	1.99
		8		10.67	8.37	0.275	48.2	91.9	76.4	20.0	2.12	2.68	1.37	9.68	15.4	6.98	2.03
7.5	75	5	9	7.412	5.82	0.274	40.0	70.6	63.3	16.6	2.33	2.92	1.50	7.32	11.9	5.77	2.04
		6		8.797	6.91	0.295	47.0	84.6	74.4	19.5	2.31	2.90	1.49	8.64	14.0	6.67	2.07
		7		10.16	7.98	0.294	53.6	98.7	85.0	22.2	2.30	2.89	1.48	9.93	16.0	7.44	2.11
		8		11.50	9.03	0.294	60.0	113	95.1	24.9	2.28	2.88	1.47	11.2	17.9	8.19	2.15
		9		12.83	10.10	0.294	66.1	127	105	27.5	2.27	2.86	1.46	12.4	19.8	8.89	2.18
		10		14.13	11.10	0.293	72.0	142	114	30.1	2.26	2.84	1.46	13.6	21.5	9.56	2.22
8	80	5	9	7.912	6.21	0.315	48.8	85.4	77.3	20.3	2.48	3.13	1.60	8.34	13.7	6.66	2.15
		6		9.397	7.38	0.314	57.4	103	91.0	23.7	2.47	3.11	1.59	9.87	16.1	7.65	2.19
		7		10.86	8.53	0.314	65.6	120	104	27.1	2.46	3.10	1.58	11.4	18.4	8.58	2.23
		8		12.30	9.66	0.314	73.5	137	117	30.4	2.44	3.08	1.57	12.8	20.6	9.46	2.27
		9		13.73	10.8	0.314	81.1	154	129	33.6	2.43	3.06	1.56	14.3	22.7	10.3	2.31
		10		15.13	11.9	0.313	88.4	172	140	36.8	2.42	3.04	1.56	15.6	24.8	11.1	2.35
9	90	6	10	10.64	8.35	0.354	82.8	146	131	34.3	2.79	3.51	1.80	12.6	20.6	9.95	2.44
		7		12.30	9.66	0.354	94.8	170	150	39.2	2.78	3.50	1.78	14.5	23.6	11.2	2.48
		8		13.94	10.9	0.353	106	195	169	44.0	2.76	3.48	1.78	16.4	26.6	12.4	2.52
		9		15.57	12.2	0.353	118	219	187	48.7	2.75	3.46	1.77	18.3	29.4	13.5	2.56
		10		17.17	13.5	0.353	129	244	204	53.3	2.74	3.45	1.76	20.1	32.0	14.5	2.59
		12		20.31	15.9	0.352	149	294	236	62.2	2.71	3.41	1.75	23.6	37.1	16.5	2.67

10	100	11.93	9.37	0.393	115	200	182	47.9	3.10	3.90	2.00	15.70	25.7	12.7	2.67	6
		13.80	10.8	0.393	132	234	209	54.7	3.09	3.89	1.99	18.10	29.6	14.3	2.71	7
		15.64	12.3	0.393	148	267	235	61.4	3.08	3.88	1.98	20.50	33.2	15.8	2.76	8
		17.46	13.7	0.392	164	300	260	68.0	3.07	3.86	1.97	22.80	36.8	17.2	2.8	9
		19.26	15.1	0.392	180	334	285	74.4	3.05	3.84	1.96	25.10	40.3	18.5	2.84	10
		22.80	17.9	0.391	209	402	331	86.8	3.03	3.81	1.95	29.50	46.8	21.1	2.91	12
		26.26	20.6	0.391	237	471	374	99.0	3.00	3.77	1.94	33.70	52.9	23.4	2.99	14
		29.63	23.3	0.390	263	540	414	111	2.98	3.74	1.94	37.80	58.6	25.6	3.06	16
11	110	15.20	11.9	0.433	177	311	281	73.4	3.41	4.30	2.20	22.10	36.1	17.5	2.96	7
		17.24	13.5	0.433	199	355	316	82.4	3.40	4.28	2.19	25.00	40.7	19.4	3.01	8
		21.26	16.7	0.432	242	445	384	100	3.38	4.25	2.17	30.60	49.4	22.9	3.09	10
		25.20	19.8	0.431	283	535	448	117	3.35	4.22	2.15	36.10	57.6	26.2	3.16	12
		29.06	22.8	0.431	321	625	508	133	3.32	4.18	2.14	41.30	65.3	29.1	3.24	14

续表

型号	截面尺寸/mm			截面面积/cm²	理论重量/(kg·m⁻¹)	外表面积/(m²·m⁻¹)	惯性矩/cm⁴				惯性半径/cm			截面模数/cm³			重心距离/cm
	b	d	r				I_x	I_{x1}	I_{x0}	I_{y0}	i_x	i_{x0}	i_{y0}	W_x	W_{x0}	W_{y0}	Z_0
12.5	125	8	14	19.75	15.5	0.492	297	521	471	123	3.88	4.88	2.50	32.50	53.3	25.9	3.37
		10		24.37	19.1	0.491	362	652	574	149	3.85	4.85	2.48	40.00	64.9	30.6	3.45
		12		28.91	22.7	0.491	423	783	671	175	3.83	4.82	2.46	41.20	76.0	35.0	3.53
		14		33.37	26.2	0.490	482	916	764	200	3.80	4.78	2.45	54.20	86.4	39.1	3.61
		16		37.74	29.6	0.489	537	1 050	851	224	3.77	4.75	2.43	60.90	96.3	43.0	3.68
14	140	10	14	27.37	21.5	0.551	515	915	817	212	4.34	5.46	2.78	50.60	82.6	39.2	3.82
		12		32.51	25.5	0.551	604	1 100	959	249	4.31	5.43	2.76	59.80	96.9	45.0	3.9
		14		37.57	29.5	0.550	689	1 280	1 090	284	4.28	5.40	2.75	68.80	110	50.5	3.98
		16		42.54	33.4	0.549	770	1 470	1 220	319	4.26	5.36	2.74	77.50	123	55.6	4.06
15	150	8	16	23.75	18.6	0.592	521	900	827	215	4.69	5.90	3.01	47.40	78	38.1	3.99
		10		29.37	23.1	0.591	638	1 130	1 010	262	4.66	5.87	2.99	58.40	95.5	45.5	4.08
		12		34.91	27.4	0.591	749	1 350	1 190	308	4.63	5.84	2.97	69.00	112	52.4	4.15
		14		40.37	31.7	0.590	856	1 580	1 360	352	4.60	5.80	2.95	79.50	128	58.8	4.23
		15		43.06	33.8	0.590	907	1 690	1 440	374	4.59	5.78	2.95	80.60	136	61.9	4.27
		16		45.74	35.9	0.589	958	1 810	1 520	395	4.58	5.77	2.94	89.60	143	64.9	4.31
16	160	10	16	31.50	24.7	0.630	780	1 370	1 240	322	4.98	6.27	3.20	66.70	109	52.8	4.31
		12		37.44	29.4	0.630	917	1 640	1 460	377	4.95	6.24	3.18	79.0	129	60.7	4.39
		14		43.30	34.0	0.629	1 050	1 910	1 670	432	4.92	6.20	3.16	91.0	147	68.2	4.47
		16		49.07	38.5	0.629	1 180	2 190	1 870	485	4.89	6.17	3.14	103	165	75.3	4.55
18	180	12	16	42.24	33.2	0.710	1 320	2 330	2 100	543	5.59	7.05	3.58	101	165	78.4	4.89
		14		48.90	38.4	0.709	1 510	2 720	2 410	622	5.56	7.02	3.56	116	189	88.4	4.97
		16		55.47	43.5	0.709	1 700	3 120	2 700	699	5.54	6.98	3.55	131	212	97.8	5.05
		18		61.96	48.6	0.708	1 880	3 500	2 990	762	5.50	6.94	3.51	146	235	105	5.13

型号	b	r	d	A	理论重量	外表面积											
20	200	18	14	54.64	42.9	0.788	2 100	3 730	3 340	864	6.20	7.82	3.98	145	236	112	5.46
			16	62.01	48.7	0.788	2 370	4 270	3 760	971	6.18	7.79	3.96	164	266	124	5.54
			18	69.30	54.4	0.787	2 620	4 810	4 160	1 080	6.15	7.75	3.94	182	294	136	5.62
			20	76.51	60.1	0.787	2 870	5 350	4 550	1 180	6.12	7.72	3.93	200	322	147	5.69
			24	90.66	71.2	0.785	3 340	6 460	5 290	1 380	6.07	7.64	3.90	236	374	167	5.87
22	220	21	16	68.67	53.9	0.866	3 190	5 680	5 060	1 310	6.81	8.59	4.37	200	326	154	6.03
			18	76.75	60.3	0.866	3 540	6 400	5 620	1 450	6.79	8.55	4.35	223	361	168	6.11
			20	84.76	66.5	0.865	3 870	7 110	6 150	1 590	6.76	8.52	4.34	245	395	182	6.18
			22	92.68	72.8	0.865	4 200	7 830	6 670	1 730	6.73	8.48	4.32	267	429	195	6.26
			24	100.5	78.9	0.864	4 520	8 550	7 110	1 870	6.71	8.45	4.31	289	461	208	6.33
			26	108.3	85.0	0.864	4 830	9 280	7 690	2 000	6.68	8.41	4.30	310	492	221	6.41
25	250	24	18	87.84	69.0	0.985	5 270	9 380	8 370	2 170	7.75	9.76	4.97	290	473	224	6.84
			20	97.05	76.2	0.984	5780	10 400	9 180	2 380	7.72	9.73	4.95	320	519	243	6.92
			22	106.2	83.3	0.983	6 280	11 500	9 970	2 580	7.69	9.69	4.93	349	564	261	7.00
			24	115.2	90.4	0.983	6770	12 500	10 700	2 790	7.67	9.66	4.92	378	608	278	7.07
			26	124.2	97.5	0.982	7 240	13 600	11 500	2 980	7.64	9.62	4.90	406	650	295	7.15
			28	133.0	104	0.982	7 700	14 600	12 200	3 180	7.61	9.58	4.89	433	691	311	7.22
			30	141.8	111	0.981	8 160	15 700	12 900	3 380	7.58	9.55	4.88	461	731	327	7.30
			32	150.5	118	0.981	8 600	16 800	13 600	3 570	7.56	9.51	4.87	488	770	342	7.37
			35	163.4	128	0.080	9 240	18 400	14 600	3 850	7.52	9.46	4.86	527	827	364	7.48

注:截面图中的 $r_1 = 1/3d$ 及表中 r 的数据用于孔型设计,不作交货条件。

附表 7.5　不等边角钢

不等边角钢截面尺寸、截面积、理论重量及截面特性(按 GB/T 706—2016 计算)

B—长边宽度;
b—短边宽度;
d—边厚度;
r—内圆弧半径;
r_1—边端圆弧半径;
X_0—重心距离;
Y_0—重心距离

型号	截面尺寸/mm B	b	d	r	截面面积 /cm²	理论重量 /(kg·m⁻¹)	外表面积 /(m²·m⁻¹)	惯性矩/cm⁴ I_x	I_{x1}	I_y	I_{y1}	I_u	惯性半径/cm i_x	i_y	i_u	截面模数/cm³ W_x	W_y	W_u	tan α	重心距离/cm X_0	Y_0
7.5/5	75	50	5	8	6.126	4.81	0.245	34.9	70.0	12.6	21.0	7.41	2.39	1.44	1.10	6.83	3.30	2.74	0.435	1.17	2.40
			6		7.260	5.70	0.245	41.1	84.3	14.7	25.4	8.54	2.38	1.42	1.08	8.12	3.88	3.19	0.435	1.21	2.44
			8		9.467	7.43	0.244	52.4	113	18.5	34.2	10.9	2.35	1.40	1.07	10.5	4.99	4.10	0.429	1.29	2.52
			10		11.59	9.10	0.244	62.7	141	22.0	43.4	13.1	2.33	1.38	1.06	12.8	6.04	4.99	0.423	1.36	2.60
8.5/5	80	50	5	8	6.376	5.00	0.255	42.0	85.2	12.8	21.1	7.66	2.56	1.42	1.10	7.78	3.32	2.74	0.388	1.14	2.60
			6		7.560	5.93	0.255	49.8	103	15.0	25.4	8.85	2.56	1.41	1.08	9.25	3.91	3.20	0.387	1.18	2.65
			7		8.724	6.85	0.255	56.2	119	17.0	29.8	10.2	2.54	1.39	1.08	10.6	4.48	3.70	0.384	1.21	2.69
			8		9.867	7.75	0.254	62.8	136	18.9	34.3	11.4	2.52	1.38	1.07	11.9	5.03	4.16	0.381	1.25	2.73
9/5.6	90	56	5	9	7.212	5.66	0.287	60.5	121	18.3	39.5	11.0	2.90	1.59	1.23	9.92	4.21	3.49	0.385	1.25	2.91
			6		8.557	6.72	0.286	71.0	146	21.4	35.6	12.9	2.88	1.58	1.23	11.7	4.96	4.13	0.384	1.29	2.95
			7		9.881	7.76	0.286	81.0	170	24.4	41.7	14.7	2.86	1.57	1.22	13.5	5.70	4.72	0.382	1.33	3.00
			8		11.18	8.78	0.286	91.0	194	27.2	47.9	16.3	2.85	1.56	1.21	15.3	6.41	5.29	0.380	1.36	3.04
10/6.3	100	63	6	10	9.518	7.55	0.320	99.1	200	30.9	50.5	18.4	3.21	1.79	1.38	14.6	6.35	5.25	0.394	1.43	3.24
			7		11.11	8.72	0.320	113	233	35.3	59.1	21.0	3.20	1.78	1.38	16.9	7.29	6.02	0.394	1.47	3.28
			8		12.58	9.88	0.319	127	266	39.4	67.9	23.5	3.18	1.77	1.37	19.1	8.21	6.78	0.391	1.50	3.32
			10		15.47	12.1	0.319	154	333	47.1	85.7	28.3	3.15	1.74	1.35	23.3	9.98	8.24	0.387	1.58	3.40

型号	b	b_1	d	A																
10/8	100	80	6	10.64	8.35	0.354	107	200	61.2	103	31.7	3.17	2.40	1.72	15.2	10.2	8.37	0.627	1.97	2.95
			7	12.30	9.66	0.354	123	233	70.1	120	36.2	3.16	2.39	1.72	17.5	11.7	9.60	0.626	2.01	3.00
			8	13.94	10.9	0.353	138	267	78.6	137	40.6	3.14	2.37	1.71	19.8	13.2	10.80	0.625	2.05	3.04
			10	17.17	13.5	0.353	167	334	94.7	172	49.1	3.12	2.35	1.69	24.2	16.1	13.10	0.622	2.13	3.12
11/7	110	70	6	10.64	8.35	0.354	133	266	42.9	69.1	25.4	3.54	2.01	1.54	17.9	7.90	6.53	0.403	1.57	3.53
			7	12.30	9.66	0.354	153	310	49.0	80.8	29.0	3.53	2.00	1.53	20.6	9.09	7.50	0.402	1.61	3.57
			8	13.94	10.9	0.353	172	354	54.9	92.7	32.5	3.51	1.98	1.53	23.3	10.3	8.45	0.401	1.65	3.62
			10	17.17	13.5	0.353	208	443	65.9	117	39.2	3.48	1.96	1.51	28.5	12.5	10.3	0.397	1.72	3.70
12.5/8	125	80	7	14.10	11.1	0.403	228	455	74.4	120	43.8	4.02	2.30	1.76	26.9	12.0	9.92	0.408	1.80	4.01
			8	15.99	12.6	0.403	257	520	83.5	138	49.2	4.01	2.28	1.75	30.4	13.6	11.2	0.407	1.84	4.06
			10	19.71	15.5	0.402	312	650	101	173	59.5	3.98	2.26	1.74	37.3	16.6	13.6	0.404	1.92	4.14
			12	23.35	18.3	0.402	364	780	117	210	69.4	3.95	2.24	1.72	44.0	19.4	16.0	0.400	2.00	4.22
14/9	140	90	8	18.04	14.2	0.453	366	731	121	196	70.8	4.50	2.59	1.98	38.5	17.3	14.3	0.411	2.04	4.50
			10	22.26	17.5	0.452	446	913	140	246	85.8	4.47	2.56	1.96	47.3	21.2	17.5	0.409	2.12	4.58
			12	26.40	20.7	0.451	522	1 100	170	297	100	4.44	2.54	1.95	55.9	25.0	20.5	0.406	2.19	4.66
			14	30.46	23.9	0.451	594	1 280	192	349	114	4.42	2.51	1.94	64.2	28.5	23.5	0.403	2.27	4.74
15/9	150	90	8	18.84	14.8	0.473	442	898	123	196	74.1	4.84	2.55	1.98	43.9	17.5	14.5	0.364	1.97	4.92
			10	23.26	18.3	0.472	539	1 120	149	246	89.9	4.81	2.53	1.97	54.0	21.4	17.7	0.362	2.05	5.01
			12	27.60	21.7	0.471	632	1 350	173	297	105	4.79	2.50	1.95	63.8	25.1	20.8	0.359	2.12	5.09
			14	31.86	25.0	0.471	721	1 570	196	350	120	4.76	2.48	1.94	73.3	28.8	23.8	0.356	2.20	5.17
			15	33.95	26.7	0.471	764	1 680	207	376	127	4.74	2.47	1.93	78.0	30.5	25.3	0.354	2.24	5.21
			16	36.03	28.3	0.470	806	1 800	217	403	134	4.73	2.45	1.93	82.6	32.3	26.8	0.352	2.27	5.25
16/10	160	100	10	25.32	19.9	0.512	669	1 360	205	337	122	5.14	2.85	2.19	62.1	26.6	21.9	0.390	2.28	5.24
			12	30.05	23.6	0.511	785	1 640	239	406	142	5.11	2.82	2.17	73.5	31.3	25.8	0.388	2.36	5.32
			14	34.71	27.2	0.510	896	1 910	271	476	162	5.08	2.80	2.16	84.6	35.8	29.6	0.385	2.43	5.40
			16	39.28	30.8	0.510	1 000	2 180	302	548	183	5.05	2.77	2.16	95.3	40.2	33.4	0.382	2.51	5.48

续表

型号	截面尺寸/mm				截面面积/cm²	理论重量/(kg·m⁻¹)	外表面积/(m²·m⁻¹)	惯性矩/cm⁴					惯性半径/cm			截面模数/cm³			tan α	重心距离/cm	
	B	b	d	r				I_x	I_{x1}	I_y	I_{y1}	I_u	i_x	i_y	i_u	W_x	W_y	W_u		X_0	Y_0
18/11	180	110	10		28.37	22.3	0.571	956	1 940	278	447	167	5.80	3.13	2.42	79.0	32.5	26.9	0.376	2.44	5.89
			12		33.71	26.5	0.571	1 120	2 330	325	539	195	5.78	3.10	2.40	93.5	38.3	31.7	0.374	2.52	5.98
			14	14	38.97	30.6	0.570	1 290	2 720	370	632	222	5.75	3.08	2.39	108	44.0	36.3	0.372	2.59	6.06
			16		44.14	34.6	0.569	1 440	3 110	412	726	249	5.72	3.06	2.38	122	49.4	40.9	0.369	2.67	6.14
20/12.5	200	125	12		37.91	29.8	0.641	1 570	3 190	483	788	286	6.44	3.57	2.74	117	50.0	41.2	0.392	2.83	6.54
			14	14	43.87	34.4	0.640	1 800	3 730	551	922	327	6.41	3.54	2.73	135	57.4	47.3	0.390	2.91	6.62
			16		49.74	39.0	0.639	2 020	4 260	615	1 060	366	6.38	3.52	2.71	152	64.9	53.3	0.388	2.99	6.70
			18		55.53	43.6	0.639	2 240	4 790	677	1 200	405	6.35	3.49	2.70	169	71.7	59.2	0.385	3.06	6.78

注:截面图中的 $r_1=1/3d$ 及表中 r 的数据用于孔型设计,不作交货条件。

附表7.6 　热轧无缝钢管

I—截面惯性矩；

W—截面模量；

i—截面回转半径。

尺寸/mm		截面积 A	每米质量	截面特性			尺寸/mm		截面积 A	每米质量	截面特性		
d	t	cm²	kg/m	I cm⁴	W cm³	i cm	d	t	cm²	kg/m	cm⁴	cm³	cm
32	2.5	2.32	1.82	2.54	1.59	1.05	63.5	3.0	5.70	4.48	26.15	8.24	2.14
	30	2.73	2.15	2.90	1.82	1.03		3.5	6.60	5.18	29.79	9.38	2.12
	3.5	3.13	2.46	3.23	2.02	1.02		4.0	7.48	5.87	33.24	10.47	2.11
	4.0	3.52	2.76	3.52	2.20	1.00		4.5	8.34	6.55	36.60	11.50	2.09
38	2.5	2.79	2.19	4.41	2.32	1.26		5.0	9.19	7.21	39.60	12.47	2.08
	3.0	3.30	2.59	5.09	2.68	1.24		5.5	10.02	7.87	42.52	13.39	2.06
	3.5	3.79	2.98	5.70	3.00	1.23		6.0	10.84	8.51	45.28	14.26	2.04
	4.0	4.27	3.35	6.26	3.29	1.21	68	3.0	6.13	4.81	32.42	9.54	2.30
42	2.5	3.10	2.44	6.07	2.89	1.40		3.5	7.09	5.57	36.99	10.88	2.28
	3.0	3.68	2.89	7.03	3.35	1.38		4.0	8.04	6.31	41.34	12.16	2.27
	3.5	4.23	3.32	7.91	3.77	1.37		4.5	8.98	7.05	45.47	13.37	2.25
	4.0	4.78	3.75	8.71	4.15	1.35		5.0	9.90	7.77	49.41	14.53	2.23
45	2.5	3.34	2.62	7.56	3.36	1.51		5.5	10.80	8.48	53.14	15.63	2.22
	3.0	3.96	3.11	8.77	3.90	1.49		6.0	11.69	9.17	56.68	16.67	2.20
	3.5	4.56	3.58	9.89	4.40	1.47	70	3.0	6.31	4.96	35.50	10.14	2.37
	4.0	5.15	4.04	10.93	4.86	1.46		3.5	7.31	5.74	40.53	11.58	2.35
50	2.5	3.73	2.93	10.55	4.22	1.68		4.0	8.29	6.51	45.33	12.95	2.34
	3.0	4.43	3.48	12.28	4.91	1.67		4.5	9.26	7.27	49.89	14.26	2.32
	3.5	5.11	4.01	13.90	5.56	1.65		5.0	10.21	8.01	54.24	15.50	2.30
	4.0	5.78	4.54	15.41	6.16	1.63		5.5	11.14	8.75	58.38	16.68	2.29
	4.5	6.43	5.05	16.81	6.72	1.62		6.0	12.06	9.47	62.31	17.80	2.27
	5.0	7.07	5.55	18.11	7.25	1.60	73	3.0	6.60	5.18	40.48	11.09	2.48
54	3.0	4.81	3.77	15.68	5.81	1.81		3.5	7.64	6.00	46.26	12.67	2.46
	3.5	5.55	4.36	17.79	6.59	1.79		4.0	8.67	6.81	51.78	14.19	2.44
	4.0	6.28	4.93	19.76	7.32	1.77		4.5	9.68	7.60	57.04	15.63	2.43
	4.5	7.00	5.49	21.61	8.00	1.76		5.0	10.68	8.38	62.07	17.01	2.41
	5.0	7.70	6.04	23.34	8.64	1.74		5.5	11.66	9.16	66.87	18.32	2.39
	5.5	8.38	6.58	24.96	9.24	1.73		6.0	12.63	9.91	71.43	19.57	2.38
	6.0	9.05	7.10	26.46	9.80	1.71							

续表

尺寸/mm		截面积A	每米质量	截面特性			尺寸/mm		截面积A	每米质量	截面特性		
				I	W	i					I	W	i
d	t	cm²	kg/m	cm⁴	cm³	cm	d	t	cm²	kg/m	cm⁴	cm³	cm
57	3.0	5.09	4.00	18.61	6.53	1.91	76	3.0	6.88	5.40	45.91	12.08	2.58
	3.5	5.88	4.62	21.14	7.42	1.90		3.5	7.97	6.26	52.50	13.82	2.57
	4.0	6.66	5.23	23.52	8.25	1.88		4.0	9.05	7.10	58.81	15.48	2.55
	4.5	7.42	5.83	25.76	9.04	1.86		4.5	10.11	7.93	64.85	17.07	2.53
	5.0	8.17	6.41	27.86	9.78	1.85		5.0	11.15	8.75	70.62	18.59	2.52
	5.5	8.90	6.99	29.87	10.47	1.83		5.5	12.18	9.56	76.14	20.04	2.50
	6.0	9.61	7.55	31.69	11.12	1.82		6.0	13.19	10.36	81.41	21.42	2.48
60	3.0	5.37	4.22	21.88	7.29	2.02	83	3.5	8.74	6.86	69.19	16.67	2.81
	3.5	6.21	4.88	24.88	8.29	2.00		4.0	9.93	7.79	77.64	18.71	2.80
	4.0	7.04	5.52	27.73	9.24	1.98		4.5	11.10	8.71	85.76	20.67	2.78
	4.5	7.85	6.16	30.41	10.14	1.97		5.0	12.25	9.62	93.56	22.54	2.76
	5.0	8.64	6.78	32.94	10.98	1.95		5.5	13.39	10.51	101.04	24.35	2.75
	5.5	9.42	7.39	35.32	11.77	1.94		6.0	14.51	11.39	108.22	26.08	2.73
	6.0	10.18	7.99	37.56	12.52	1.92		6.5	15.62	12.26	115.10	27.74	2.71
								7.0	16.71	13.12	121.69	29.32	2.70
89	3.5	9.40	7.38	86.50	19.34	3.03	133	4.0	16.21	12.73	337.53	50.76	4.56
	4.0	10.68	8.38	96.68	21.73	3.01		4.5	18.17	14.26	375.42	56.45	4.55
	4.5	11.95	9.38	106.92	24.03	2.99		5.0	20.11	15.78	412.40	62.02	4.53
	5.0	13.19	10.36	116.79	26.24	2.98		5.5	22.03	17.29	448.50	67.44	4.51
	5.5	14.43	11.33	126.29	28.38	2.96		6.0	23.94	18.79	483.72	72.47	4.50
	6.0	15.65	12.28	135.43	30.43	2.94		6.5	25.83	20.28	518.07	77.91	4.48
	6.5	16.85	13.22	144.22	32.41	2.93		7.0	27.71	21.75	551.58	82.94	4.46
	7.0	18.03	14.16	152.67	34.31	2.91		7.5	29.59	23.21	584.25	87.86	4.45
								8.0	31.42	24.66	616.11	92.65	4.43
95	3.5	10.06	7.90	105.45	22.20	3.24	140	4.5	19.16	15.04	440.12	62.87	4.79
	4.0	11.44	8.89	118.60	24.97	3.22		5.0	21.21	16.65	483.76	69.11	4.78
	4.5	12.79	10.04	131.31	27.64	3.20		5.5	23.24	18.24	526.40	75.20	4.76
	5.0	14.14	11.10	143.58	30.23	3.19		6.0	25.26	19.83	568.06	81.15	4.74
	5.5	15.46	12.14	155.43	32.72	3.17		6.5	27.26	21.40	608.76	86.97	4.73
	6.0	16.78	13.17	166.86	35.13	3.15		7.0	29.25	22.96	648.51	92.64	4.71
	6.5	18.07	14.19	177.89	37.45	3.14		7.5	31.22	24.51	687.32	98.19	4.69
	7.0	19.35	15.19	188.51	36.69	3.12		8.0	33.18	26.04	725.21	103.60	4.68
								9.0	37.04	29.08	789.29	114.04	4.64
								10	40.84	32.06	867.86	123.98	4.61

尺寸/mm		截面积 A	每米质量	截面特性			尺寸/mm		截面积 A	每米质量	截面特性		
				I	W	i							
d	t	cm²	kg/m	cm⁴	cm³	cm	d	t	cm²	kg/m	cm⁴	cm³	cm
	3.5	10.83	8.50	131.52	25.79	3.48		4.5	20.00	15.70	501.16	68.65	5.01
	4.0	12.32	9.67	148.09	29.04	3.47		5.0	22.15	17.39	551.10	75.49	4.99
	4.5	13.78	10.82	164.14	32.18	3.45		5.5	24.28	19.06	599.95	82.19	4.97
102	5.0	15.24	11.96	179.68	35.23	3.43		6.0	26.39	20.72	647.73	88.73	4.95
	5.5	16.67	13.09	194.72	38.18	3.42	146	6.5	28.49	22.36	694.44	95.13	4.94
	6.0	18.10	14.21	209.28	41.03	3.40		7.0	30.57	24.00	740.12	101.39	4.92
	6.5	19.50	15.31	223.35	43.79	3.38		7.5	32.63	25.62	784.77	107.50	4.90
	7.0	20.89	16.40	236.96	46.46	3.37		8.0	34.68	27.23	828.41	113.48	4.89
	4.0	13.82	10.85	209.35	36.73	3.89		9.0	38.74	30.41	912.71	125.03	4.85
	4.5	15.48	12.15	232.41	40.77	3.87		10	42.73	33.54	993.16	136.05	4.82
	5.0	17.12	13.44	254.81	44.70	3.86		4.5	20.85	16.37	567.61	74.69	5.22
	5.5	18.75	14.72	276.58	48.52	3.84		5.0	23.09	18.13	624.43	82.16	5.20
114	6.0	20.36	15.98	297.73	52.23	3.82		5.5	25.31	19.87	680.06	89.48	5.18
	6.5	21.95	17.23	318.26	55.84	3.81		6.0	27.52	21.60	734.52	96.65	5.17
	7.0	23.53	18.47	338.19	59.33	3.79		6.5	29.71	23.32	787.82	103.66	5.15
	7.5	25.09	19.70	357.58	62.73	3.77	152	7.0	31.89	25.03	839.99	110.52	5.13
	8.0	26.64	20.91	376.30	66.02	3.76		7.5	34.05	26.73	891.03	117.24	5.12
	4.0	14.70	11.54	251.87	41.63	4.14		8.0	36.19	28.41	940.97	123.81	5.10
	4.5	16.47	12.93	279.83	46.25	4.12		9.0	40.43	31.74	1 037.59	136.53	5.07
	5.0	18.22	14.30	307.05	50.75	4.11		10	44.61	35.02	1 129.99	148.68	5.03
	5.5	19.96	15.67	333.54	55.13	4.09		4.5	21.84	17.15	652.27	82.05	5.46
121	6.0	21.68	17.02	359.32	59.39	4.07		5.0	24.19	18.99	717.88	90.30	5.45
	6.5	23.38	18.35	384.40	63.54	4.05		5.5	26.52	20.82	782.18	98.39	5.43
	7.0	25.07	19.68	408.80	67.57	4.04		6.0	28.84	22.64	845.19	106.31	5.41
	7.5	26.74	20.99	432.51	71.49	4.02		6.5	31.14	24.45	906.92	114.08	5.40
	8.0	28.40	22.29	455.57	75.30	4.01	159	7.0	33.43	26.24	967.41	121.69	5.38
	4.0	15.46	12.13	292.61	46.08	4.35		7.5	35.70	28.02	1 026.65	129.14	5.36
	4.5	17.32	13.59	325.29	51.23	4.33		8.0	37.95	29.79	1 084.67	136.44	5.35
	5.0	19.16	15.04	357.14	56.24	4.32		9.0	42.41	33.29	1 197.12	150.58	5.31
	5.5	20.99	16.48	388.19	61.13	4.30		10	46.81	36.75	1 304.88	164.14	5.28
127	6.0	22.81	17.90	418.44	65.90	4.28							
	6.5	24.61	19.32	447.92	70.54	4.27							
	7.0	26.39	20.72	476.63	75.06	4.25							
	7.5	28.16	22.10	504.58	79.46	4.23							
	8.0	29.91	23.48	531.80	83.75	4.22							

续表

尺寸/mm		截面积A	每米质量	截面特性			尺寸/mm		截面积A	每米质量	截面特性		
				I	W	i					I	W	i
d	t	cm²	kg/m	cm⁴	cm³	cm	d	t	cm²	kg/m	cm⁴	cm³	cm
168	4.5	23.11	18.14	772.96	92.02	5.78	219	9.0	59.38	46.61	3 279.12	299.46	7.43
	5.0	25.60	20.10	851.14	101.33	5.77		10	65.66	51.54	3 593.29	328.15	7.40
	5.5	28.08	22.04	927.58	110.46	5.75		12	78.04	61.26	4 193.81	383.00	7.33
	6.0	30.54	23.97	1 003.12	119.42	5.73		14	90.16	70.78	4 758.50	434.57	7.26
	6.5	32.98	25.89	1 076.95	128.21	5.71		16	102.0	80.10	5 288.81	483.00	7.20
	7.0	35.41	27.79	1 149.36	136.83	5.70	245	6.5	48.70	38.23	3 465.46	282.89	8.44
	7.5	37.82	29.69	1 220.38	145.28	5.68		7.0	52.34	41.08	3 709.06	302.78	8.42
	8.0	40.21	31.57	1 290.01	153.57	5.66		7.5	55.96	43.93	3 949.52	322.41	8.40
	9.0	44.96	35.29	1 425.22	169.67	5.63		8.0	59.56	46.76	4 186.87	341.79	8.38
	10	49.64	38.97	1 555.13	185.13	5.60		9.0	66.73	52.38	4 652.32	379.78	8.35
180	5.0	27.49	21.58	1 053.17	117.02	6.19		10	73.83	57.95	5 105.63	416.79	8.32
	5.5	30.15	23.67	1 148.79	127.64	6.17		12	87.84	68.95	5 976.67	487.89	8.25
	6.0	32.80	25.75	1 242.72	138.08	6.16		14	101.60	79.76	6 801.68	555.24	8.18
	6.5	35.43	27.81	1 335.00	148.33	6.14		16	115.11	90.36	7 582.30	618.96	8.12
	7.0	38.04	29.87	1 425.63	158.40	6.12	273	6.5	54.42	42.72	4 834.18	354.15	9.42
	7.5	40.64	31.91	1 514.64	168.29	6.10		7.0	58.50	45.92	5 177.30	379.29	9.41
	8.0	43.23	39.93	1 602.04	178.00	6.09		7.5	62.56	49.11	5 516.47	404.14	9.39
	9.0	48.35	37.95	1 772.12	196.90	6.05		8.0	66.60	52.28	5 851.71	428.70	9.37
	10	53.41	41.92	1 936.01	215.21	6.02		9.0	74.64	58.60	6 510.56	476.96	9.34
	12	63.33	49.72	2 245.84	249.54	5.95		10	82.62	64.86	7 154.09	524.11	9.31
194	5.0	26.69	23.31	1 326.54	136.76	6.68		12	98.39	77.28	8 396.14	615.10	9.24
	5.5	32.57	25.57	1 447.86	149.26	6.67		14	113.91	89.42	9 579.75	701.81	9.17
	6.0	35.44	27.82	1 567.21	161.57	6.65		16	129.18	101.41	10 706.79	784.38	9.10
	6.5	38.29	30.06	1 684.61	173.67	6.63	299	7.5	68.68	53.92	7 300.02	488.30	10.31
	7.0	41.12	32.28	1 800.08	185.57	6.62		8.0	73.14	57.41	7 747.42	518.22	10.29
	7.5	43.94	34.50	1 913.64	197.28	6.60		9.0	82.00	64.37	8 628.09	577.13	10.26
	8.0	46.75	36.70	2 025.31	208.29	6.58		10	90.79	71.27	9 490.15	634.79	10.22
	9.0	52.31	41.06	2 243.08	231.25	6.55		12	108.20	84.93	11 159.52	746.46	10.16
	10	57.81	45.38	2 453.55	252.94	6.51		14	125.35	98.40	12 757.61	853.35	10.09
	12	68.61	53.86	2 853.25	294.15	6.45		16	142.25	111.67	14 286.48	955.62	10.02
203	6.0	37.13	29.15	1 803.07	177.64	6.97	325	7.5	74.81	58.73	9 431.80	580.42	11.23
	6.5	40.13	31.50	1 938.81	191.02	6.95		8.0	79.67	62.54	10 013.92	616.24	11.21
	7.0	43.10	33.84	2 072.43	204.18	6.93		9.0	89.35	70.14	11 161.33	686.85	11.18
	7.5	46.06	36.16	2 203.94	217.14	6.92		10	98.96	77.68	12 286.52	756.09	11.14
	8.0	49.01	38.48	2 333.37	229.89	6.90		12	118.00	92.63	14 471.45	890.55	11.07
	9.0	54.85	43.06	2 586.08	254.79	6.87		14	136.78	107.38	16 570.98	1 019.75	11.01
								16	155.32	121.93	18 587.38	1 143.84	10.94

尺寸/mm		截面积A	每米质量	截面特性			尺寸/mm		截面积A	每米质量	截面特性		
				I	W	i					I	W	i
d	t	cm²	kg/m	cm⁴	cm³	cm	d	t	cm²	kg/m	cm⁴	cm³	cm
203	10	60.63	47.60	2 830.72	278.89	6.83		8.0	86.21	67.67	12 684.36	722.76	12.13
	12	72.01	56.52	3 296.49	324.78	6.77		9.0	96.70	75.91	14 147.55	806.13	12.10
	14	83.13	65.25	3 732.07	367.69	6.70	351	10	107.13	84.10	15 584.62	888.01	12.06
	16	94.00	73.79	4 138.78	407.76	6.64		12	127.80	100.32	18 381.63	1 047.39	11.99
219	6.0	40.15	31.52	2 278.74	208.10	7.53		14	148.22	116.35	21 077.86	1 201.02	11.93
	6.5	43.39	34.06	2 541.64	223.89	7.52		16	168.39	132.19	23 675.75	1 349.05	11.86
	7.0	46.62	36.60	2 622.04	239.46	7.50							
	7.5	49.83	39.12	2 789.96	254.79	7.48							
	8.0	53.03	41.63	2 533.43	269.90	7.47							

附表 7.7　电焊钢管

I—截面惯性矩；
W—截面模量；
i—截面回转半径

尺寸/mm		截面积A	每米质量	截面特性			尺寸/mm		截面积A	每米质量	截面特性		
				I	W	i					I	W	i
d	t	cm²	kg/m	cm⁴	cm³	cm	d	t	cm²	kg/m	cm⁴	cm³	cm
32	2.2	1.88	1.48	2.13	1.33	1.06		2.0	5.47	4.29	51.75	11.63	3.08
	2.5	2.32	1.82	2.54	1.59	1.05		2.5	6.79	5.33	63.59	14.29	3.06
38	2.0	2.26	1.78	3.68	1.93	1.27	89	3.0	8.11	6.36	75.02	16.86	3.04
	2.5	2.79	2.19	4.41	2.32	1.26		3.5	9.40	7.38	86.05	19.34	3.03
40	2.0	2.39	1.87	4.32	2.16	1.35		4.0	10.68	8.38	96.68	21.73	3.01
	2.5	2.95	2.31	5.20	2.60	1.33		4.5	11.95	9.38	106.92	24.03	2.99
42	2.0	2.51	1.97	5.04	2.40	1.42		2.0	5.84	4.59	63.20	13.31	3.29
	2.5	3.10	2.44	6.07	2.89	1.40	95	2.5	7.26	5.70	77.76	16.37	3.27
45	2.0	2.70	2.12	6.26	2.78	1.52		3.0	8.67	6.81	91.83	19.33	3.25
	2.5	3.34	2.62	7.56	3.36	1.51		3.5	10.06	7.90	105.45	22.20	3.24
	3.0	3.96	3.11	8.77	3.90	1.49		2.0	6.28	4.93	78.57	15.41	3.54
							102	2.5	7.81	6.13	96.77	18.97	3.52
								3.0	9.33	7.32	114.42	22.43	3.50

续表

尺寸/mm		截面积A	每米质量	截面特性			尺寸/mm		截面积A	每米质量	截面特性		
				I	W	i					I	W	i
d	t	cm²	kg/m	cm⁴	cm³	cm	d	t	cm²	kg/m	cm⁴	cm³	cm
51	2.0	3.08	2.42	9.26	3.63	1.73	102	3.5	10.83	8.50	131.52	25.79	3.48
	2.5	3.81	2.99	11.23	4.40	1.72		4.0	12.32	9.67	148.09	29.04	3.47
	3.0	4.52	3.55	13.08	5.13	1.70		4.5	13.78	10.82	164.14	32.18	3.45
	3.5	5.22	4.10	14.81	5.81	1.68		5.0	15.24	11.96	179.68	35.23	3.43
53	2.0	3.20	2.52	10.43	3.94	1.80	108	3.0	9.90	7.77	136.49	25.28	3.71
	2.5	3.97	3.11	12.67	4.78	1.79		3.5	11.49	9.02	157.02	29.08	3.70
	3.0	4.71	3.70	14.78	5.58	1.77		4.0	13.07	10.26	176.95	32.77	3.68
	3.5	5.44	4.27	16.75	6.32	1.75	114	3.0	10.46	8.21	161.24	28.29	3.93
57	2.0	3.46	2.71	13.08	4.59	1.95		3.5	12.15	9.54	185.63	32.57	3.91
	2.5	4.28	3.36	15.93	5.59	1.93		4.0	13.82	10.85	209.35	36.73	3.89
	3.0	5.09	4.00	18.61	6.53	1.91		4.5	15.48	12.15	232.41	40.77	3.87
	3.5	5.88	4.62	21.14	7.42	1.90		5.0	17.12	13.44	254.81	77.70	3.86
60	2.0	3.64	2.86	15.34	5.11	2.05	121	3.0	11.12	8.73	193.69	32.01	4.17
	2.5	4.52	3.55	18.70	6.32	2.03		3.5	12.92	10.14	223.17	36.89	4.16
	3.0	5.37	4.22	21.88	7.29	2.02		4.0	14.70	11.54	251.87	41.63	4.14
	3.5	6.21	4.88	24.88	8.29	2.00	127	3.0	11.69	9.17	224.75	35.39	4.39
63.5	2.0	3.86	3.03	18.29	5.76	2.18		3.5	13.58	10.66	259.11	40.80	4.37
	2.5	4.79	3.76	22.32	7.03	2.16		4.0	15.46	12.13	292.61	46.08	4.35
	3.0	5.70	4.48	26.15	8.24	2.14		4.5	17.32	13.59	325.29	51.23	4.33
	3.5	6.60	5.18	29.79	9.38	2.12		5.0	19.16	15.04	357.14	56.24	4.32
70	2.0	4.27	3.35	24.72	7.06	2.41	133	3.5	14.24	11.18	298.71	44.92	4.58
	2.5	5.30	4.16	30.23	8.64	2.39		4.0	16.21	12.73	337.53	50.76	4.56
	3.0	6.31	4.96	35.50	10.14	2.37		4.5	18.17	14.26	375.42	56.45	4.55
	3.5	7.31	5.74	40.53	11.58	2.35		5.0	20.11	15.78	412.40	62.02	4.53
	4.5	9.26	7.27	49.89	14.26	2.32	140	3.5	15.01	11.78	349.79	49.97	4.83
76	2.0	4.65	3.65	31.85	8.38	2.62		4.0	17.09	13.42	395.47	56.50	4.81
	2.5	5.77	4.53	39.03	10.27	2.60		4.5	19.16	15.04	440.12	62.87	4.79
	3.0	6.88	5.40	45.91	12.08	2.58		5.0	21.21	16.65	483.76	69.11	4.78
	3.5	7.97	6.26	52.50	13.82	2.57		5.5	23.24	18.24	526.40	75.20	4.76
	4.0	9.05	7.10	58.81	15.48	2.55	152	3.5	16.33	12.82	450.35	59.26	5.25
	4.5	10.11	7.93	64.85	17.07	2.53		4.0	18.60	14.16	509.59	67.05	5.23
83	2.0	5.09	4.00	41.76	10.06	2.86		4.5	20.85	16.37	567.061	74.69	5.22
	2.5	6.32	4.96	51.26	12.35	2.85		5.0	23.09	18.13	624.43	82.16	5.20
	3.0	7.54	5.92	60.40	14.56	2.83		5.5	25.31	19.87	680.06	89.48	5.18
	3.5	8.74	6.86	69.19	16.67	2.81							
	4.0	9.93	7.79	77.64	18.17	2.80							
	4.5	11.10	8.71	85.76	20.67	2.78							

附录 8 螺栓和锚栓规格

附表 8.1 螺栓螺纹处的有效截面面积

公称直径	12	14	16	18	20	22	24	27	30
螺栓有效截面面积 A_e/cm^2	0.48	1.15	1.57	1.92	2.45	3.03	3.53	4.59	5.61
公称直径	33	36	39	42	45	48	52	56	60
螺栓有效截面面积 A_e/cm^2	6.94	8.17	9.76	11.2	13.1	14.7	17.6	20.3	23.6
公称直径	64	68	72	76	80	85	90	95	100
螺栓有效截面面积 A_e/cm^2	26.8	30.6	34.6	38.9	43.4	49.5	55.9	62.7	70.0

附表 8.2 螺栓规格

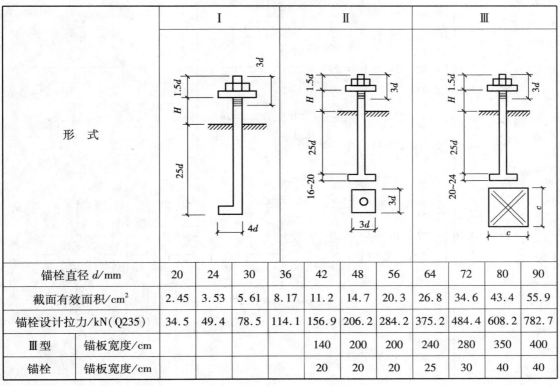

形 式	Ⅰ				Ⅱ			Ⅲ			
锚栓直径 d/mm	20	24	30	36	42	48	56	64	72	80	90
截面有效面积$/\text{cm}^2$	2.45	3.53	5.61	8.17	11.2	14.7	20.3	26.8	34.6	43.4	55.9
锚栓设计拉力$/\text{kN(Q235)}$	34.5	49.4	78.5	114.1	156.9	206.2	284.2	375.2	484.4	608.2	782.7
Ⅲ型 锚板宽度$/\text{cm}$					140	200	200	240	280	350	400
锚栓 锚板宽度$/\text{cm}$					20	20	20	25	30	40	40

附录 9　各种截面回转半径近似值

$i_x = 0.41h$ $i_y = 0.22b$	$i_x = 0.32h$ $i_y = 0.49b$	$i_x = 0.29h$ $i_y = 0.50b$	$i_x = 0.29h$ $i_y = 0.45b$	$i_x = 0.29h$ $i_y = 0.29b$
$i_x = 0.38h$ $i_y = 0.60b$	$i_x = 0.38h$ $i_y = 0.44b$	$i_x = 0.32h$ $i_y = 0.58b$	$i_x = 0.32h$ $i_y = 0.40b$	$i_x = 0.32h$ $i_y = 0.12b$
$i_x = 0.40h$ $i_y = 0.21b$	$i_x = 0.45h$ $i_y = 0.235b$	$i_x = 0.44h$ $i_y = 0.28b$	$i_x = 0.43h$ $i_y = 0.43b$	$i_x = 0.39h$ $i_y = 0.20b$
$i_x = 0.30h$ $i_y = 0.30b$ $i_z = 0.195h$	$i_x = 0.32h$ $i_y = 0.28b$ $i_z = 0.09(h+b)$	$i_x = 0.30h$ $i_y = 0.215b$	$i_x = 0.32h$ $i_y = 0.20b$	$i_x = 0.28h$ $i_y = 0.24b$

$i_x = 0.205(h_1 + h_2)$ $i_y = 0.205(b_1 + b_2)$	$i = 0.25d$	$i = 0.175(d+D)$	$i_x = 0.39h$ $i_y = 0.53b$	$i_x = 0.40h$ $i_y = 0.50b$
$i_x = 0.44h$ $i_y = 0.32b$	$i_x = 0.44h$ $i_y = 0.38b$	$i_x = 0.37h$ $i_y = 0.54b$	$i_x = 0.37h$ $i_y = 0.45b$	$i_x = 0.40h$ $i_y = 0.24b$
$i_x = 0.42h$ $i_y = 0.22b$	$i_x = 0.43h$ $i_y = 0.24b$	$i_x = 0.365h$ $i_y = 0.275b$	$i_x = 0.35h$ $i_y = 0.56b$	$i_x = 0.39h$ $i_y = 0.29b$
$i_x = 0.30h$ $i_y = 0.17b$	$i_x = 0.28h$ $i_y = 0.21b$	$i_x = 0.21h$ $i_y = 0.21b$ $i_z = 0.185h$	$i_x = 0.21h$ $i_y = 0.21b$	$i_x = 0.45h$ $i_y = 0.24b$

附录 10　梁的整体稳定系数

附录 10.1　等截面焊接工字钢和轧制 H 型钢简支梁

等截面焊接工字钢和轧制 H 型钢(见附图 10.1)简支梁的整体稳定系数 φ_b 应按下式计算:

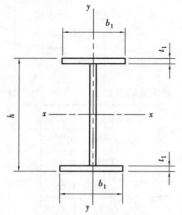

(a) 双轴对称焊接工字形截面

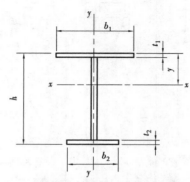

(b) 加强受压翼缘的单轴对称焊接工字形截面

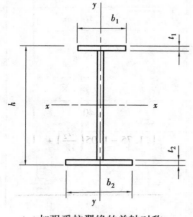

(c) 加强受拉翼缘的单轴对称

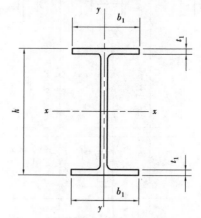

(d) 轧制H型钢截面

附图 10.1　焊接工字形和轧制 H 型钢截面

$$\varphi_b = \beta_b \frac{4\,320}{\lambda_y^2} \frac{Ah}{W_x} \left[\sqrt{1 + \left(\frac{\lambda_y t_1}{4.4h} \right)^2} + \eta_b \right] \frac{235}{f_y} \qquad (\text{附录} 10.1)$$

式中　β_b——梁整体稳定的等效临界弯矩系数,按附表 10.1 采用;

λ_y——梁在侧向支承点间对截面弱轴 y—y 的长细比,$\lambda_y = l_1/i_y$,l_1 为受压翼缘侧向支

承点间的距离，i_y 为梁毛截面对 y 轴的截面回转半径；

A——梁的毛截面面积；

h,t_1——梁截面的全高和受压翼缘厚度；

η_b——截面不对称影响系数。

对双轴对称截面（见附图 10.1(a)、(d)）：$\eta_b = 0$；

对单轴对称工字钢截面（见附图 10.1(b)、(c)）：

加强受压翼缘：$\eta_b = 0.8(2\alpha_b - 1)$

加强受拉翼缘：$\eta_b = 2\alpha_b - 1$；$\alpha_b = I_1 / (I_1 + I_2)$

式中 I_1 和 I_2 分别为受压翼缘和受拉翼缘对 y 轴的惯性矩。

当按式（附录 10.1）算得 φ_b 值大于 0.6 时，应用式（附录 10.2）计算的 φ_b' 代替 φ_b 值：

$$\varphi_b' = 1.07 - \frac{0.282}{\varphi_b} \leqslant 1.0 \qquad \text{（附录 10.2）}$$

式（附录 10.1）亦适用于等截面铆接（或高强度螺栓连接）简支梁，其受压翼缘厚度 t_1 包括翼缘角钢厚度在内。

附表 10.1　H 型钢和等截面工字形简支梁的系数 β_b

项次	侧向支承	荷　载		$\xi \leqslant 2.0$	$\xi > 2.0$	适用范围
1	跨中无侧向支承	均布荷载作用在	上翼缘	$0.69 + 0.13\xi$	0.95	附图 9.1(a)、(b) 和 (d) 的截面
2			下翼缘	$1.73 - 0.20\xi$	1.33	
3		集中荷载作用在	上翼缘	$0.73 + 0.18\xi$	1.09	
4			下翼缘	$2.23 - 0.28\xi$	1.67	
5	跨中有一个侧向支承点	均布荷载作用在	上翼缘	1.15		附图 9.1 中的所有截面
6			下翼缘	1.40		
7		集中荷载作用在截面高度上任意位置		1.75		
8	跨中有不少于两个等距离侧向支承点	任意荷载作用在	上翼缘	1.20		
9			下翼缘	1.40		
10	梁端有弯矩，但跨中无荷载作用			$1.75 - 1.05\left(\dfrac{M_2}{M_1}\right) + 0.3\left(\dfrac{M_2}{M_1}\right)^2$，但 $\leqslant 2.3$		

注：①ξ 为参数，$\xi = \dfrac{l_1 t_1}{b_1 h}$，其中 l_1 为受压翼缘侧向支承点间的距离，b_1, t_1 和 h 见附图 9.1。

②M_1 和 M_2 为梁的端弯矩，使梁产生同向曲率时 M_1 和 M_2 取同号，产生反向曲率时取异号，$|M_1| \geqslant |M_2|$。

③表中项次 3,4 和 7 的集中荷载是指一个或少数几个集中荷载位于跨中央附近的情况，对其他情况的集中荷载，应按表中项次 1,2,5,6 内的数值采用。

④表中项次 8,9 的 β_b 当集中荷载作用在侧向支承点处时，取 $\beta_b = 1.20$。

⑤荷载作用在上翼缘系指荷载作用点在翼缘表面，方向指向截面形心。

⑥对 $\alpha_b > 0.8$ 的加强受压翼缘工字形截面，下列情况的 β_b 值应乘以相应的系数：

项次 1：当 $\xi \leqslant 1.0$ 时，乘以 0.95；

项次 3：当 $\xi \leqslant 0.5$ 时，乘以 0.90；当 $0.5 < \xi \leqslant 1.0$ 时，乘以 0.95。

附录 10.2　轧制普通工字钢简支梁

轧制普通工字钢简支梁的整体稳定系数 φ_b 应按附表 10.2 采用，当所得的 φ_b 值大于 0.6 时，应按式（附录 10.2）算得相应的 φ'_b 代替 φ_b 值。

附表 10.2　轧制普通工字钢简支梁的 φ_b 值

项次	荷载情况			工字钢型号	自由长度 l_1/m								
					2	3	4	5	6	7	8	9	10
1	跨中无侧向支承点的梁	集中荷载作用于	上翼缘	10~20	2.00	1.30	0.99	0.80	0.68	0.58	0.53	0.48	0.43
				22~32	2.40	1.48	1.09	0.86	0.72	0.62	0.54	0.49	0.45
				36~63	2.80	1.60	1.07	0.83	0.68	0.56	0.50	0.45	0.40
2			下翼缘	10~20	3.10	1.95	1.34	1.01	0.82	0.69	0.63	0.57	0.52
				22~40	5.50	2.80	1.84	1.37	1.07	0.86	0.73	0.64	0.56
				45~63	7.30	3.60	2.30	1.62	1.20	0.96	0.80	0.69	0.60
3		均布荷载作用于	上翼缘	10~20	1.70	1.12	0.84	0.68	0.57	0.50	0.45	0.41	0.37
				22~40	2.10	1.30	0.93	0.73	0.60	0.51	0.45	0.40	0.36
				45~63	2.60	1.45	0.97	0.73	0.59	0.50	0.44	0.38	0.35
4			下翼缘	10~20	2.50	1.55	1.08	0.83	0.68	0.56	0.52	0.47	0.42
				22~40	4.00	2.20	1.45	1.10	0.85	0.70	0.60	0.52	0.46
				45~63	5.60	2.80	1.80	1.25	0.95	0.78	0.65	0.55	0.49
5	跨中有侧向支承点的梁（不论荷载作用点在截面高度上的位置）			10~20	2.20	1.39	1.01	0.79	0.66	0.57	0.52	0.47	0.42
				22~40	3.00	1.80	1.24	0.96	0.76	0.65	0.56	0.49	0.43
				45~63	4.00	2.20	1.38	1.01	0.80	0.66	0.56	0.49	0.43

注：①同附表 10.1 的注③，⑤。

　　②表中的 φ_b 适用于 Q235 钢。对其他钢号，表中数值应乘以 $235/f_y$。

附录 10.3　轧制槽钢简支梁

轧制槽钢简支梁的整体稳定系数，不论荷载的形式和荷载作用点在截面高度上的位置，均可按式（附录 10.3）计算：

$$\varphi_b = \frac{570bt}{l_1 h} \frac{235}{f_y}$$

（附录 10.3）

式中　h,b,t——分别为槽钢截面的高度、翼缘宽度和厚度。

按式(附录10.3)算得的 φ_b 大于 0.6 时,应按式(附录10.2)算得相应的 φ_b' 代替 φ_b 值。

附录 10.4　双轴对称工字形等截面(含 H 型钢)悬臂梁

双轴对称工字形等截面(含 H 型钢)悬臂梁的整体稳定系数,可按式(附录10.1)计算,但式中系数 β_b 应按附表 10.3 查得, $\lambda_y = l_1/i_y$ (l_1 为悬臂梁的悬臂长度)。当求得的 φ_b 大于 0.6 时,应按式(附录10.2)算得相应的 φ_b' 代替 φ_b 值。

附表 10.3　双轴对称工字形等截面(含 H 型钢)悬臂梁的系数 β_b

项次	荷载形式		$0.6 \leqslant \xi \leqslant 1.24$	$1.24 \leqslant \xi \leqslant 1.96$	$1.96 \leqslant \xi \leqslant 3.10$
1	自由端一个集中荷载作用在	上翼缘	$0.21 + 0.67\xi$	$0.72 + 0.26\xi$	$1.17 + 0.03\xi$
2		下翼缘	$2.94 - 0.65\xi$	$2.64 - 0.40\xi$	$2.15 - 0.15\xi$
3	均布荷载作用在上翼缘		$0.62 + 0.82\xi$	$1.25 + 0.31\xi$	$1.66 + 0.10\xi$

注:①本表是按支承端为固定的情况确定的,当用于由邻跨延伸出来的伸臂梁时,应在构造上采取措施加强支承处的抗扭能力。

②表中 ξ 见附表 10.1 注 1。

附录 10.5　受弯构件整体稳定系数的近似计算

均匀弯曲的受弯构件,当 $\lambda_y \leqslant 120\sqrt{\dfrac{235}{f_y}}$ 时,其整体稳定系数 φ_b 可按下列近似公式计算:

1)工字形截面(含 H 型钢)

双轴对称时

$$\varphi_b = 1.07 - \frac{\lambda_y^2}{44\,000}\frac{f_y}{235} \qquad (附录10.4)$$

单轴对称时

$$\varphi_b = 10.7 - \frac{W_x}{(2\alpha_b + 0.1)Ah}\frac{\lambda_y^2}{14\,000}\frac{f_y}{235} \qquad (附录10.5)$$

2)T 形截面(弯矩作用在对称轴平面,绕 x 轴)

(1)弯矩使翼缘受压时

双角钢 T 型截面

$$\varphi_b = 1 - 0.001\,7\lambda_y\sqrt{\frac{f_y}{235}} \qquad (附录10.6)$$

部分 T 型钢和两板组合 T 型截面

$$\varphi_b = 1 - 0.002\,2\lambda_y\sqrt{\frac{f_y}{235}} \qquad (附录10.7)$$

（2）弯矩使翼缘受拉且腹板宽厚比不大于 $18\sqrt{\dfrac{235}{f_y}}$

$$\varphi_b = 1 - 0.000\,5\lambda_y\sqrt{\dfrac{f_y}{235}} \qquad\qquad （附录 10.8）$$

按式（附录10.4）—式（附录10.8）算得的 φ_b 值大于 0.6 时，不需按式（附录10.2）换算成 φ_b' 值；当按式（附录10.4）和式（附录10.5）算得的 φ_b 值大于 1.0 时，取 $\varphi_b = 1.0$。

参考文献

［1］中冶京诚工程技术有限公司.钢结构设计标准:GB 50017—2017［S］.北京:中国建筑工业出版社,2018.

［2］中南建筑设计院.冷弯薄壁型钢结构技术规范:GB 50018—2002［S］.北京:中国计划出版社,2002.

［3］中国建筑标准设计研究院有限公司.高层民用建筑钢结构技术规程:JGJ 99—2015［S］.北京:中国建筑工业出版社,2015.

［4］中交水运规划设计院.港口工程钢结构设计规范:JTJ 283—99［S］.北京:人民交通出版社,1999.

［5］中交公路规划设计院有限公司.公路钢结构桥梁设计规范:JTG D64—2015［S］.北京:人民交通出版社,2015.

［6］陈绍蕃,顾强.钢结构［M］.北京:中国建筑工业出版社,2003.

［7］陈绍蕃.钢结构设计原理［M］.2版.北京:科学技术出版社,1998.

［8］丁阳.钢结构设计原理［M］.天津:天津大学出版社,2004.

［9］沈祖炎,陈扬骥,陈以一.钢结构基本原理［M］.北京:中国建筑工业出版社,2000.

［10］崔佳,魏明钟,赵熙元,等.钢结构设计规范理解与应用［M］.北京:中国建筑工业出版社,2004.

［11］武汉水利电力大学,大连理工大学,河海大学.水工钢结构［M］.3版.北京:水利电力出版社,1993.

［12］张耀春,周绪红.钢结构设计原理［M］.北京:高等教育出版社,2004.

［13］彭伟.钢结构设计原理［M］.成都:西南交通大学出版社,2004.

［14］苏明周.钢结构［M］.北京:中国建筑工业出版社,2003.

［15］黄呈伟,孙玉萍,于江.钢结构基本原理［M］.重庆:重庆大学出版社,2002.

［16］王肇民.建筑钢结构设计［M］.上海:同济大学出版社,2000.

［17］施岚青.一、二级注册结构工程师专业考试应试指南［M］.北京:中国建筑工业出版社,2010.

［18］孙芳垂.一、二级注册结构工程师专业考试复习教程［M］.北京:中国建筑工业出版社,2008.

［19］刘声扬.钢结构疑难释义［M］.3版.北京:中国建筑工业出版社,2004.